Gregor Simmer

Sekundäre kosmische Strahlung und deren effektive Dosis

Gregor Simmer

Sekundäre kosmische Strahlung und deren effektive Dosis

Strahlungsmessung und Berechnung der Dosiskonversionskoeffizienten für den Menschen

Südwestdeutscher Verlag für Hochschulschriften

Impressum / Imprint

Bibliografische Information der Deutschen Nationalbibliothek: Die Deutsche Nationalbibliothek verzeichnet diese Publikation in der Deutschen Nationalbibliografie; detaillierte bibliografische Daten sind im Internet über http://dnb.d-nb.de abrufbar.
Alle in diesem Buch genannten Marken und Produktnamen unterliegen warenzeichen-, marken- oder patentrechtlichem Schutz bzw. sind Warenzeichen oder eingetragene Warenzeichen der jeweiligen Inhaber. Die Wiedergabe von Marken, Produktnamen, Gebrauchsnamen, Handelsnamen, Warenbezeichnungen u.s.w. in diesem Werk berechtigt auch ohne besondere Kennzeichnung nicht zu der Annahme, dass solche Namen im Sinne der Warenzeichen- und Markenschutzgesetzgebung als frei zu betrachten wären und daher von jedermann benutzt werden dürften.

Bibliographic information published by the Deutsche Nationalbibliothek: The Deutsche Nationalbibliothek lists this publication in the Deutsche Nationalbibliografie; detailed bibliographic data are available in the Internet at http://dnb.d-nb.de.
Any brand names and product names mentioned in this book are subject to trademark, brand or patent protection and are trademarks or registered trademarks of their respective holders. The use of brand names, product names, common names, trade names, product descriptions etc. even without a particular marking in this works is in no way to be construed to mean that such names may be regarded as unrestricted in respect of trademark and brand protection legislation and could thus be used by anyone.

Coverbild / Cover image: www.ingimage.com

Verlag / Publisher:
Südwestdeutscher Verlag für Hochschulschriften
ist ein Imprint der / is a trademark of
AV Akademikerverlag GmbH & Co. KG
Heinrich-Böcking-Str. 6-8, 66121 Saarbrücken, Deutschland / Germany
Email: info@svh-verlag.de

Herstellung: siehe letzte Seite /
Printed at: see last page
ISBN: 978-3-8381-3540-3

Zugl. / Approved by: München, TU, Diss., 2012

Copyright © 2012 AV Akademikerverlag GmbH & Co. KG
Alle Rechte vorbehalten. / All rights reserved. Saarbrücken 2012

Inhaltsverzeichnis

Zusammenfassung   xv

1   Einleitung und Aufgabenstellung   1

2   Grundlagen   7
    2.1   Entdeckung der kosmischen Strahlung   7
    2.2   Primäre kosmische Strahlung   8
         2.2.1   Galaktische kosmische Strahlung   10
         2.2.2   Solare kosmische Strahlung (Sonnenwind)   11
         2.2.3   Die Magnetosphäre der Erde und deren Effekte .   12
         2.2.4   Intensitätsschwankungen der primären KS   17
    2.3   Sekundäre kosmische Strahlung   21
         2.3.1   Teilchenschauer, Sekundärteilchen und
                 Höhenabhängigkeit   22
    2.4   Dosiskonversionskoeffizienten für den Menschen   27
         2.4.1   ICRP-/ICRU-Referenz-Voxelphantome   29
         2.4.2   Gewebe-und Strahlungswichtungsfaktoren   34
         2.4.3   Dosiskonversionskoeffizienten für die kosmische Strahlung   35
    2.5   Kosmische Strahlendosis in Flughöhen - Strahlenschutz für fliegendes Personal   37
         2.5.1   Dosisabschätzung in der Flugdosimetrie   38

Inhaltsverzeichnis

2.5.2 Das EPCARD-Programm und dessen numerische Basisdatensätze 39
2.5.3 Strahlungsbeiträge zur effektiven Dosis in Flughöhen 42

3 Messung sekundärer Neutronen der kosmischen Strahlung 45
3.1 Verwendete Messgeräte 45
    3.1.1 Bonner Vielkugelspektrometer 46
    3.1.2 REM-Counter 53
3.2 Vergleichsmessung und Empfindlichkeitsanalyse des verwendeten Bonner Vielkugelspektrometers 55
    3.2.1 Experimenteller Aufbau und erzielte Messwerte . 57
    3.2.2 Vergleich der Messergebnisse der beteiligten BSS-Arbeitsgruppen 60
    3.2.3 Empfindlichkeitsanalyse des verwendeten Bonner Vielkugelspektrometers 63
    3.2.4 Erweiterte Fehlerabschätzung von $H^*(10)$ 78
    3.2.5 Messergebnisse des verwendeten Bonner Vielkugelspektrometers 79
3.3 Messung des Neutronenspektrums auf der Umweltforschungsstation Schneefernerhaus 82
    3.3.1 Experimenteller Aufbau 84
    3.3.2 Ergebnisse des HMGU-BSS auf der UFS 84
    3.3.3 Ergebnisse des REM-Counters auf der UFS 87
    3.3.4 Vergleich der Messwerte 88

4 Teilchentransportsimulation in den Energiebereichen der sekundären kosmischen Strahlung mit GEANT4 91
4.1 Grundlagen zur Monte Carlo Simulation 92
4.2 Teilchentransport in GEANT4 93
4.3 Material und Geometrie 95
4.4 Transportphysik in GEANT4 99
    4.4.1 Elektromagnetische Wechselwirkungen 100
    4.4.2 Hadronische Wechselwirkungen 101
    4.4.3 Multiple Scattering 106
4.5 Buchhaltung der Ergebnisse 107
    4.5.1 Die Klasse SensitiveDetector 108
    4.5.2 Die Klasse UserSteppingAction 110

	4.5.3 Ausgabe der Ergebnisse und Abschätzung des relativen Fehler	111
4.6	Primärteilchen und Zufallszahlen	112
4.7	ICRP/ICRU-Voxelphantome	115
	4.7.1 Datenausgabe der Simulationsrechnungen	116
4.8	Validierung der GEANT4-Simulationsrechnungen	119
	4.8.1 Programmierte Geometrien der Simulation	120
	4.8.2 Elektromagnetische Physik	121
	4.8.3 Neutronenphysik	127
	4.8.4 Fazit	130

5 Dosiskonversionskoeffizienten für den Referenz-Menschen für die kosmische Strahlung Bestrahlungsgeometrie: anterior nach posterior   133

5.1	Photonen	137
	5.1.1 Präsentation und Vergleich der Organ-DKK im weiblichen Voxelphantom	138
	5.1.2 Organ-DKKs der beiden Voxelphantome im Vergleich	141
	5.1.3 Vergleich mit Werten aus der Literatur	142
	5.1.4 Effektive Dosis	146
	5.1.5 Veröffentlichung der Photonen-Daten in der ICRP Publikation 110	147
5.2	Elektronen und Positronen	148
	5.2.1 Präsentation und Vergleich der Organ-DKK im weiblichen Voxelphantom	150
	5.2.2 Organ-DKKs der beiden Voxelphantome im Vergleich	155
	5.2.3 Vergleich der DKK von Elektronen und Positronen	157
	5.2.4 Vergleich mit Werten aus der Literatur	159
	5.2.5 Effektive Dosis	162
5.3	Müonen	164
	5.3.1 Präsentation und Vergleich der Organ-DKK im weiblichen Voxelphantom	167
	5.3.2 Organ-DKKs der beiden Voxelphantome im Vergleich	170
	5.3.3 Vergleich der DKK von Müonen und Antimüonen	172

| | | 5.3.4 | Effektive Dosis und Vergleich mit Werten aus der Literatur | 174 |

- 5.4 Protonen . . . 177
  - 5.4.1 Organ-DKK im weiblichen Voxelphantom und Vergleich der Organ-DKK beider Voxelphantome . . 177
  - 5.4.2 Vergleich mit Werten aus der Literatur 181
  - 5.4.3 Effektive Dosis . . . 184
- 5.5 Neutronen . . . 186
  - 5.5.1 Präsentation und Vergleich der Organ-DKK im weiblichen Voxelphantom . . . 187
  - 5.5.2 Organ-DKKs der beiden Voxelphantome im Vergleich . . . 192
  - 5.5.3 Vergleich mit Werten aus der Literatur 195
  - 5.5.4 Effektive Dosis . . . 198
  - 5.5.5 Veröffentlichung der Neutronen-Daten in der ICRP Publikation 110 . . . 200
- 5.6 Verwendung der AP-Daten im geplanten ICRP-Report der Revision von ICRP 74/ICRU 57 . . . 201

6 Dosiskonversionskoeffizienten für den Referenz-Menschen für die kosmische Strahlung Bestrahlungsgeometrie: isotrop   203

- 6.1 Simulation der ISO-Bestrahlung in GEANT4 204
- 6.2 Verifikation der ISO-Bestrahlungsgeometrie 205
- 6.3 Ergebnisse der ISO-Bestrahlungssimulation 206
  - 6.3.1 Vergleich ausgewählter Organ-DKK für AP- und ISO-Bestrahlung . . . 208
  - 6.3.2 Vergleich DKK der effektiven Dosis für AP- und ISO-Bestrahlung . . . 213
  - 6.3.3 Zusammenfassung . . . 217

7 Anwendung der berechneten Dosiskonversionskoeffizienten auf Teilchenspektren der sekundären kosmischen Strahlung   219

- 7.1 Methodik zur Berechnung der effektiven Dosisleistung $\dot{E}$ der sekundären kosmischen Strahlung . . . 220
  - 7.1.1 Faltung von Teilchenfluenzraten $\dot{\Phi}(\varepsilon)$ mit Dosiskonversionskoeffizienten $DKK(\varepsilon)$ . . . 220

Inhaltsverzeichnis

    7.1.2 Auswirkungen der neuen Empfehlungen der internationalen Strahlenschutzkommission 222
    7.1.3 Auswirkungen der Bestrahlungsgeometrien 224
    7.1.4 Fehleranalyse der effektiven Dosisleistung: $\dot{E} \pm \Delta \dot{E}$ 225
  7.2 Effektive Dosisleistung $\dot{E}$ der sekundären kosmischen Strahlung in verschiedenen Höhen 228
    7.2.1 $\dot{E}$ in 10.58 km Höhe 229
    7.2.2 $\dot{E}$ auf Höhe der UFS Schneefernerhaus 232

Literaturverzeichnis   **239**

A Strahlenschutzbegriffe und Dosisgrößen   **255**
  A.1 Umgebungs-Äquivalentdosis $H^*(10)$ 255
  A.2 Berechnung der effektiven Dosis 255
  A.3 Strahlungs- und Gewebewichtungsfaktoren 257
  A.4 Spezielle Berechnung der Dosen von rotem Knochenmark und Knochenhaut 257

B Grundlagen zur Wechselwirkung von Teilchen mit Materie 263
  B.1 Wechselwirkung von Photonen mit Materie 263
    B.1.1 Kohärente Streuung 264
    B.1.2 Photoelektrischer Effekt 265
    B.1.3 Comptoneffekt 266
    B.1.4 Paarbildung 268
    B.1.5 Kernphotoreaktionen 268
    B.1.6 Schwächungskoeffizient für Photonenstrahlung . . 269
  B.2 Wechselwirkung von Neutronen mit Materie 269
    B.2.1 Elastische Streuung 271
    B.2.2 Inelastische Streuung 273
    B.2.3 Nichtelastische Streuung 273
    B.2.4 Neutronen – Einfangreaktion 274
    B.2.5 Spallation 275
    B.2.6 Kernspaltung 275
  B.3 Wechselwirkung von Elektronen und Positronen mit Materie 276
    B.3.1 Stoßwechselwirkungen 276
    B.3.2 Bremsstrahlung 278
    B.3.3 Kernreaktionen 280
    B.3.4 Cerenkov-Strahlung 280
    B.3.5 Positronen-Annihilation 281

B.3.6 Totales Bremsvermögen und Reichweite 281
B.4 Wechselwirkungen schwerer geladener Teilchen mit Materie 282
    B.4.1 Energieverlust geladener Teilchen 283
    B.4.2 Bremsvermögen 283
    B.4.3 Reichweite schwerer geladener Teilchen 286

C Datentabellen der beiden ICRP-Referenz-Voxelphantome   **287**

Liste der eigenen Publikationen   **297**

Danksagung   **299**

Tabellenverzeichnis

1.1	Effektive Dosis aus natürlichen Strahlungsquellen	2
2.1	Sekundärteilchen der kosmischen Kaskade	23
2.2	Phantomeigenschaften	32
2.3	Energiebereiche	36
3.1	Werte der Fluenz und von $H^*(10)$ aller BSS-Systeme an OC-11	62
3.2	Neutronenfluenzen bei Variation der Startspektren	66
3.3	Neutronenfluenzen bei Variation der Iterationsschritte	67
3.4	$H^*(10)$ bei Variation der Startspektren	68
3.5	$H^*(10)$ bei Variation der Iterationsschritte	69
3.6	Erweitere Fehlerabschätzung von $\Phi_{Neutron}$ und $H^*(10)$	79
3.7	Fluenzwerte und von $H^*(10)$-Werte aller Positionen	80
3.8	UFS-Ergebnisse von $H^*(10)$ durch Neutronen	88
4.1	GEANT4-Transportmodelle für Protonen	103
4.2	GEANT4-Transportmodelle für Neutronen	104
4.3	Organregionen	117
4.4	Restgewebe	118
5.1	Organtiefen	135
5.2	Photonen-DKK Vergleichsdaten	144
5.3	Elektronen-DKK Vergleichsdaten	159

7.1 $\dot{E}$ der Teilchen berechnet mit ICRP 60 für 10 km Höhe . 229
7.2 $\dot{E}$ der Teilchen berechnet mit ICRP 103 für 10 km Höhe 230
7.3 Anteile der Teilchenarten an $\dot{E}$ berechnet mit EPCARDv3.34 231
7.4 Anteile der Teilchenarten an $\dot{E}$ auf Höhe der UFS 234
7.5 UFS-Ergebnisse effektive Dosis durch Neutronen 236

A.1 Strahlenwichtungsfaktoren 257
A.2 Gewebewichtungsfaktoren 258
A.3 Massverhältnisse für rotes Knochenmark 261
A.4 Gesamtmassen des roten Knochenmarks 261

C.1 Organ- Gewebeliste der ICRP-Referenz-Voxelphantome . 288
C.2 Organ/Gewebe weibliches Voxelphantom: Voxelanzahl und Volumen 290
C.3 Organ/Gewebe-Daten männliches Voxelphantom 293

Abbildungsverzeichnis

2.1 Primäres differentielles Energiespektrum 9
2.2 Krebsnebel 10
2.3 Sonnenflecken 12
2.4 Magnetosphäre 13
2.5 Dipolfeld der Erde 14
2.6 Cut-Off-Rigidity 16
2.7 Intensitätaschwankungen der kosmischen Strahlung . . . 18
2.8 Sonnenzyklus und kosmische Strahlung 19
2.9 Teilchenkaskade 24
2.10 Fluenzraten aller Teilchen 25
2.11 Voxelphantome 31
2.12 Knochenaufbau 33
2.13 Fluenzraten der Teilchen in 10 km 41
2.14 Höhenabhängige Strahlungsanteile zur effektiven Dosis . 43

3.1 BSS-Kugeln und ^3He-Detektor 46
3.2 Responsematrix 50
3.3 Hybrid Startspektrum 8 (HSS-8) 52
3.4 Dosiskonversionskoeffizienten von H*(10) für Neutronen . 54
3.5 REM-Counter 55
3.6 Experimentierbereich Cave A 58
3.7 Messvektoren alle Positionen 59

3.8	Entfaltete Neutronenspektren aller BSS an OC-11	61
3.9	Startspektrum: Variation der Höhe	64
3.10	Startspektrum: Variation der Energieposition	65
3.11	Entfaltetes Spektrum mit 1/E - Startspektrum	69
3.12	Neutronenspektren bei Höhenänderung des thermischen Maximums	71
3.13	Neutronenspektren bei Änderung der Position des thermischen Maximums	71
3.14	Neutronenspektren bei Änderung der Position des Verdampfungsmaximums	73
3.15	Neutronenspektren bei Änderung der Höhe des Kaskadenmaximums	73
3.16	Neutronenspektren bei Änderung der Position des Kaskadenmaximums	74
3.17	Neutronenspektren bei Änderung der Anzahl der Iterationen	74
3.18	Statistische Auswertung der Neutronenspektren	76
3.19	Entfaltete Neutronenspektren aller Positionen	81
3.20	Umweltforschungsstation Schneefernerhaus (UFS)	85
3.21	Neutronen-Mittelwertspektrum UFS Oktober 2008	87
3.22	Vergleich der Messwerte HMGU-BSS und REM-Counter	89
4.1	Geometrie Geant4	97
4.2	Einschussverteilung-Kontur der Voxelphantome	114
4.3	Querschnitt männl. Voxelphantom und Simulation der Bonner Kugel mit Pb	122
4.4	User-Validierung Photonen; Massenschwächungskoeffizienten	124
4.5	User-Validierung Elektronen; Massenbremsvermögen . . .	124
4.6	User-Validierung Myonen; Massenbremsvermögen	125
4.7	User-Validierung Protonen; Massenbremsvermögen . . .	125
4.8	User-Validierung Neutronen; Responsefunktion 6 inch . .	131
4.9	User-Validierung Neutronen; Responsefunktion 9 inch und 9 inch mit Blei	131
5.1	Organtiefenverteilung Brust und Leber	136
5.2	Photonen-DKK wichtiger Organe (weibliches Phantom) .	139
5.3	Schwächungskoeffizient für Photonen in Wasser	139
5.4	Photonen-Organ-DKK für Leber und Magen (beide Phantome)	141

Abbildungsverzeichnis

5.5 Photonen-DKK für Lunge (AP) im Vergleich mit Literaturwerten 143
5.6 Photonen-DKK für Magen (AP) im Vergleich mit Literaturwerten 143
5.7 Photonen-DKK für rotes Knochenmark (AP) im Vergleich mit Literaturwerten 144
5.8 Photonen-DKK für die effektive Dosis 147
5.9 Elektronen-DKK wichtiger Organe (weibliches Phantom); logarithmisch 151
5.10 Elektronen-DKK wichtiger Organe (weibliches Phantom); linear 152
5.11 Reichweite von Elektronen in Wasser 153
5.12 Elektronen-DKK von Leber und Brust beider Phantome; logarithmisch 156
5.13 Elektronen-DKK von Leber und Brust beider Phantome; linear 156
5.14 Positronen-DKK wichtiger Organe (weibliches Phantom); linear 158
5.15 Magen-DKK für Elektronen und Positronen im Vergleich 158
5.16 Organ-DKK der Lunge für e^- im Vergleich 160
5.17 Organ-DKK vom Magen für e^- im Vergleich 160
5.18 Organ-DKK vom roten Knochenmark für e^- im Vergleich . 161
5.19 Effektive Dosis für e^- und e^+ 163
5.20 Muonen-DKK wichtiger Organe (weibliches Phantom) .. 166
5.21 Massenbremsvermögen Müonen 166
5.22 Reichweite von Müonen 168
5.23 Müonen-DKK von Leber und Brust beider Phantome .. 171
5.24 Magen-DKK (weiblich) für Müonen und Antimyonen im Vergleich 173
5.25 Vergleich Organ-DKK bei Müonenbestrahlung mit Embryo-Dosis 175
5.26 Effektive Dosis für μ^- und μ^+ 176
5.27 Protonen-DKK wichtiger Organe (weibliches Phantom) . 178
5.28 Bremsvermögen für Protonen in Wasser 179
5.29 Reichweiten von Protonen in Wasser 179
5.30 Organ-DKK der Voxelphantome im Vergleich: Brust und Leber 180

5.31	DKK vom Magen für Protonenbestrahlung im Vergleich mit Literaturwerten	182
5.32	DKK von RBM für Protonenbestrahlung im Vergleich mit Literaturwerten	182
5.33	DKK der effektiven Dosis für Protonen (AP, ICRP103) .	183
5.34	DKK der effektiven Dosis für Protonen (AP, ICRP103) .	183
5.35	Neutronen-DKK wichtiger Organe (weibliches Phantom)	188
5.36	Neutronen-Wirkungsquerschnitt von Wasserstoff	188
5.37	Organ-DKK für die Leber bei Neutronenbestrahlung; Phantomvergleich	193
5.38	Organ-DKK für den Magen bei Neutronenbestrahlung; Phantomvergleich	193
5.39	Organ-DKK für das Gehirn bei Neutronenbestrahlung; Phantomvergleich	194
5.40	Organ-DKK für die Lunge bei Neutronenbestrahlung; Datenvergleich	196
5.41	Organ-DKK für den Magen bei Neutronenbestrahlung; Datenvergleich	196
5.42	Organ-DKK für das rote Knochenmark bei Neutronenbestrahlung; Datenvergleich	197
5.43	Effektive Dosis nach ICRP60 bei Neutronenbestrahlung; Datenvergleich	198
5.44	Effektive Dosis nach ICRP103 bei Neutronenbestrahlung; Datenvergleich	199
6.1	Verifikation vom ISO-Beschuss anhand der Bonner Kugeln	207
6.2	Geometrie AP- und ISO-Bestrahlung	209
6.3	DKK für die Haut; alle Teilchen	212
6.4	DKK für das Gehirn; alle Teilchen	214
6.5	eff. Dosis Vergleich AP und ISO	215
7.1	eff. Dosis Vergleich ICRP60 und ICRP103	223
7.2	eff. Dosis Vergleich AP und ISO mit Fluenzraten . . .	226
7.3	Neutronenspektren auf der UFS im Vergleich	237
A.1	Berechnung effektive Dosis	256
A.2	Bremsvermögen geladener Teilchen	259
A.3	Absorptionskoeffizient von Knochen für Photonen	259
B.1	Wichtige Photonenprozesse	264

Abbildungsverzeichnis

B.2   Geometrie Comptoneffekt 266
B.3   ComptonEnergieSpektrum 267
B.4   Neutronen Wirkungsquerschnitt von Kohlenstoff 270
B.5   KERMA verschiedener geladener Teilchen von Neutronen 272
B.6   Ionisierungswahrscheinlichkeiten 277
B.7   Elektronen-Wechselwirkungsquerschnitte 279
B.8   Elektronen-Bremsvermögen 279
B.9   Reichweite von Elektronen 282
B.10 StoppingPower 285

Zusammenfassung

In dieser Arbeit wurden die von der Internationalen Strahlenschutzkommission (ICRP) seit kurzem für den internationalen Strahlenschutz empfohlenen ICRP-Referenz-Voxel-phantome verwendet, um für sämtliche für die kosmische Strahlung relevanten Teilchen (Neutronen, Protonen, Elektronen, Positronen, positive und negative Müonen, Photonen) Dosiskonversionskoeffizienten (DKK) zu berechnen. Dazu wurde erstmals das am CERN entwickelte Monte Carlo Programm GEANT4 verwendet und für die zur Bestimmung der effektiven Dosis nötigen Organe (rotes Knochenmark, Kolon, Lunge, Magen, Brust, Gonaden, Harnblase, Ösophagus, Leber, Schilddrüse, Endosteum, Gehirn, Speicheldrüsen, Haut und das Restgewebe bestehend aus dem Mittelwert von 14 weiteren Organen/Geweben) DKK-Werte für Einstrahlung von anterior nach posterior (AP) und isotrope Bestrahlungsgeometrie (ISO) bestimmt. Ein Teil dieses so erzeugten Datensatzes ging mittlerweile als erster und bislang einziger GEANT4 Datensatz ein in Bemühungen der ICRP, repräsentative DKKs zu definieren.

Da Neutronen einen wesentlichen Teil zur gesamten effektiven Dosis durch kosmische Strahlung beitragen, wurde ein Bonner Vielkugelspektrometer ("Bonner Sphere Spectrometer", BSS) verwendet, um auf der knapp unterhalb der Zugspitze auf 2650 m Meereshöhe gelegenen Umweltforschungsstation Schneefernerhaus (UFS) sekundäre Neutronen der kosmischen Strahlung zu messen. Dieses BSS ist gegenwärtig das weltweit einzige, mit dem in großen Höhen das Energiespektrum der sekundären Neutronen der kosmischen Strahlung kontinuierlich bestimmt wird. Beispielhaft wurde aus den BSS-Messdaten für Oktober 2008 alle 6 Stunden ein Neutronenspektrum entfaltet.

Um die mit der Entfaltung der Neutronenspektren verbundenen Unsicherheiten zu quantifizieren, wurden umfangreiche Sensitivitätsanalysen durchgeführt und der Einfluss des gewählten Neutronenstartspektrums und der Anzahl der Iterationen auf die Ergebnisse des Entfaltungsprozesses untersucht. Dabei zeigte sich, dass unabhängig vom verwendeten Neutronenstartspektrum die auf der Basis der entfalteten Neutronenspektren berechneten Dosiswerte von $H^*(10)$ innerhalb 3% übereinstimmen. Die Vertrauenswürdigkeit der auf der UFS durchgeführten BSS-Messungen konnte auch bei einer internationalen Messkampagne gezeigt werden. Dazu wurde das HMGU-BSS im Zuge der Messkampagne außerhalb der Abschirmung des Ionentherapieplatzes der Gesellschaft für Schwerionenforschung (GSI) in Darmstadt (D) aufgebaut. Die dort erzielten Ergebnisse zeigten, dass die mit dem HMGU-BSS und die mit anderen BSS gemessenen Neutronen-Dosisleistungen innerhalb von 15% übereinstimmten.

Mit den in dieser Arbeit auf der UFS gemessenen Neutronenspektren und den berechneten GEANT4-DKKs ergaben sich für die Höhe der UFS für den Monat Oktober 2008 durch Neutronen eine mittlere effektive Dosisleistung $\dot{E}$ von $60.2 \pm 11.7\ nSvh^{-1}$ und eine Äquivalentdosisleistung $\dot{H}^*(10)$ von $75.2 \pm 2.3\ nSvh^{-1}$. Der Wert von $\dot{H}^*(10)$ konnte durch unabhängige Messungen auf der UFS bestätigt werden: Mit einem REM-Counter (mit Bleieinlage) ergab sich für den selben Zeitraum ein Wert von $\dot{H}^*(10) = 73.0 \pm 3.7 \; nSvh^{-1}$. Auch die Verwendung von Energiespektren der sekundären Neutronen der kosmischen Strahlung aus der Literatur [113, 114, 115], ergab ein konsistentes Bild: oberhalb von 17 MeV lieferten die gerechneten Neutronenspektren für die Höhe der UFS eine $\dot{H}^*(10)$-Dosisleistung von etwa 53 $nSvh^{-1}$ [117], was sehr gut mit einem Wert von $41.5 \pm 1.2 \; nSvh^{-1}$ übereinstimmt, der oberhalb von 17 MeV aus den gemessenen Neutronenspektren abgeleitet wurde.

Mit den hier berechneten GEANT4-DKKs wurde erstmals - unter Verwendung der neuen ICRP-Referenz-Voxelphantome - für alle relevanten Teilchen der kosmischen Strahlung die Dosis in typischer Flughöhe berechnet. Es zeigte sich, dass im Vergleich zu früheren mit mathematischen Phantomen berechneten DKKs sich nur geringfügige Änderungen der Dosisleistungen in typischen Flughöhen ergaben. Bei Verwendung der neuen Wichtungsfaktoren aus ICRP 103 [76] ergab sich, dass sich die effektive Dosisleistung in typischen Flughöhen über der UFS im Vergleich zu ICRP 60 [72] um etwa 30% erniedrigten, während sich der relative Anteil der Neutronen an der effektiven Dosis von 40% auf knapp 50% erhöhte.

Es ist geplant, die hier berechneten DKKs in das vom Luftfahrt-Bundesamt (LBA) offiziell zertifizierte Flugdosimetrie-Programm EPCARD des HM-GU zu implementieren.

KAPITEL 1

Einleitung und Aufgabenstellung

Der Mensch ist in seinem täglichen Leben auf der Erde permanent ionisierender Strahlung aus natürlichen Quellen ausgesetzt. Bei diesen natürlichen Quellen unterscheidet man allgemein zwischen externer und interner Strahlenexposition. Zu der internen Strahlenexposition gehört die Aufnahme natürlich vorkommender radioaktiver Nuklide (incl. der durch die kosmische Strahlung in der Atmosphäre erzeugten ^{14}C-Nuklide) durch Inhalation und Ingestion, während die externe Strahlenexpositionen durch die terrestrische Strahlung und die kosmische Strahlung (KS) verursacht wird. Zur Bewertung der Strahlung, der ein Mensch ausgesetzt ist, bedient man sich im Strahlenschutz unter anderem der Größe effektive Dosis E. Bei E handelt es sich um eine Schutzgröße, also eine Größe, die nicht unmittelbar gemessen werden kann. Die Bestimmung von E basiert auf Monte Carlo Simulationen der Bestrahlung von im Computer generierter anthropomorpher Phantome, und sie ergibt sich

natürliche Quelle	Beitrag zur effektiven Jahresdosis (mSv)
interne Strahlungsquellen	
Inhalation	1.1
Ingestion	0.3
externe Strahlungsquellen	
terrestrische Strahlung	0.4
kosmische Strahlung	0.3
Summe	**2.1**

Tabelle 1.1: *Auflistung der natürlichen Strahlungsquellen und deren Beitrag zur mittleren effektiven Jahresdosis für eine Person der Bevölkerung in Deutschland [61]*

aus der Summe der durch definierte Faktoren gewichteten, in Organen und Gewebe deponierten Energiedosen [76]. In Deutschland erhält der Mensch aus natürlichen Strahlungsquellen durchschnittlich eine effektive Dosis von 2.1 mSv pro Jahr (vgl. weltweiter Mittelwert: 2.4 mSv/a) [61]. Die Beiträge aus den einzelnen Quellen zur effektiven Jahresdosis für eine Person der Bevölkerung in Deutschland sind in Tabelle 1.1 aufgelistet. Unter der hier angesprochenen KS ist genauer die so genannte sekundäre KS gemeint, welche eine direkte Folge komplexer Wechselwirkungen der primären KS mit der Erdatmosphäre darstellt. Der Anteil der sekundären KS an der gesamten effektiven Jahresdosis beträgt also in Bodennähe etwa 14%, aber die Dosisleistung der sekundären KS steigt mit der Höhe deutlich an. In typischen Flughöhen der kommerziellen Luftfahrt (10-12 km) ist etwa mit einer Verhundertfachung dieser Dosisleistung zu rechnen [61]. Die daraus resultierende Dosis auf einzelnen Flügen ist im Vergleich zur natürlichen effektiven Jahresdosis generell gering. Für fliegendes Personal mit vielen Flugstunden ist die beruflich bedingte Strahlenexposition allerdings nicht vernachlässigbar. Die internationale Strahlenschutzkommission ICRP[1] sah sich deshalb dazu veranlasst, in der Veröffentlichung von 1991 eine Strahlenschutzüberwachung

---

[1] "International Commission on Radiological Protection"; www.icrp.org

von Piloten und fliegendem Personal zu empfehlen [72]. Daraufhin hat die Europäische Union 1996 eine Strahlenschutz-Direktive für fliegendes Personal (EURATOM/96/29) veröffentlicht. Seit 1. August 2003 wird in Deutschland fliegendes Personal, dessen berufsbedingte Jahresdosis 1 mSv übersteigen kann, entsprechend der Strahlenschutzverordnung dosimetrisch überwacht[2].

In der Flugdosimetrie wird die effektive Dosis für alle Flugrouten mittels speziell dafür entwickelter Programme berechnet. Kerndaten einiger derartiger Programme sind zeit-, höhen- und orts-abhängige Teilchenspektren der sekundären KS, welche dann mit Dosiskonversionskoeffizienten gefaltet werden. Diese Teilchenspektren basieren auf Monte Carlo Simulationen der komplexen Wechselwirkungen der primären KS mit den Molekülen der Atmosphäre. In den 1990er Jahren wurden derartige Berechnungen durchgeführt und durch Messflüge mit Bordmessungen validiert [94]. Eine wichtige Erkenntnis dieser Arbeiten war, dass die sekundären Neutronen mit ca. 50% den Hauptbeitrag zur effektiven Dosis liefern und damit aus den Teilchenarten der sekundären KS die wichtigste darstellen. Eine weitere Erforschung der KS durch - möglichst kontinuierliche - Messungen des Energiespektrums sekundärer Neutronen der KS sind zur Ergänzung der Berechnungen unabdingbar, werden derzeit auch an ausgewählten geographischen Orten durchgeführt [90, 117] und stellen einen Teil auch dieser Arbeit dar.

Dosiskonversionskoeffizienten (DKK) für den Menschen werden anhand von Monte Carlo Simulationen unter Verwendung anthropomorpher Phantome berechnet. Die DKK der effektiven Dosis berechnet sich aus Organ-DKK eines weiblichen und eines männlichen Phantoms. Neben der Verwendung in der Flugdosimetrie finden die DKK Anwendung in vielen Bereichen des Strahlenschutzes, wie z.B. bei Arbeitern in Beschleunigern und kerntechnischen Anlagen, oder auch bei Astronauten. Die ICRP und

---

[2]vgl. Deutsches Atomgesetz mit Verordnungen: §103 StrSchV (Stand 1.Juni 2007 [57])

die ICRU[3] haben in den Veröffentlichungen ICRP 74 [74] bzw. ICRU 57 [80] 1996 bzw. 1998 DKK-Datensätze verschiedener Teilchenarten für die Verwendung im Strahlenschutz empfohlen. Die Berechnungen basieren auf mehreren, damals verfügbaren mathematischen Phantomen, welche den Referenzmenschen durch geometrische Figuren (Kegel, Kugel, Zylinder, etc.) mathematisch modellierten. Inzwischen machen gesteigerte Computerkapazitäten es möglich, dass auf CT- und MR-Datensätzen realer Personen basierende, segmentierte Phantome für derartige Berechnungen verwendet werden können. Diese so genannten Voxelphantome zeichnen sich gegenüber den mathematischen Phantomen durch eine wesentlich realistischere anthropomorphe Anatomie aus. Die ICRP hat in ICRP 103 [76] erstmals ein männliches und ein weibliches Voxelphantom als Referenz-Computerphantome empfohlen, welche in ICRP 110 [77] detailliert beschrieben werden. Zusätzlich wurden in ICRP 103 die empfohlenen Strahlungs- und Gewebe-Wichtungsfaktoren zur Berechnung der effektiven Dosis aktualisiert. Sie entsprechen jetzt den neuesten Erkenntnissen der strahlenbiologischen Forschung.

Diese für den Strahlenschutz und die Dosimetrie bedeutenden Verbesserungen zeigen die Notwendigkeit einer Neuberechnung der DKK auf. Außerdem darf die stetige Weiterentwicklung der für die Berechnung verwendeten Monte Carlo Simulations-Codes nicht vergessen werden, welche neben den höheren Computerkapazitäten auch zu einer Steigerung der Güte der DKKs beitragen. Für die als Reaktion auf die neuen Empfehlungen aus ICRP 103 zu erwartende Änderung der Strahlenschutzgesetze und der dazu nötigen Umstrukturierung des gesetzlichen Strahlenschutzsystems ist es unabdingbar, dass möglichst frühzeitig berechnete und verifizierte DKK zu Verfügung stehen, deren Berechnungen auf den neuen Empfehlungen der ICRP basieren. Deshalb wurden in dieser Arbeit für die Teilchen der sekundären KS innerhalb der entsprechenden Energiebereiche die DKK basierend auf den neuen ICRP-Empfehlungen

---

[3] "International Commission on Radiation Units and Measurements"; www.icru.org

berechnet.

Nach einem thematischen Abriss über die Grundlagen der kosmischen Strahlung und der DKK in Kapitel 2 wird in Kapitel 3 auf die Messmethode und die Messungergebnisse der sekundären Neutronenspektren der kosmischen Strahlung auf der hochalpinen Umweltforschungsstation Schneefernerhaus (UFS)[4] eingegangen. Zur besseren Quantifizierung der Unsicherheiten der verwendeten Messmethode wurde mit den gesamten Messgeräten an einer internationalen Vergleichsmessung teilgenommen und in deren Zuge eine umfangreiche Sensitivitätsanalyse durchgeführt. Zur Berechnung der DKK wurde der am CERN[5] entwickelte Monte Carlo Code GEANT4 verwendet. In Kapitel 4 wird der Code, die Arbeitsweise mit dem Code und die Validierung der Simulationsprogrammierung beschrieben. In den Kapiteln 5 bzw. 6 werden die berechneten DKK für die wesentlichen Teilchenarten der sekundären kosmischen Strahlung in den entsprechenden Energiebereichen für Bestrahlung von anterior nach posterior (AP) bzw. isotrope Bestrahlungsgeometrie (ISO) präsentiert. Insbesondere werden in Kapitel 5 aufgrund ihrer Anschaulichkeit die Verläufe der DKK bei AP-Bestrahlung jeder Teilchenart ausführlich diskutiert und mit verfügbaren Datensätzen aus der Literatur verglichen[6]. Die in dieser Arbeit berechneten GEANT4-DKK für AP gehen in die Berechnungen der neuen DKK-Empfehlungen der ICRP ein. Diese geplante Revison der DKK aus ICRP 74/ICRU 57 soll noch in 2011 veröffentlicht werden. In Kapitel 7 werden schlussendlich die in dieser Arbeit berechneten GEANT4-DKK mit Teilchenspektren aus der

---

[4] www.schneefernerhaus.de

[5] "Conseil Europen pour la Recherche Nuclaire", Europäisches Kernforschungszentrum in Genf (CH); www.cern.ch

[6] Der gesamte Datensatz der mit GEANT4 berechneten DKK umfasst 784 Tabellen. Aus Platzgründen werden deshalb in dieser Arbeit keine numerischen Wertetabellen dargestellt. Der interessierte Leser hat aber die Mglichkeit, per Mail an den Autor (gregor.simmer@uki.at) unter Angabe von Teilchen, Phantom, Organe, ect., die entsprechenden Datentabellen z.B. im ASCII-Format, anzufordern.

Literatur [115], sowie mit im Zuge dieser Arbeit auf der UFS gemessenen Sekundärneutronenspektren gefaltet, und damit die Dosisleistung in verschiedenen Höhen berechnet. Für die Höhe der UFS (2650 m) werden die Berechnungsergebnisse unter Verwendung von gerechneten und den gemessenen Neutronenspektren miteinander verglichen. Zusätzlich werden für eine typische Flughöhe von 10,58 km die Ergebnisse der durch Faltung der GEANT4-DKK mit gerechneten Spektren sämtlicher relevanter Teilchen der sekundären KS erzielten Dosisleistungen mit jenen Dosisleistungen verglichen, die das am HMGU[7] entwickelte kommerzielle Flugdosimetrieprogramm EPCARD[8] [122] für fliegendes Personal errechnet.

---

[7]Helmholtz Zentrum München - Forschungszentrum für Gesundheit und Umwelt; www.helmholtz-muenchen.de

[8]European Program Package for the Calculation of Aviation Route Doses

KAPITEL 2

Grundlagen

2.1 Entdeckung der kosmischen Strahlung

"Things which rain down from the heaven and are not wet."

Popular description of cosmic rays in 1914

Im Jahr 1912 führte der Österreicher Victor F. Heß[1] einige bemannte Ballonflüge mit einfachen Messinstrumenten (z.B. Elektrometer) durch. Eines seiner Ziele war, den Strahlungseffekt *"der γ-strahlenden Zerfallsprodukte der Emanationen in der Luft"* unabhängig von der Gamma-Strahlung der Erde zu messen [67]. Auf Grund der damals vorliegenden radioaktiven Theorie sollte die Strahlungsintensität mit der Höhe, also mit zunehmender Entfernung von der Erde (= Strahlungsquelle), abnehmen. Überraschend für Heß war, dass seine Messinstrumente simul-

---
[1]Viktor Franz Heß: 1883-1964, Nobelpreis 1936

tan bis zu einer maximalen Endhöhe der Messungen von 5350 Metern stattdessen einen deutlichen Anstieg der Strahlungsintensität mit der Höhe anzeigten. Die mutige Schlussfolgerung von Heß war, dass es sich hier um eine neu entdeckte Quelle stark ionisierender Strahlung handeln mußte, welche aber keinen terrestrischen Ursprung hat, weshalb er sie als "Höhenstrahlung" bezeichnete [66, 67].

Aufgrund ihres Ursprungs wird die Höhenstrahlung heute kosmische Strahlung (KS) genannt. Von der Erde aus betrachtet wird zwischen primärer und sekundärer KS unterschieden. Unter primärer KS versteht man die ursprüngliche Teilchenstrahlung im Universum bevor sie auf die Erdatmosphäre trifft. Die sekundäre KS (SKS) ist ein direktes Resultat aus den Reaktionen der Teilchen der primären KS mit den in der Erdatmosphäre enthaltenen Atomen und Molekülen, wobei es zur Ausbildung regelrechter Teilchenschauer kommt. Variationen der primären KS bedingen deshalb auch Variationen der sekundären KS. In Hinblick auf die ionisierende Wirkung der primären KS hat die Erdatmosphäre also einen abschirmenden Effekt durch circa 1000 $g\ cm^{-2}$ Luft, was etwa einer Wasserschicht von 10 m Dicke entspricht.

2.2 Primäre kosmische Strahlung

Das primäre kosmische Strahlungsfeld, welches kontinuierlich auf die Erdatmosphäre trifft, besteht aufgrund des jeweiligen Ursprungs aus der galaktischen und solaren Komponente. Generell besteht die geladene Komponente der primären KS zu 98% aus Atomkernen und zu 2% aus Betateilchen. Die Hauptanteile der Atomkerne bilden Wasserstoffkerne (Protonen) und Heliumkerne (α-Teilchen). Je nach Literaturreferenz schwanken diese Anteile zwischen 90% Protonen, 9% α-Teilchen, 1% schwere Kerne ($Z \geq 3$) [1] und 87% Protonen, 12% α-Teilchen, 1% schwere Kerne [58]. Abbildung 2.1 zeigt das differentielle Energiespek-

2.2. Primäre kosmische Strahlung

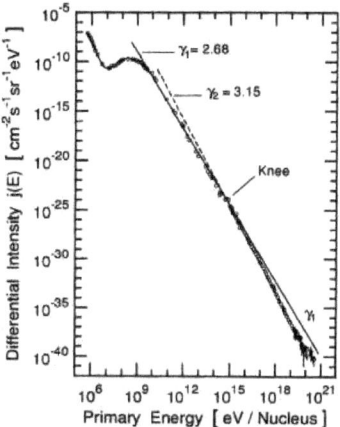

Abbildung 2.1: *Differentielles Energiespektrum der hadronischen Komponente der primären kosmischen Strahlung (Summe aller geladenen Teilchen) [58]*

trum

$$j(E) = \frac{dN(E)}{dA \cdot d\Omega \cdot dE \cdot dt}$$

der primären kosmischen Strahlung d.h. die am Beobachtungsort in Abhängigkeit von der Energie pro Fläche, Raumwinkel, Energieintervall und Zeitintervall auftreffende Anzahl geladener Teilchen. Der Energiebereich des Spektrums erstreckt sich von $\sim 10^5$ eV bis $\sim 10^{21}$ eV über 16 Größenordnungen. Der niederenergetische Bereich (bis $\sim 10^6$ eV) wird hauptsächlich durch die solare KS bestimmt, während die galaktische KS den energetisch darüber liegenden Teil des Primärspektrums ausmacht. Durch die Überlagerung der mit steigender Energie rasch fallenden Fluenzrate der solaren KS mit der zu niederen Energien hin langsamer fallenden Fluenzrate der galaktischen KS entsteht das bei etwa 10 MeV auftretende Minimum des differentiellen Energiespektrums. Ab einer Energie von $\sim 10^{10}$ eV kann das Primärspektrum durch ein Potenzgesetz mit negativem Exponenten beschrieben werden, wobei es im

Bereich von $\sim 10^{15}$ eV (dem so genannten "Knie") zu einer sprunghaften Veränderung des Exponenten von γ_1 auf γ_2 kommt. γ_1 und γ_2 werden auch spektrale Indizes genannt [20, 58].

$$j(E) \propto E^{-\gamma_{1,2}} \qquad \gamma_1 = 2.68 \qquad \gamma_2 = 3.15$$

2.2.1 Galaktische kosmische Strahlung

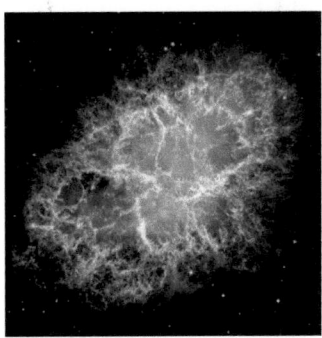

Abbildung 2.2: Der Krebsnebel ist ein Supernovaüberrest [20]

Der Ursprung der galaktischen KS ist umstritten und es existieren auch keine theoretischen Abschätzungen über deren Primärfluss [20, 58]. Auf ihrem Weg durch die Galaxis sind die geladenen Teilchen ständig Ablenkungen durch Magnetfelder unterworfen, weshalb über den gesamten Energiebereich keine nennenswerten Anisotropien auftreten. Konkrete Aussagen über den Ort der Entstehung der Teilchen werden dadurch erschwert. Der Teilchenfluss besitzt eine Teilchenflussdichte von $\sim 10^5 \; m^{-2} s^{-1}$ und ist zeitlich nahezu konstant. Die Energiedichte der galaktischen KS liegt oberhalb $1 \; MeV \; m^{-3}$. Einige Teilchen besitzen Energien jenseits $10^{20} \; eV$, welche mit dem heutigen physikalischen Wissen über Beschleunigungsmechanismen nicht erklärbar sind [144]. Mit der anerkannten Theorie, dass die Teilchen in den von Supernova-Explosionen (vgl. Abbildung 2.2) gebildeten Druckwellen beschleunigt werden, können

2.2. Primäre kosmische Strahlung

Teilchenenergie bis etwa 10^{14} eV erklärt werden. In der Milchstraße ereignen sich schätzungsweise alle 30 Jahre derartige Supernova-Ereignisse, wobei gewaltige Energiemengen freigesetzt werden ($10^{43} - 10^{44}$ Joule). Supernovae wären damit in der Lage, die Fluenzrate galaktischer KS in einem quasi-stationären Zustand zu halten, weil die freigesetzte Energie ausreichen würde, um das Entweichen von Teilchen aus der Galaxis auszugleichen [20].

Anhand von mehr oder weniger exotischen Szenarien wie z.B. Beschleunigung der Teilchen durch rotierende Neutronensterne oder schwarzer Löcher wird versucht die Teilchenenergien jenseits der 10^{14} eV zu erklären. Außerdem werden extragalaktische Quellen vermutet, welche aus bisher unbekannten Gründen in der Lage sind, Teilchen auf diese unerklärbar hohen Energien zu beschleunigen [1, 58, 144].

2.2.2 Solare kosmische Strahlung (Sonnenwind)

Die Sonne emittiert kontinuierlich einen Plasmastrom ins All, welcher mit der jeweiligen Sonnenaktivität variiert. Diese solare kosmische Strahlung wird Sonnenwind[2] genannt und es handelt sich dabei um eine Überschall-Plasmaströmung mit einer mittleren Geschwindigkeit von $\sim$ 500 km/s, die hauptsächlich aus Protonen, Elektronen und einem geringen Anteil an α-Teilchen und schwereren Ionen besteht. Die Teilchen weisen Energien von maximal einigen hundert MeV auf[3][58]. Die Dichte des Sonnenwinds beträgt etwa $5 \cdot 10^6$ m^{-3} und ist ebenso wie dessen Geschwindigkeit – abhängig von der Sonnenaktivität – Schwankungen unterworfen [135]. Die Sonnenaktivität wird im sichtbaren Bereich an-

---
[2] Der Begriff "Solar Wind" wurde von Eugene N. Parker 1959 zusammen mit seiner hydrodynamischen Theorie zum Sonnenwind eingeführt

[3] Vereinzelt erreichen auch solare Neutronen die Erde. Die mittlere Lebensdauer eines freien Neutrons liegt bei $\sim$ 881 s. Um die Erde erreichen zu können, muss ein solares Neutron eine Energie jenseits von 100 MeV besitzen, damit die relativistische Zeitdilatation ausreichend groß wird, um diese Distanz zu überbrücken. Der Vollständigkeit halber sei erwähnt, dass die Mechanismen der Sonne, die für die Beschleunigung der Teilchen sorgen, intensiv erforscht werden und bei weitem noch nicht vollständig geklärt sind.

hand der Sonnenfleckenanzahl gemessen. Es handelt sich dabei um aktive Regionen mit rund $1000°K$ geringerer Temperaturen als die Umgebung, deshalb auch als dunklere Flecken erkennbar (vgl. Abbildung 2.3). Die Abkühlung wird durch starke Magnetfelder verursacht, welche die

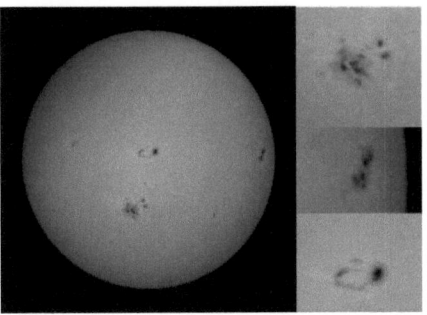

Abbildung 2.3: Abbildung der Sonne im sichtbaren Licht. Die deutlich erkennbaren Sonnenflecken sind rechts zusätzlich vergrößert dargestellt [2].

Konvektion behindern und durch Rekonnexion Protuberanzen hervorrufen können. Eine hohe Anzahl an Sonnenflecken steht demnach für eine hohe Sonnenaktivität. Der Sonnenwind ist auch verantwortlich für den Transport von Magnetfeldern, welche zusammen mit den galaktischen und interplanetaren Magnetfeldern und den Magnetfeldern der Sonne und der Erde eine komplexe elektromagnetische Konfiguration, die so genannte Magnetosphäre rund um die Erde bildet [20].

2.2.3 Die Magnetosphäre der Erde und deren Effekte

In Erdnähe treffen die interplanetaren, die galaktischen, sowie die vom Sonnenwind transportierten Magnetfelder auf das geomagnetische Feld und summieren sich zur so genannten Geomagnetosphäre, welche sämtliche Magnetfelder einschließt, deren Feldlinien mit der Erde verbunden sind. Abbildung 2.4 zeigt eine schematische Darstellung der Geomagneto-

2.2. Geomagnetorsphäre

sphäre. Gut erkennbar ist die vom Sonnenwind verursachte stromlinienförmige Asymmetrie mit Schockwellen auf der zur Sonne zugewandten Seite und ausgedehntem Schweif auf der von der Sonne abgewandten Seite. Die äußere Abgrenzung wird Magnetopause genannt und ist durch ein in den interstellaren Raum hinein abfallendes Feld charakterisiert[4].

Abbildung 2.4: *Schematische Darstellung der erdgebundenen Magnetosphäre und der sie umgebende interstellare Raum [3]*

Geraten die geladenen Teilchen der primären KS in den Einflussbereich der Geomagnetosphäre, so werden sie vermittels der Lorentzkraft d/dt $\vec{p} = ze \cdot (\vec{v} \times \vec{B})$ (mit $\vec{p}$ = Teilchenimpuls, ze = Ladung, $\vec{v}$ = Teilchengeschwindigkeit und $\vec{B}$ = Magnetfeld) auf eine Schraubenbahn um die Richtung des Magnetfeldes abgelenkt. Durch Gleichsetzen der Lorentzkraft (vertikale Komponente relativ zu $\vec{B}$) mit der Zentripedalkraft $F_Z = mv^2/r$ erhält man den Lamor-Radius

$$r = \frac{mv}{zeB} = \frac{p}{zeB}$$

---

[4]Gleiches gilt auch im großen Rahmen für die Sonne, wobei hier der Sonnenwind mit dem interstellaren Wind wechselwirkt. Die auf ähnliche Weise wie die Geomagnetosphäre verformte Plasmaatmosphäre der Sonne wird "Heliosphäre" genannt. Die Kopplung von Sonnenaktivität und Heliosphäre manifestiert sich insbesondere auch über das Magnetfeld.

An dieser Stelle wird mit dem Faktor $R = pc/ze$ die magnetische Steifigkeit (engl.: "Rigidity") mit der Dimension Volt [V] eingeführt. Sie ist ein Mass für die Fähigkeit eines geladenen Teilchens in einem Magnetfeld nicht die Richtung zu verlieren. Wegen der Inhomogenität und der Unregelmäßigkeit des Erdmagnetfeldes ist die allgemeine Behandlung der Teilchenbahnen in diesem Feld kompliziert. Im Folgenden wird deshalb

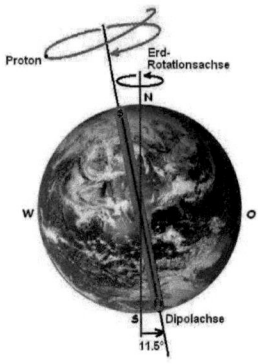

Abbildung 2.5: *Idealisiertes Dipolfeld der Erde mit um 11.5° zur Rotationsachse geneigter Dipolachse*

das Erdfeld als ideales Dipolfeld

$$B = \frac{\mu_0 M}{4\pi r^3}$$

mit dem Dipolmoment $M \sim 8.1 \cdot 10^{22}\ Am^2$ ($\mu_0/4\pi = 10^{-7}\ TmA^{-1}$) [62] angenommen, wobei die Dipolachse 11.5° gegen die Erdrotationsachse geneigt ist und der magnetische Südpol sich nahe dem geographischen Nordpol befindet[5] (siehe Abb. 2.5). Nach der Störmer-Theorie[6] ergibt sich für Kreisbahnen um die Dipolachse in der Äquatorebene durch Einsetzen des idealen Dipolfeldes der Erde in die Lamor-Radiusformel der

---

[5]Zusätzlich ist auch noch die Dipolachse relativ zum Erdmittelpunkt verschoben, was hier allerdings vernachlässigt wird

[6]Carl Störmer (⋆1874 – †1957), norwegischer Mathematiker, entwickelte eine mathematische Theorie der Nordlicht-Phänomene

2.2. Geomagnetosphäre

Störmer-Radius

$$r_S = \sqrt{\frac{\mu_0 M}{4\pi} \frac{ze}{p}} = \sqrt{\frac{\mu_0 M c}{4\pi R}}$$

Abbildung 2.5 zeigt, dass sich positiv geladene Teilchen im Uhrzeigersinn auf der Kreisbahn, also von Osten nach Westen bewegen. Setzt man den Störmer-Radius gleich dem Erdradius ($r_E = 6.38 \cdot 10^6$ m), ergibt sich für die minimale Steifigkeit, die ein vom östlichen Horizont kommendes Teilchen haben muss, um die Erde zu erreichen

$$R_S^* = \frac{pc}{ze} = \frac{\mu_0 M c}{4\pi r_E^2} = 59.6 \ GV$$

Für ein Teilchen, das einen Punkt bei einem Radius r auf einem magnetischen Breitengrad λ aus einer durch (θ, ϕ) gegebenen Richtung erreichen soll, ist in [130] eine allgemeine Formel für die Berechnung der nötigen minimalen magnetische Steifigkeit angegeben:

$$R_S(r, \lambda, \theta, \phi) = R_S^* \cdot \frac{r_E^2}{r^2} \cdot \frac{cos^4\lambda}{(1 + \sqrt{1 - cos^3\lambda \cdot sin\theta \cdot sin\phi})^2}$$

Die magnetischen Breitengrade sind so aufzufassen, dass am Dipoläquator $\lambda = 0°$. Dem Zenitwinkel θ entspricht der Winkel relativ zur Vertikalen auf die Erdoberfläche vom Zenit beginnend. Dem Azimutwinkel ϕ um diese Vertikale entspricht dann $\phi = 0°$ für magnetisch Süd und $\phi = 90°$ bzw. $\phi = 270°$ für von Osten bzw. Westen kommend.

Die Werte von R_S werden auch "Rigidity-cutoff"-Werte genannt, weil sie Grenzwerte für den minimalen Impuls darstellen, den ein geladenes Teilchen der kosmischen Strahlung besitzen muss, um einen gegebenen Punkt in der Magnetosphäre zu erreichen. Aus der Formel für R_S lassen sich einige Effekte herauslesen. Ausgehend von einem vertikalen Einfall, also $\theta = 0°$ ergibt sich für das Erreichen der Erdoberfläche am magnetischen Äquator ein $R_S(r_E, 0°, 90°, -) = R_S^* \cdot \frac{1}{4} = 14.9 \ GV$ während an den Polen $R_S(r_E, \pm 90°, \theta, \phi) = 0 \ GV$. Diese Abhängigkeit der R_S-Werte vom magnetischen Breitengrad wird auch **Breiteneffekt** genannt. Weil die geomagnetische Achse nicht mit der Erdrotationsachse übereinstimmt (vgl. Abb. 2.5), variiert die Position des geomagnetischen Äquators mit der geographischen Länge und deshalb sind die spektralen Teilchenflüsse bei fester geographischer Breite nicht konstant, was auch **Längeneffekt** genannt wird. In Abbildung 2.6 sind die komplexen Verläufe der Werte von R_S für vertikalen Einfall unter Vernachlässigung zeitlicher Variationen als Funktion der geographischen Lage auf der Erde abgebildet (V. Mares, private Kommunikation basierend auf [71]). Werden neben dem vertikalen Einfall zusätzlich verschie-

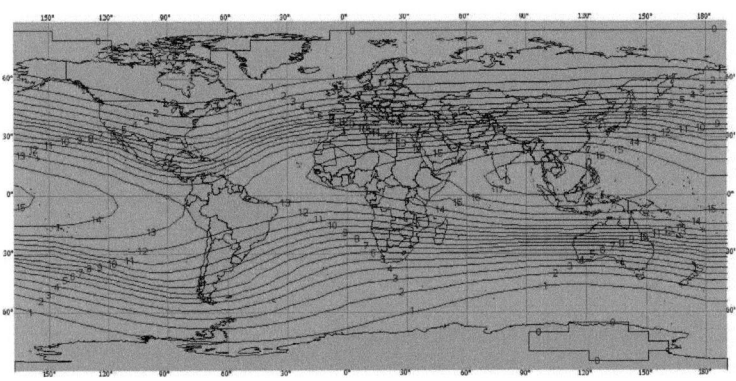

Abbildung 2.6: *Werte der vertikalen geomagnetischen Cut-Off-Rigidity P_c in GV als Funktion der geographischen Lage; basierend auf [71]*

ne Einfallswinkel der Teilchen berücksichtigt, so zeigen die R_S-Werte einen **Ost-West-Effekt**. Während für ein am magnetischen Äquator von Osten kommendes Teilchen $R_S(r_E, 0°, 90°, 90°) = 59.6\,GV$ gilt, so ist der Wert für ein am gleichen Punkt von Westen her kommendes Teilchen $R_S(r_E, 0°, 90°, 270°) = R_S^* \cdot (1 + \sqrt{2})^{-2} = 10.2\,GV$. Damit unterscheiden sich auch die Fluenzraten und Energiespektren aus östlicher Richtung stark zu jenen aus westlicher Richtung, da ein größerer Teil des Energiespektrums aus dem Osten abgeschnitten wird, als aus dem Westen.

2.2. Intensitätsschwankungen der primären KS

In der Praxis werden dennoch fast ausschließlich Werte der effektiven vertikalen Cut-Off Rigidity angegeben, da diese leichter zu handhaben sind und gute Richtwerte liefern.

2.2.4 Intensitätsschwankungen der primären KS

Aus Messungen der Produkthäufigkeit von Spallationsreaktionen der Strahlung in Meteoriten konnte geschlossen werden, dass sich die mittlere Intensität der galaktischen KS in den letzten 10^8 Jahren maximal um den Faktor 2 geändert hat und damit eine langfristige Konstanz aufweist [58]. Das in Abbildung 2.7 dargestellte differentielle Energiespektrum der primären kosmische Strahlung (Protonen und Heliumkerne) zeigt im Energiebereich unterhalb von 10 GeV/Nukleon allerdings eindeutige Intensitätsschwankungen. Diese Schwankungen sind auf die Aktivität der Sonne und der damit in Verbindung stehenden Modulationen der Geomagnetospähre zurückzuführen. Die Sonne weist in ihrer Aktivität **periodische**, aber auch **zufällige** Variationen auf. Wie bereits beschrieben trägt der Sonnenwind das Magnetfeld der Sonne und auch dessen Schwankungen hinaus in den interplanetaren Raum[7]. Das Magnetfeld in der Heliosphäre ist in Zeiten hoher Sonnenaktivität, welche sich durch eine hohe Sonnenfleckenanzahl zeigt, stark schwankend, wodurch sich ein turbulentes interplanetares Magnetfeld ausbildet. In Perioden hoher Sonnenaktivität wird kosmische Strahlung effizienter abgelenkt als in Zeiten niedriger Sonnenaktivität. In Abbildung 2.8 ist die monatliche Anzahl der Sonnenflecken[15] und die relative Intensität der kosmische Strahlung auf der Erde von 1964 bis 2006 dargestellt (Messdaten vom Climax Neutronen-Monitor in Colorado, USA [4]). Es zeigt sich die erwartete Antikorrelation: eine hohe Zahl der Sonnenflecken entspricht

---

[7]Die Magnetfeldlinien bleiben dabei mit der Sonne in Verbindung, rotieren mit ihr und sind deshalb gekrümmt. Von außen betrachtet gleichen die Magnetfeldlinien dem Bild eines rotierenden Rasensprengers. Die so entstehenden Spiralen werden nach Eugene Parker (vgl. 2.2.2) auch "Parker-Spiralen" genannt

KAPITEL 2. Grundlagen

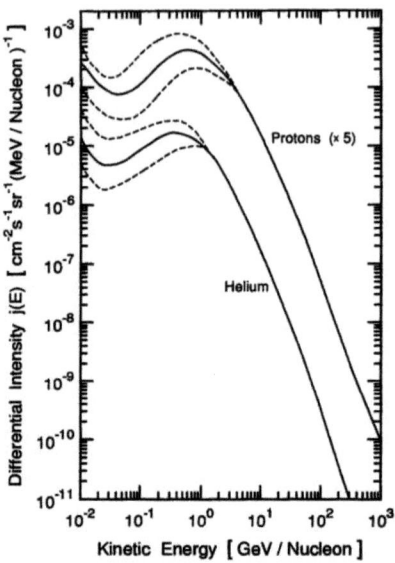

Abbildung 2.7: *Differentielles Energiespektrum für Protonen und α-Teilchen der primären KS. Die Modulationseffekte sind mit gestrichelten Linien und die Mittelwerte mit durchzogenen Linien dargestellt. Maximale Intensitäten stellen sich bei solarem Minimum ein und vice versa. Das Protonenspektrum wurde mit dem Faktor 5 multipliziert, um graphischen Überlapp zu vermeiden [58]*

einer verstärkten Abschirmung der galaktischen KS und damit einer geringeren Strahlungsintensität auf der Erde. Generell haben die Sonnenflecken eine Lebenszeit zwischen einem Tag und drei Monaten und die Sonnenaktivität weist eine Periode von 10-14 Jahren auf. Es wird deshalb auch vom **11-Jahres-Sonnenzyklus** gesprochen (Abbildung 2.8 zeigt die Sonnenzyklen 20 bis 23). Die jeweiligen Extremwerte des Zyklus' werden hinsichtlich der Sonnenaktivität als solares Minimum (niedrigste Aktivität) und solares Maximum (höchste Aktivität) bezeichnet, worauf schon in Abbildung 2.7 angesprochen wurde. Bei den Maxima der Strahlungsintensitäten in Abbildung 2.8 fällt auf, dass bei aufein-

2.2. Intensitätsschwankungen der primären KS 19

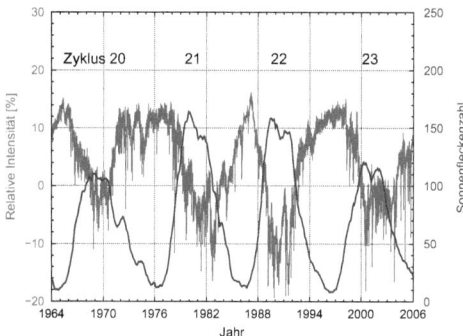

Abbildung 2.8: *Mittlere Anzahl an Sonnenflecken (blau) [15] und relative Intensität der sekundären kosmischen Strahlung auf der Erde (rot; normiert auf das Jahr 1960) als Funktion der Zeit; deutlich erkennbare Antikorrelation aufgrund des erhöhten Abschirmeffektes bei hoher Sonnenaktivität (Daten von den Climax-Neutronenmonitor [4]; siehe auch [109])*

anderfolgenden Aktivitätszyklen die Kurve eine klare Spitze mit einem deutlichen Maximum (z.B. im Jahre 1987) zeigt, während das nächste Aktivitätsmaximum (1997) flach ausfällt. Hier zeigt sich, dass der solare Aktivitätszyklus genaugenommen eine **22-Jahres-Periodizität** aufweist. Im Mittel alle 11 Jahre wechselt das Magnetfeld der Sonne seine Polarität, was sich wiederum auf den beschriebenen Abschirmeffekt unterschiedlich auswirkt. Zusätzlich zu dem Sonnenaktivitätszyklus beeinträchtigt auch der Ort der Sonnenflecken auf der Sonne den kosmischen Strahlungsfluss auf der Erde. Es werden dabei Schwankungen mit kleineren Amplituden gemessen, welche typischerweise Zeitkonstanten bezogen auf die Sonnenrotationsperiode von ca. 27 Erdentagen aufweisen (**27-Tage-Zyklus**). Die dadurch hervorgerufene Modulation der Teilchenfluenzen erlaubt es häufig, Ereignisse solaren Ursprungs zu identifizieren [20].

Die eben beschriebenen Schwankungen sind periodischer Natur. Zusätzlich finden auf der Sonne sporadisch Teilcheneruptionen, so genannte SPEs

20 KAPITEL 2. Grundlagen

("Solar Particle Events") statt, die auch - abhängig von Entstehungsort - zufällige Schwankungen der kosmischen Strahlung auf der Erde bewirken können. Bekannt sind in diesem Zusammenhang "solar Flares" (SF) und koronale Massenauswürfe (CME - von "Coronal Mass Ejection"). Die Korona ist das auf ca. 10^6 $°K$ erhitzte ionisierte Gas im Nahbereich um die Sonne in dem Magnetfeldkräfte dominieren. Nun besitzt die Sonne aufgrund der turbulenten Gasflüsse im Sonneninneren ein dynamisches Magnetfeld, was sich in einer großräumig instabilen Struktur der Korona manifestiert. Spontane, zufällig lokalisierte Eruptionen von Sonnenplasma in der Chromosphäre der Sonne (SF), oder riesige Eruptionen in der Sonnenkorona (CME) können zu Auswuchtungen von Magnetfeldern führen, die dann durch magnetische Rekonnektion in die hohe Korona und den interplanetaren Raum getrieben werden und dabei Gas mit sich mitführen. Es werden also primär koronale Magnetfeldstrukturen ausgeworfen, die dabei eingeschlossene Teilchen mitführen und beschleunigen [13, 14, 5]. Die emittierten Teilchen weisen mittlere Energien im MeV-Bereich und Maximalenergien bis 50 GeV auf [58]. Auf der Erde wurden im direkten Zusammenhang mit SPEs Intensitätsanstiege, aber auch -abfälle der KS beobachtet[14]. Geladene Teilchen, die durch einen SF auf ausreichend hohe Energien (vgl. Kapitel 2.2.3) beschleunigt wurden, verursachen beim Erreichen der Erdatmosphäre einen registrierbaren Anstieg der KS-Intensität. Ein derartiges Ereignis ist selten (im Mittel 1 pro Jahr) und wird auch "Ground Level Enhancement" (GLE) genannt. Das im Zuge des CME ausgeworfene und mitgeführte Magnetfeld kann aber auch in der Lage sein die Abschirmwirkung der Geomagnetosphähre im niederenergetischen Bereich zu verstärken, was durch einen schlagartigen Abfall der KS-Intensität in diesem Bereich registriert wird. Nach seinem Entdecker Scott Forbush werden diese Ereignisse als "Forbush Decrease" bezeichnet [20].
SF und CME treten vermehrt in den aktiveren Zeiten des Sonnenzyklus' auf. Es treten dabei die CME gehäuft in Verbindung mit SF auf,

wobei bis jetzt noch nicht feststeht, ob die Ereignisse einander bedingen, da beide Phänomene noch nicht vollständig erklärt sind und aktuell erforscht werden.

2.3 Sekundäre kosmische Strahlung

Beim Auftreffen der primären KS auf die Erdatmosphäre entsteht als Produkt der Wechselwirkungen die sekundäre kosmische Strahlung (SKS). Die Erdatmosphäre besteht neben einem variablen Wasserdampf-Anteil zu 79% aus Stickstoff (N) und 20% aus Sauerstoff (O). Die Masse verteilt sich dabei mit der Höhe etwa nach der barometrischen Höhenformel $\rho(h) = \rho_0 \cdot e^{-(h/H)}$. Die auftreffende primäre kosmische Strahlung (PKS) sieht demnach eine Flächendichte, auch *totale atmosphärische Tiefe* genannt, von 1030 gcm^{-2}. Die Protonen und Kerne der PKS wechselwirken mit den Atomen und Molekülen der Atmosphäre elektromagnetisch (Ionisation) oder vermittels der starken Wechselwirkung mit dem Kern (vgl. Anhang B.4). In der oberen Atmosphäre spielt bei den Teilchenenergien der PKS der Energieverlust durch Ionisation nur eine geringe Rolle. Kernreaktionen bedeuten dagegen einen hohen Energieverlust. Die mittlere freie Weglänge λ für inelastische Kernreaktionen eines Protons in Luft in Einheiten der Flächendichte liegt bei $\lambda \cdot \rho = \frac{A}{N_A \sigma} \sim 90 \; gcm^{-2}$ (A = Atomgewicht Targetkern, N_A = Avogadro-Konstante, σ = totaler Wirkungsquerschnitt für inelastische Kernreaktionen, ρ = Massendichte). Die Atmosphäre stellt also für Protonen 1030/90~12 Wechselwirkungslängen dar[8] und ist damit eine wirkungsvolle Abschirmung gegen die PKS [20].

---

[8]Im Vergleich dazu hat ein schwerer Kern (A=25) der primären KS ein $\lambda \cdot \rho = 20 g.cm^{-2}$, was etwa 50 Wechselwirkungen in der Atmosphäre entspricht. Schwere Kerne werden daher bereits in großen Höhen durch Kollisionen zerlegt und erreichen so gut wie nie Meeresniveau

2.3.1 Teilchenschauer, Sekundärteilchen und Höhenabhängigkeit

Die Protonen und Kerne der PKS verursachen durch Kernreaktionen in der Erdatmosphäre regelrechte Teilchenschauer. In Abbildung 2.9 ist eine mögliche Entwicklung eines Teilchenschauers in der Atmosphäre dargestellt. Tabelle 2.1 listet die hauptsächlich dabei entstehenden Teilchen auf.

Bei den inelastischen Kernreaktionen werden Pionen ($\pi^{\pm}$, π^0), aber auch schnelle Nukleonen (Protonen und Neutronen) mit breitem Energiespektrum (reicht bis zur Energie des einfallenden Teilchens) gebildet. Während die π^0 aufgrund ihrer sehr kurzen Lebenszeit (vgl. Tabelle 2.1) rasch in Photonen zerfallen, konkurrieren bei den geladenen Pionen wegen der viel längeren Lebensdauer der Zerfall (Bildung von Müonen) und inelastische Reaktionen (Bildung weiterer Pionen). Die Photonen aus dem π^0-Zerfall lösen über Paarbildung (e^-, e^+) einen elektromagnetischen Schauer aus, und die daraus entstehenden Betateilchen und Photonen werden zur **elektromagnetische Komponente** des Teilchenschauers der SKS zusammengefasst. Die aus dem Zerfall der geladenen Pionen entstandenen Müonen bilden die **müonische Komponente** des Teilchenschauers. Die durch inelastische Kernreaktionen entstandenen Protonen und Neutronen können bei ausreichender Teilchenenergie wiederum Kernreaktionen unterworfen werden, wobei auch Verdampfungsneutronen erzeugt werden. Zusammen mit den Pionen werden die Nukleonen als **hadronische Komponente** des Teilchenschauers zusammengefasst.

Aufgrund des Wettstreits zwischen Erzeugung, Absorption und Zerfall der verschiedenen Teilchenarten ist der Teilchenfluss in der Atmosphäre stark höhenabhängig. Bis zu einer atmosphärischen Tiefe von etwa 100 gcm^{-2} (das entspricht einer Höhe von ca. 20 km) steigt die Teilchenanzahl an und es kommt zur Ausbildung eines Maximums, welches nach seinem Entdecker auch als "Pfotzer-Maximum" bezeichnet wird [58]. Mit

2.3. Sekundäre kosmische Strahlung

Teilchenname	Masse [MeV/c^2]	Lebensdauer [s]
Neutronen n	939.57	885.7
Protonen p	938.27	$> 10^{31}$ a (stabil)
Pionen $\pi^\pm$	139.57	$2.6 \cdot 10^{-8}$
Pionen π^0	134.98	$8.4 \cdot 10^{-17}$
Muonen $\mu^\pm$	105.66	$2.2 \cdot 10^{-6}$
Betateilchen $e^\pm$	0.51	stabil
Photonen γ		

Tabelle 2.1: *Auflistung der Teilchen, die in der Kaskade der kosmischen Strahlung in der Erdatmosphäre hauptsächlich entstehen. Zusätzlich aufgelistet sind deren Masse und die mittlere Lebensdauer [62]*

zunehmender atmosphärischer Tiefe nimmt dann die Teilchenbildung ab und es kommt, verursacht durch Energieverlust, Zerfall und Absorption, zu einem stetigen Abfall des Teilchenflusses. Im Folgenden werden diese Sekundärteilchen kurz einzeln betrachtet. Aufgrund der unterschiedlichen Bildungsmechanismen und Eigenschaften der Teilchenarten weisen auch deren jeweilige Höhenabhängigkeiten Unterschiede auf. In Abbildung 2.10 sind dazu die Fluenzraten von Photonen, Elektronen, Müonen, Protonen und Neutronen als Funktion der atmosphärischen Tiefe aufgetragen.

Pionen In der Atmosphäre wird ein Pionen-Triplett (π^0, π^-, π^+) durch Spallationsreaktionen beim Auftreffen der hochenergetischen Protonen auf die Targetkerne (z.B. Wasserstoff H, Stickstoff N, Sauerstoff O) erzeugt. Die erzeugten Pionen-Tripletts sind Auslöser für die müonische und elektromagnetische Komponente der atmosphärischen Teilchenkaskade. Geladene Pionen zerfallen mit einer mittleren Lebensdauer von 26 ns (vgl. Tabelle 2.1) in Müonen und Neutrinos.

$$\pi^+ \to \mu^+ + \nu_\mu \qquad \pi^- \to \mu^- + \bar{\nu}_\mu$$

Bei genügend hohen Energien wird die mittlere Lebensdauer durch die Zeitdilatation signifikant erhöht und ab Energien von etwa 100

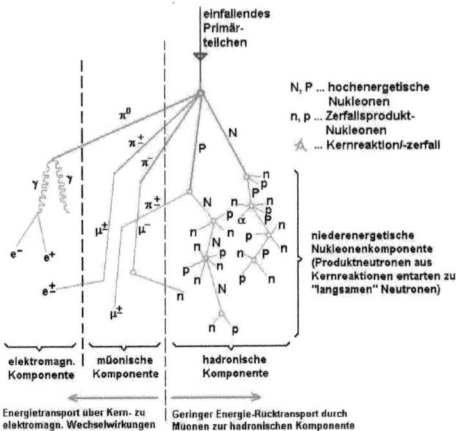

Abbildung 2.9: *Schematische Darstellung einer möglichen Entwicklung von Teilchenkaskaden, ausgelöst durch ein einfallendes hochenergetisches kosmisches Teilchen (siehe Text)*

GeV können Pionen vor ihrem Zerfall ihrerseits mit Kernen wechselwirken und damit auch zur hadronischen Kaskadenkomponente beitragen. Das neutrale Pion zerfällt in Photonen ($\pi^0 \rightarrow 2\gamma$) mit einer mittleren Lebensdauer von 10^{-16} s. Bei ausreichend hoher Energie können diese Photonen ein e^+e^--Paar bilden, welche ihrerseits durch Bremsstrahlung wieder Photonen produzieren und damit zur elektromagnetischen Kaskadenkomponente beitragen.

Protonen Die durch die Primärprotonen ausgelösten hadronischen Wechselwirkungen liefern den Hauptanteil der Energie für die einzelnen Komponenten des Teilchenschauers. Die Protonenkomponente erfährt auf dem Weg durch die Atmosphäre eine starke Abschwächung, womit sich konsequenterweise auch die Pionenkomponente reduziert. Da nahezu alle anderen Teilchen durch Wechselwirkungen der Protonen mit den Molekülen der Atmosphäre erzeugt werden, nimmt der Protonenfluss auf dem Weg durch die

2.3. Sekundäre kosmische Strahlung

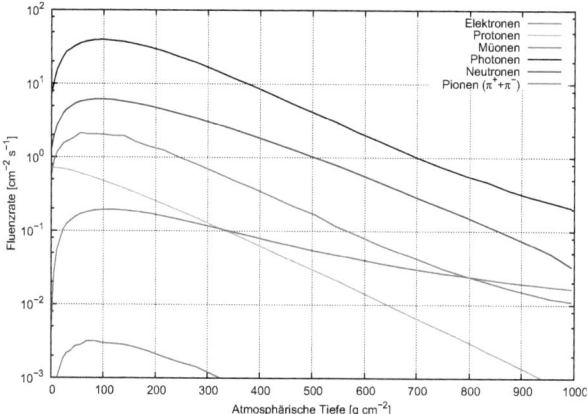

Abbildung 2.10: *Fluenzraten von Photonen, Neutronen, Müonen, Elektronen, geladene Pionen und Protonen der sekundären kosmischen Strahlung als Funktion der atmosphärischen Tiefe. Die Daten stammen aus den von Roesler et al. [113] berechneten Spektren und gelten für solares Minimum und einem Cut-Off von 4 GV.*

Atmosphäre stetig ab (vgl. Abbildung 2.10).

Müonen Quelle der Müonen ist der Zerfall der geladenen Pionen. Müonen sind der elektromagnetischen und der schwachen Wechselwirkung unterworfen. Deshalb können die Müonen die Atmosphäre leicht durchdringen, weil sie auf dem Weg bis auf Meereshöhe durch Ionisationen nur $\sim 2\ GeV$ an Energie verlieren. Nach dem Maximum bei etwa 100 gcm^{-2} zeigt die Fluenzrate der Müonen mit steigender atmosphärischer Tiefe relativ zu den anderen Teilchen einen deutlich geringeren Abfall, denn obwohl die Müonen eine Lebensdauer von 2.2 μs aufweisen, erreicht ein Großteil der gebildeten Müonen aufgrund der Zeitdilatation die Erdoberfläche (vgl. Abbildung 2.10). Der Rest der Müonen zerfällt in Betateilchen (Beitrag zur elektromagnetischen Kaskadenkomponente) und Neutrinos bzw. Antineutrinos.

$$\mu^+ \to e^+ + \nu_e + \bar{\nu}_\mu \qquad \mu^- \to e^- + \bar{\nu}_e + \nu_\mu$$

Elektronen und Positronen Zwar sind Elektronen bereits zu 1% in der primären KS enthalten, welche auch beim Eintritt in die Atmosphäre elektromagnetische Kaskaden auslösen, aber die Hauptquelle der Elektronen in der Atmosphäre sind die Prozesse, die durch die hadronische Komponente ausgelöst werden. Die gebildeten geladenen Pionen zerfallen zu Müonen, welche ihrerseits beim Zerfall Betateilchen bilden. Weitere Quellen von Elektronen sind Ionisationswechselwirkungen sämtlicher geladener Teilchen, sowie der Photoeffekt, der Comptoneffekt und die Paarbildung der Photonen. Weil bei diesen Quellen hauptsächlich Elektronen gebildet werden, überwiegt in der Atmosphäre die Anzahl der Elektronen gegenüber jener der Positronen.

Photonen Die Hauptquellen der Photonenstrahlung in der Atmosphäre ist der Zerfall des neutralen Pions und Bremsstrahlung. Die Photonen können bei ausreichender Energie ihrerseits durch Paarbildung zur elektromagnetischen Kaskade beitragen. Ansonsten zeigen die Photonen beim Durchgang durch die Atmosphäre nach dem Pfotzer-Maximum einen exponentiellen Abfall (vgl. Abbildung 2.10 und Anhang B.1).

Neutronen Die Kernreaktionen der Primärprotonen mit den Atomenkernen der Atmosphäre sind die Hauptquelle der Neutronen. Die dadurch hochangeregten Kerne dampfen unter anderem auch Neutronen im Energiebereich von 1 keV bis 10 MeV mit einem Maximum bei etwa 1 MeV ab. Zusätzlich zu diesen Abdampfungsneutronen werden bei direkten Wechselwirkungen der Protonen mit den Kernen Neutronen im Energiebereich von 10 MeV bis 500 MeV

erzeugt. Durch Kernreaktionen der Neutronen kommt es zusätzlich zur Ausbildung sogenannter kosmogener Radionuklide in der Atmosphäre. So stellen thermische Neutronen die Quelle zur Ausbildung von ^{14}C-Radionukliden über die Kernreaktion $^{14}N(n,p)^{14}C^*$ dar, welche die Grundlage für die Radiokohlenstoffdatierung sind [93].
Neutronen zeigen in der Atmosphäre aufgrund der Ladungsneutralität keinen Energieverlust durch elektromagnetische Prozesse, sondern ausschließlich durch starke Wechselwirkungen. Nach dem durch die Neutronenbildung erzeugten Maximum nimmt die Intensität der Neutronen beim Durchgang durch die Atmosphäre exponentiell ab. Näherungsweise kann die integrale Fluenzrate $\dot{\Phi}$ der Neutronen ab dem Pfotzer-Maximum folgendermaßen beschrieben werden (x = atmosphärische Tiefe, Λ = Schwächungskoeffizient; in der Atmosphäre gilt $\Lambda \sim 150\ gcm^{-2}$; vgl auch Anhang B.2) [20].

$$\dot{\Phi}(x) = \dot{\Phi}_0 \cdot e^{-\frac{x}{\Lambda}}$$

Auf das Neutronenspektrum und dessen Messung wird in Kapitel 3 noch im Detail eingegangen.

2.4 Dosiskonversionskoeffizienten für den Menschen

Um die Strahlungsdosis zu bewerten, die der menschliche Körper durch externe Exposition erhalten hat, verwendet man im Strahlenschutz Konversionskoeffizienten für die Energiedosis. Diese Koeffizienten verbinden die in einem internen Organ oder Gewebe deponierten Energiedosen mit messbaren externen physikalischen Größen (z.B. Fluenz).
Die von der "International Commission on Radiological Protection (ICRP)"

definierten dosimetrische Schutzgrößen *Äquivalentdosis* und *effektive Dosis* basieren auf der in Organen und Gewebe deponierten Energie. Diese wichtigen Schutzgrößen dienen auch zur Festlegung von Expositionsobergrenzen. Sie sind so gewählt, dass stochastische Gesundheitseffekte möglichst niedrig gehalten und Gewebereaktionen weitestgehend vermieden werden [72]. Um die Strahlendosis besser mit dem sich daraus ergebenden Strahlenrisiko in Verbindung zu bringen, müssen die unterschiedlichen Wirkungen verschiedener Strahlungsarten und die unterschiedliche Strahlenempfindlichkeit der einzelnen Organe und Gewebe berücksichtigt werden. Dies geschieht anhand von über Geschlecht und Alter gemittelten Strahlungswichtungsfaktoren ω_R und Gewebewichtungsfaktoren ω_T [72, 76]. Grundlage für die Abschätzung der *Äquivalentdosis* ist die *absorbierte Energiedosis D*. Sie ist definiert als die mittleren Energie $d\bar{\epsilon}$, die in einem Massenelement dm deponiert wird [74, 80]. Die Einheit ist Jkg^{-1} und trägt den speziellen Namen "Gray [Gy]".

$$D = \frac{d\bar{\epsilon}}{dm}$$

Aus der in einem Organ/Gewebe T (T steht für "Tissue"), verursacht durch die Strahlenart R (R steht für "Radiation"), deponierten Organ- bzw. Gewebedosis $D_{T,R}$ berechnet man die *Organ/Gewebe-Äquivalentdosis* H_T durch Wichtung mit dem Strahlenwichtungsfaktor ω_R (siehe Anhang A.3).

$$H_T = \sum_R \omega_R D_{T,R}$$

Die Einheit von H_T ist Jkg^{-1} und trägt den speziellen Namen "Sievert [Sv]". Die *effektive Dosis E* ist definiert als die mit den Organwichtungsfaktoren ω_T (siehe Anhang A.3) gewichtete Summe der H_T, wobei sämtliche Organe und Gewebe berücksichtigt werden, die gegenüber den

2.4. Dosiskonversionskoeffizienten für den Menschen

Einflüssen stochastischer Effekte als empfindlich betrachtet werden:

$$E = \sum_T \omega_T H_T = \sum_T \omega_T \sum_R \omega_R D_{T,R}$$

Die Einheit von E ist Jkg^{-1} und trägt ebenfalls den speziellen Namen "Sievert [Sv]". Da dieser Name auch bei der Äquivalentdosis verwendet wird, muss bei Angaben von Werten immer klar zum Ausdruck gebracht werden, um welche Dosisgröße es sich handelt.

2.4.1 ICRP-/ICRU-Referenz-Voxelphantome

Die *Organ-Äquivalentdosen* und die *effektive Dosis* sind keine physikalisch direkt messbaren Größen und müssen mit Hilfe der numerischen Dosimetrie bestimmt werden. Für die Berechnung von Dosiskonversionskoeffizienten für externe Bestrahlung wird anhand von Monte-Carlo-Techniken die Strahlenexposition von computerbasierten, anthropomorphen Phantomen simuliert und daraus die Energiedosen berechnet, die im Anschluss auf messbare Größen (z.B. einfallende Teilchenfluenz) normiert werden. Die ICRP und die "International Commission on Radiation Units and Measurements" (ICRU) haben in ihren Publikationen von 1996 (ICRP 74) [74] bzw. von 1998 (ICRU 57) [80] Empfehlungen von Dosiskonversionskoeffizienten (DKK) veröffentlicht. Diese DKK wurden mit verschiedenen Strahlungstransportprogrammen unter Verwendung unterschiedlicher mathematischer Modelle des menschlichen Körpers berechnet. Diese mathematischen Modelle beider Geschlechter wurden seit den 1980er Jahren z.B. am Helmholtz Zentrum München (HMGU)[9] [87] oder auch am Oak Ridge National Laboratory (USA), entwickelt [39, 40, 53, 128, 129]. Zur Realisierung der Körperorgane und der Körperform wurden dabei mathematische Funktionen wie flache, zy-

---
[9]HMGU = Helmholtz Zentrum München, Forschungszentrum für Gesundheit und Umwelt; ehemals GSF-Gesellschaft für Strahlenforschung, Neuherberg

lindrische, kegelförmige, elliptische und sphärische Oberflächen verwendet.

In den letzten beiden Dekaden wurden vor allem am HMGU Computermodelle des menschlichen Körpers (Phantome) entwickelt, die auf Bildern von hochaufgelösten CT- oder MRT-Abtastungen einzelner Individuen, also realer Personen basieren. Diese Phantome sind aus einer Vielzahl kleiner (mm-Bereich) Volumenelemente, so genannter "Voxel" aufgebaut. Die Voxel unterscheiden sich je nach Ort im Körper durch die dort anzutreffende Gewebs- bzw. Organ-Materie. Diese "Voxelphantome" besitzen eine wesentlich realistischere Darstellung des menschlichen Körpers und der Organe als die angesprochenen mathematischen Phantome und stellen derzeit auf dem Gebiet der anthropomorphen Phantomdarstellung die beste Realisierung der menschlichen Anatomie dar. Die ICRP hat im ICRP Report 103 [76] einen entscheidenden Schritt getan und für die definierte Dosisberechnung interner und externer Strahlenexpositionen erstmals die Einführung geschlechterspezifische Referenz-Computerphantome angekündigt. Es sollen dabei jene, auf medizinisch tomographischen Bildern basierende, weibliche und männliche Voxelphantome als Referenz Computerphantome für die Berechnungen im Strahlenschutz verwendet werden. 2007 wurde die Publikation 110 der ICRP [77] als Ergebnis einer ICRP/ICRU-Arbeitsgruppe veröffentlicht, in der die Entwicklungen, die technischen Daten und die geplanten Verwendungen der beiden Referenz-Voxelphantome beschrieben werden. Die beiden geschlechterspezifischen Referenz-Voxelphantome werden allgemein als "adult reference computational phantoms" bezeichnet und basieren auf den Voxelphantomen von Zankl et al. [108]. Zankl et al. haben für diesen Zweck je ein Voxelphantom des jeweiligen Geschlechts aus der Familie der HMGU-Voxelphantome ausgewählt. Auswahlkriterium war eine möglichst nahe Übereinstimmung mit den äußerlichen Charakteristiken des Referenz-Mannes bzw. der Referenz-Frau, wie sie in ICRP 89

2.4. Dosiskonversionskoeffizienten für den Menschen

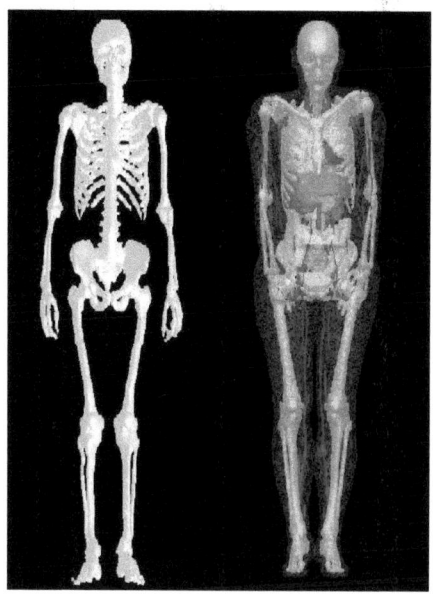

Abbildung 2.11: *Darstellung der ICRP-Referenz-Voxelphantome [141]*
links: *Skelettansicht des männlichen Referenz-Voxelphantoms*
rechts: *Halbtransparente Ansicht des weiblichen Referenz-Voxelphantoms mit Organdarstellung in verschiedenen Farben*

[75] beschrieben sind. Die Proportionen, Organe und Gewebe der beiden ausgewählten Phantome wurden dann betreffend Größe, Volumen und Masse an die Referenzwerte der ICRP 89 angepasst [140]. In Abbildung 2.11 sind die Skelettansicht des männlichen Referenz-Voxelphantoms und eine halbtransparente Ansicht mit den Organen des weiblichen Referenz-Voxelphantoms dargestellt. Diese beiden Phantome wurden auch bei den Berechnungen in dieser Arbeit verwendet.

Beide Voxelphantome beinhalten 140 segmentierte Organ- bzw. Gewebetypen, die aus 53 verschiedenen Materialien aufgebaut sind (vgl. Tabelle C.2 und Tabelle C.3 in Anhang C). Die Haupteigenschaften der beiden Voxelphantome sind in Tabelle 2.2 aufgelistet (vgl. auch Kapitel

KAPITEL 2. Grundlagen

Eigenschaft	männliches Phantom	weibliches Phantom
Größe (cm)	176	163
Gewicht (kg)	73.0	60.0
Voxelanzahl	1946375	3886020
Seitenlänge Voxelgrundfläche (mm)	2.13714	1.775
Höhe der Voxel (mm)	8.0	4.84
Voxelvolumen (mm^3)	36.54	15.25

Tabelle 2.2: *Haupteigenschaften des männlichen und des weiblichen Referenz-Voxelphantoms [140]*

4.7). Besonderer Aufwand wurde von Zankl et al. bei der Segmentierung des Skeletts betrieben [140] bzw. [77]. Der Knochen ist generell aus den beiden unterschiedlichen Knochenarten, der Spongiosa (Substantia spongiosa oder auch trabekulärer Knochen) und dem kortikalen Knochen aufgebaut. Die Spongiosa ist ein komplexes 3-dimensionales Balkennetzwerk und wird vom kortikalen Knochen umhüllt. Der kortikale Knochen hat eine wesentlich (ca. 10x) höhere Dichte als der trabekuläre Knochen und trägt deshalb deutlich mehr zur Gesamtknochenmasse bei. Außerdem unterscheiden sich die beiden Knochenbausteine erheblich im Stoffwechselverhalten und - wie in Abbildung 2.12 sichtbar - in ihrer Struktur. Beim Erwachsenen ist die Spongiosa im Innenraum kurzer und platter Knochen und im Inneren der Epiphyse[10] langer Knochen als Art Schwammwerk ausgebildet, in dessen Hohlräumen das Knochenmark (rotes und gelbes Knochenmark) eingebettet liegt. Die Markhohlräume sind innen mit einer Knochenhaut, dem Endosteum ausgekleidet [112]. Das rote Knochenmark ist äußerst wichtig für die Blutbildung und gilt als Risikogewebe bei Leukämie-Induktion während sich im Endosteum die Knochenstammzellen befinden, die als Risikogewebe bei der Induktion von Knochenkrebs gelten.

Das Problem ist, dass die einzelnen Knochenbestandteile im Allgemeinen

---

[10]Das Gelenksende eines Röhrenknochens; ist über die Epiphysenfuge mit dem Knochenmittelstück, der Diaphyse, verbunden; siehe auch Abb. 2.12

2.4. Dosiskonversionskoeffizienten für den Menschen

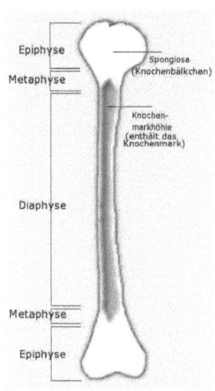 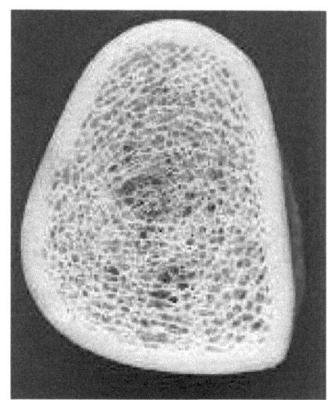

Abbildung 2.12:
links: *Schematischer Aufbau eines Röhrenknochens [6]*
rechts: *Beispiel für den Knochenaufbau. Man erkennt eine kompakte, weiße Knochenschicht (kortikaler Knochen) die ein Bälkchennetzwerk (trabekulärer Knochen) umgibt [7]*

zu kleine interne Dimensionen haben, um von einem normalen CT aufgelöst zu werden und können demnach nicht in den Voxelphantomen segmentiert werden. Um bei der gegebenen Voxelauflösung dennoch einen möglichst realistischen Knochenaufbau zu erreichen, wurde das Skelett in 19 Knochen und Knochengruppen segmentiert, deren Anteil an rotem Knochenmark in ICRP70 [73] angegeben ist. Diese 19 individuellen Knochen wurden weiter in kortikalen Knochen und Spongiosa untersegmentiert. Die langen Knochen (Röhrenknochen) weisen als dritte Komponente noch eine Markhöhle auf, die ihrerseits auch von kortikalen Knochenvoxeln umgeben sind. Von den 140 Organ- und Gewebetypen der Voxelphantome sind 48 Typen den Knochenbestandteilen des Skeletts zugewiesen (44 Knochen bzw. Knochengruppen und zusätzlich 4 Knorpelgruppen). Zur genauen Beschreibung, wie die Organdosis von rotem Knochenmark und vom Endosteum berechnet wird, sei auf Kapitel A.4 im Anhang verwiesen.

Weitere Details über die Entwicklung und die beabsichtigten Verwendungen der beiden Referenz-Voxelphantome für die interne und externe Dosimetrie ist in ICRP 110 [77] zu finden. Zusätzlich zu den technischen Beschreibungen der Referenz-Voxelphantome sind in den Anhängen von ICRP 110 Dosiskonversionskoeffizienten ausgewählter Organe und der effektiven Dosis für die externe Bestrahlung unter anderem mit Photonen und Neutronen graphisch illustriert. Auch einige der Ergebnisse dieser Arbeit wurden in diesem Report publiziert und mit den Berechnungsergebnissen anderer Arbeitsgruppen, welche mit anderen Monte Carlo Codes arbeiten, verglichen (vgl. auch Kapitel 5). Außerdem ist für 2011 eine Veröffentlichung der Revision der DKK aus ICRP 74 [74] und ICRU 57 [80] geplant, bei deren Erstellung ein Großteil der DKK-Ergebnisse dieser Arbeit eingegangen ist.

2.4.2 Gewebe-und Strahlungswichtungsfaktoren

Neben der Einführung von Referenz-Voxelphantomen hat die ICRP 2007 im Report 103 [76], basierend auf dem letzten Stand der wissenschaftlichen Forschung auf dem Gebiet der Strahlenexposition, die Strahlungswichtungsfaktoren und die Gewebewichtungsfaktoren gegenüber den 1991 veröffentlichten Werten aus dem ICRP Report 60 [72] aktualisiert. ICRP 103 und die darin aufgeführten Empfehlungen treten damit formell an die Stelle der Empfehlungen aus ICRP 60. Während ω_R für Photonen, Betateilchen und Müonen weiterhin gleichbleibend den Wert 1 hat, wurde der Wichtungsfaktor für Protonen von 5 auf den korrekteren Wert 2 gesenkt und ω_R für Neutronen als kontinuierliche Funktion in Abhängigkeit von der auftreffenden Neutronenenergie angegeben (vgl. Tabelle A.1). Außerdem wurde basierend auf epidemiologischen Studien von Krebsinduktionen bei strahlenexponierten Menschengruppen, sowie Risikoabschätzungen vererblicher Effekte ein neuer Satz von ω_T für die relevanten Organe hinsichtlich der jeweiligen Werte des relativen Strahlenrisikos

2.4. DKK der kosmischen Strahlung

bestimmt. Diese aktuellen, über Alter und Geschlecht gemittelten ω_T-Werte sind in Tabelle A.2 in Anhang A.3 aufgelistet. Gegenüber ICRP 60 gab es in ICRP 103 einige Änderungen bei den für die Berechnung von E relevanten Organen. Die wichtigsten Änderungen betreffen einerseits die Keimdrüsen (Hoden bzw. Ovarien), deren ω_T aus ICRP 60 von 0.20 auf 0.08 in ICRP 103 gesenkt wurde. Andererseits wurde der ω_T der Brust von 0.05 auf 0.12 angehoben, das Gehirn erhielt einen eigenen Wichtungsfaktor $\omega_T = 0.01$, und das so genannte "Restgewebe", welches die arithmetische Mittelwertdosis aus nunmehr 13 Organ/Gewebe-Dosen für das jeweilige Geschlecht darstellt, erhielt in ICRP 103 einen Wert von $\omega_T = 0.12$ anstatt dem Wert von 0.05 in ICRP 60. Die Ergebnisse dieser Arbeit wurden ausschließlich mit ω_R und ω_T aus ICRP 103 berechnet. Dort, wo zu Vergleichszwecken die Faktoren aus ICRP 60 Verwendung finden, wird explizit darauf hingewiesen.

2.4.3 Dosiskonversionskoeffizienten für die kosmische Strahlung

Auf Fluenz normierte Dosiskonversionskoeffizienten (DKK) bilden die Basis für die Abschätzungen der durch kosmische Strahlung im Menschen verursachten H_T bzw. E. In dieser Arbeit wurden die oben beschriebenen ICRP/ICRU-Referenz-Voxelphantome verwendet, um die DKK für D_T, H_T und E bei externer Bestrahlung mit den unterschiedlichen Teilchenarten der sekundären kosmischen Strahlung zu bestimmen. Die beiden Referenz-Voxelphantome wurden dazu in das Simulationsprogramm GEANT4 (siehe Kapitel 4) implementiert und unter idealisierten Bedingungen monoenergetisch über einen breiten Energiebereich simuliert "bestrahlt".

Energiebereiche Basierend auf den von Rösler et al. [113] durchgeführten Berechnungen der Fluenzspektren der Teilchen der kosmischen Strah-

KAPITEL 2. Grundlagen

Teilchen	Energiebereich	Bestrahlungsgeometrie
Photonen	10 keV - 10 GeV	AP, ISO
Elektronen und Positronen	10 keV - 10 GeV	AP, ISO
Muonen (μ^+, μ^-)	10 MeV - 1 TeV	AP, ISO
Protonen	10 MeV - 1 TeV	AP, ISO
Neutronen	1 meV - 10 GeV	AP, ISO

Tabelle 2.3: Energiebereiche und die in dieser Arbeit simulierten Bestrahlungsgeometrien zur Berechnung der Dosiskonversionskoeffizienten der kosmischen Sekundärstrahlungsteilchen

lung (vgl. Kapitel 2.5.2) wurden die Energiebereiche für die Berechnung der Dosiskonversionskoeffizienten der einzelnen Teilchen festgelegt. Diese sind in Tabelle 2.3 aufgelistet.

Bestrahlungsgeometrien Es gibt viele mögliche Geometrien, unter denen ein menschlicher Körper bestrahlt werden kann. In ICRU 57 [80] wurden deshalb für die Berechnung der DKK allgemeine Richtlinien der anzuwendenden Bestrahlungsgeometrien festgelegt. Zur Beschreibung der Bestrahlungsgeometrie werden die in der Medizin gebräuchlichen Orientierungsbezeichnungen verwendet, welche sich immer relativ zum Patienten (bzw. in diesem Fall zum Phantom) beziehen. Bei breiter, paralleler Bestrahlung soll das gesamte Voxelphantom aus den Richtungen anterior-posterior (AP), posterior-anterior (PA) und lateral von links und rechts (LLAT, RLAT) bestrahlt werden. Zwei weitere Bestrahlungsgeometrien sind die Rotationsgeometrie (ROT) und die isotrope Bestrahlung (ISO). Bei ROT wird das gesamte Phantom mit einer Quelle bestrahlt, die normal zur Körperlängsachse gleichförmig um das Phantom rotiert. Die ISO-Geometrie wird durch ein Strahlungsfeld definiert, dessen Teilchenfluenz pro Raumwinkeleinheit unabhängig von der Richtung ist. In der vorliegenden Arbeit wurden einerseits Berechnungen für AP-Bestrahlung durchgeführt, weil die Änderungen der

Organ-DKK mit der Energie für AP am physikalisch anschaulichsten erklärt werden können. Andererseits wurden Berechnungen mit ISO-Geometrie durchgeführt, weil ISO in der Flugdosimetrie als idealisierte Strahlungsbedingungen für fliegendes Personal während eines Fluges definiert ist.

2.5 Kosmische Strahlendosis in Flughöhen - Strahlenschutz für fliegendes Personal

Die Intensität ionisierender Teilchenstrahlung in typischen Flughöhen von Passagierflugzeugen (10-12 km Höhe) und dadurch auch die dort im Menschen verursachte Dosis, ist um ein Vielfaches höher als auf Meereshöhe (vgl. Kapitel 2.3). Neben den Passagieren ist vor allem das fliegende Personal einer erhöhten Dosis ausgesetzt. In den Empfehlungen der ICRP von 1991 [72] wurde aus diesem Grund darauf hingewiesen, dass die Exposition des fliegenden Personals durch die kosmischen Strahlung als berufliche Strahlenexposition verstanden werden muss. Ausgehend von den Empfehlungen der ICRP hat die Europäische Kommission die Direktive EURATOM/96/29 [43] für die Strahlenschutzüberwachung von Flugpersonal mit allen dafür nötigen Anforderungen bekannt gegeben. In Deutschland wird seit 1. August 2003 fliegendes Personal, dessen arbeitsbedingte jährliche Dosis 1 mSv überschreiten kann, dosimetrisch überwacht. Im deutschen Atomgesetz mit Verordnungen [57], im Detail unter §103 der Strahlenschutzverordnung (StrlSchV, Stand 1. Juli 2007), ist der "Schutz des fliegenden Personals vor Exposition durch kosmische Strahlung" gesetzlich festgelegt. Es wird darin verordnet, dass die effektive Dosis, die das fliegende Personal durch die kosmische Strahlung während des Fluges erhält, zu ermitteln ist, soweit die effektive Dosis durch kosmische Strahlung 1 mSv im Kalenderjahr überschreiten kann. Die Ermittlungsergebnisse müssen spätestens 6 Monate nach dem Arbeitseinsatz dem Strahlenschutz-Register vorliegen.

2.5.1 Dosisabschätzung in der Flugdosimetrie

Um für fliegendes Personal die durch kosmische Strahlung verursachte Dosis abschätzen zu können, müssen die Arten der Strahlung und deren Energie-Fluenzspektren bekannt sein, denen die betreffende Person ausgesetzt war. In Kapitel 2.3 wurde bereits beschrieben, dass die sekundäre KS aus diversen Teilchenarten mit breiten Energiespektren besteht, die auch zeitlichen und räumlichen Variationen unterworfen sind. In Verbindung mit geographisch und zeitlich unterschiedlichen Flugrouten erweist sich die Ermittlung der effektiven Dosis deshalb als eine komplizierte Aufgabe. Um der Strahlenschutzüberwachung von Flugpersonal nachzukommen, wurden eine Reihe von Computerprogrammen entwickelt, welche die Dosis für jede mögliche Flugroute berechnet. Am HMGU wurde z.B. das Software-Programm EPCARD ("European Program Package for the Calculation of Aviation Route Doses") [122] entwickelt, dessen Verwendung die Berechnung der für den Strahlenschutz relevanten, von der sekundären KS verursachten Dosisgrössen (effektive Dosis E und Umgebungs-Äquivalentdosis $H^*(10)$) für jede Flugroute und Flugprofil ermöglicht. Die Verwendung derartiger Programme wie EPCARD zur Ermittlung der effektiven Dosis steht auch im Einklang mit den technischen Leitlinien der europäischen Strahlenschutzkommission von 1997 [42], welche erklärt, dass *"für Flüge unterhalb von 15 km die Abschätzung der effektiven Dosis unter Verwendung geeigneter Computerprogramme in Verbindung mit international genehmigten Informationen geschehen kann"*. Dazu hat die ICRU in 2011 den Report 84 veröffentlicht, der Referenz-Daten zur Validierung derartiger Rechenprogramme beinhaltet [81]. In der Flugdosimetrie wird davon ausgegangen, dass unvorher-

2.5. EPCARD-Programm

gesehene Strahlenexpositionen (Stichwort: Strahlenunfall[11]), wie sie bei anderen im Sinne des Strahlenschutzes überwachten Arbeitsplätzen passieren können, an Bord eines Flugzeuges durch kosmische Strahlung nicht auftreten. Einzige Ausnahme bilden die sehr selten auftretenden SPEs (vgl. Kapitel 2.2), welche kurzfristig zu einer erhöhten Teilchenintensität führen können. Es besteht aber die Möglichkeit, derartige Ereignisse retrospektiv in die Dosisberechnungen einfließen zu lassen.

2.5.2 Das EPCARD-Programm und dessen numerische Basisdatensätze

Das Programm EPCARD wurde entwickelt, um die kosmische Strahlendosis, die ein Individuum auf einer Flugroute in Flughöhen zwischen 5000 m und 25000 m erhält, in Form von Umgebungsäquivalentdosis $H^*(10)$ und effektiver Dosis E zu berechnen. Die Dosisraten und die Beiträge der verschiedenen Teilchen hängen dabei von der Aktivität der Sonne (Abschirmung durch das solare Magnetfeld), der geographischen Position (geomagnetische Abschirmung) und der Flughöhe (Abschirmeffekt der Atmosphäre) ab. Das EPCARD-Programm greift bei seinen Berechnungen auf mehrere umfangreiche Datensätze zu. Einerseits stehen spektrale Fluenzraten der verschiedenen Teilchenarten zur Verfügung, welche für unterschiedliche atmosphärische Tiefen sowie verschiedene solare und geomagnetische Bedingungen berechnet wurden. Einen weiteren Datensatz bilden die bereits beschriebenen Fluenz-normierten Dosiskonversionskoeffizienten (DKK) für die spezifischen Teilchen der KS. In Abhängigkeit von der Flugroute und dem Datum des Fluges werden die entsprechenden Fluenzraten von EPCARD ausgewählt und mit den zugehörigen DKK gefaltet.

---

[11]Der Strahlenunfall wird in einschlägigen Normen definiert als unvorhergesehenes Ereignis, bei welchem Personen möglicherweise einer Strahlenexposition ausgesetzt wurden, wobei höchstzulässige Dosen überschritten werden. Dieser Begriff beinhaltet also eine Vielzahl an Ereignissen; vom kleinen betrieblichen Zwischenfall bis zum Super-GAU

Teilchen-Fluenzraten

Zur Berechnung der Fluenzraten für EPCARD wurden von Roesler et al. Strahlungstransportrechnungen mit dem Monte Carlo Programm FLUKA [44] durchgeführt(Details siehe [113, 114, 115], sowie Anhang B.2 in [94]). Die Berechnungen wurde für einen Punkt in homogener Luft unter Teilchen-Gleichgewichtsbedingungen[12] durchgeführt, d.h. die Flugzeugzelle wurde vernachlässigt.

Die Erdatmosphäre wurde in den Berechnungen durch ein Schichten-Modell realisiert. Dieses erstreckt sich von einer atmosphärischen Tiefe von 0.056 gcm^{-2} ($\sim$ 75 km Höhe; oberste Atmosphärenschicht) bis 1033 gcm^{-2} (Meereshöhe). In jeder Schicht wurde eine einheitliche Luftdichte angenommen. Mit zunehmender atmosphärischer Tiefe reduziert sich also gleichzeitig die jeweilige Schichtdicke. Die Erdatmosphäre wurde als Gasgemisch mit den Hauptbestandteilen Stickstoff (N, 75.6%) und Sauerstoff (O, 23.2%) definiert.

Das verwendete galaktische Protonen-Primärspektrum basiert auf Spektren von Badhwar [24], welches durch Skalierung mit experimentellen Daten in Übereinstimmung gebracht wurde. Primärspektren schwererer Kerne der primären KS stammen ebenfalls aus [24]. Die solare Modulation (vgl. Kapitel 2.2.4 und Abbildung 2.8), welche sich auf den niederenergetischen Anteil des Primärspektrums ($>$ 50 $GeV/Nukleon$) auswirkt, wird durch ein Diffusions-Konvektions Modell beschrieben [24]. Darin wird die Modulationsstärke durch ein Bremspotential ϕ (in MV) ausgedrückt. Für ϕ wird eine lineare Abhängigkeit mit den Zählraten des Climax Neutronen-Monitors (Colorado, USA [4]) angenommen. Mit einem Zeitverzug von 3 Monaten wird ϕ aus den gemessenen Neutronendaten abgeleitet.

Die abschirmende Wirkung des geomagnetischen Feldes wurde anhand der Cut-offs der magnetischen Steifigkeit der Geomagnetosphäre einbe-

---

[12]Unterhalb des Pfotzer-Maximums ist diese Annahme gültig [63]

2.5. EPCARD-Programm

rechnet (vgl. Kapitel 2.2.3). Für vertikalen Einfall bezieht EPCARD die Werte der Cut-offs aus [71], die sich im Bereich von 0 GV an den geomagnetischen Polen bis maximal 17.6 GV am geomagnetischen Äquator befinden. Ein Dipolmodell des Erdmagnetfeldes wird verwendet um diese Cut-offs für nicht senkrechten Einfall zu korrigieren [113].

Abbildung 2.13 zeigt beispielhaft Berechnungsergebnisse der Fluenzra-

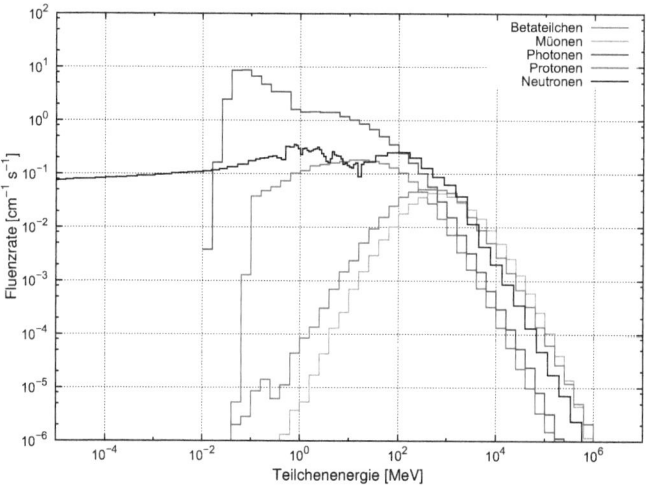

Abbildung 2.13: Fluenzraten als Funktion der Teilchenenergie für Neutronen, Protonen, Photonen, Betateilchen und Müonen in einer Flughöhe von 10.6 km. Randbedingungen sind solares Minimum und Cut-off = 4 GV [115]

ten für Neutronen, Protonen, Photonen, Betateilchen und Myonen in einer typischen Flughöhe von $\sim 10.6\ km$ mit den Randbedingungen solares Minimum und Cut-off = 4 GV (entspricht dem Raum München), aufgetragen gegen die Teilchenenergie. Die erkennbaren unterschiedlichen spektralen Formen der verschiedenen Teilchen werden hauptsächlich durch die spezifischen Absorptionsprozesse bewirkt. Niederenergetische, geladene Teilchen erfahren Abbremsung durch Ionisations-Energieverluste, die ein Maximum bei niedriger Teilchengeschwindigkeit erreichen (vgl.

Anhang B.3 und B.4). Deshalb fällt das Protonenspektrum in Abbildung 2.13 ab circa 100 MeV zu niederen Energien hin ab. Das Maximum des Elektronenspektrums ist demnach zu niedrigeren Energien hin verschoben, weil es aufgrund seiner um Vielfaches geringeren Masse bei gleicher Teilchengeschwindigkeit eine niedrigere kinetische Energie besitzt. Beim Müonenspektrum spielt neben den Ionisationsverlusten auch der Müonenzerfall ein Rolle. Die ungeladenen Photonen und Neutronen sind indirekt ionisierend und zeigen deshalb im Fluenzspektrum ein anderes Verhalten mit Fluenzen bis hinunter zu Energien im keV-Bereich.Für Photonen beginnt der Schwächungskoeffizient (vgl. Anhang B.1) unterhalb 10^{-1} MeV stark anzusteigen, was den Abfall des Photonenfluenzspektrums in diesem Energiebereich erklärt. Auf das Neutronenfluenzspektrum in der Erdatmosphäre wird in Kapitel 3 im Detail eingegangen.

Dosiskonversionskoeffizienten

Die zur Berechnung der interessierenden Dosisgrößen $H^*(10)$ und E im EPCARD-Programm herangezogenen DKK basieren im Energiebereich unterhalb $\sim$ 20 MeV grundsätzlich auf den von der ICRP und ICRU empfohlenen und etablierten Datensätzen [74] und [80] (mit Qualitätsfaktoren aus [78] und Wichtungsfaktoren aus [72]). Im hochenergetischen Energiebereich verwendet EPCARD DKK-Datensätze von [106] mit Ergänzungen aus [98] und [99]. Für Details sei auf [94] und [122] verwiesen.

2.5.3 Strahlungsbeiträge zur effektiven Dosis in Flughöhen

Um einen Eindruck für die Beiträge der verschiedenen Teilchenarten der sekundären kosmischen Strahlung zur effektiven Dosis zu bekommen, sind in Abbildung 2.14 die relativen Strahlungsbeiträge der Teilchenar-

2.5. EPCARD-Programm

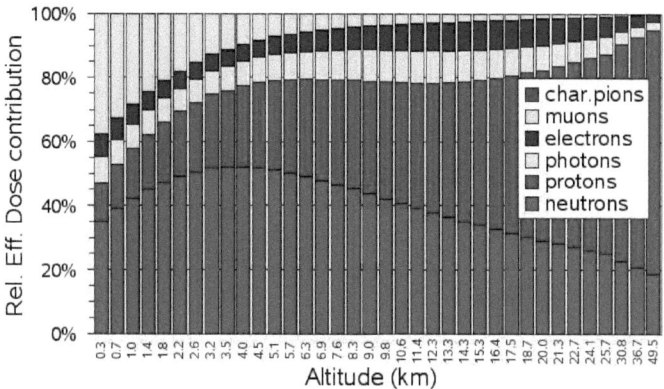

Abbildung 2.14: *Relative Beiträge der verschiedenen Teilchenarten zur effektiven Dosis (nach ICRP60 [72]) in Abhängigkeit von der Höhe. Die Berechnungen wurden von V. Mares [36] für den Raum München (solares Minimum, Cut-off = 4 GV) durchgeführt. Deutlich sichtbar trägt die hadronische Komponente über alle Höhen den Hauptanteil zur effektiven Dosis bei.*

ten in Abhängigkeit von der Höhe dargestellt. Die Berechnungen wurden von V. Mares [36] basierend auf den FLUKA-Rechnungen von Roesler et al. [115] für den Raum München und unter Bedingungen nahe dem solaren Minimum durchgeführt. Für die Berechnung der effektiven Dosis wurden die Strahlungs- und Gewebewichtungsfaktoren (vgl. Anhang A) aus ICRP60 [72] verwendet. Es fällt auf, dass der Hauptanteil zur effektiven Dosis durch die hadronische Strahlungskomponente (Neutronen und Protonen; rote und grüne Beiträge in Abbildung 2.14) verursacht wird. Bei den Beiträgen der Protonen wurde hierbei der Strahlungswichtungsfaktor von 5 aus ICRP60 [72] verwendet. Über sämtliche Höhen tragen die Hadronen mit einem Anteil von mindestens 50% zur effektiven Dosis bei. Betateilchen (Elektronen und Positronen) und Photonen tragen über alle Höhen etwa einen Anteil von jeweils 10% bei. Der Beitrag der

Müonen (positive und negative Müonen) steigt mit zunehmender atmosphärischer Tiefe an und trägt auf Meereshöhe bis zu 40% zur effektiven Dosis bei. Der Anteil der geladenen Pionen ist so verschwindend gering, dass er in der Graphik untergeht. Auf eine Berechnung der Dosiskonversionskoeffizienten für Pionen wurde deshalb in dieser Arbeit verzichtet.

KAPITEL 3

Messung sekundärer Neutronen der kosmischen Strahlung

3.1 Verwendete Messgeräte

In der Neutronenspektrometrie ist die Verwendung eines Vielkugelspektrometers – besser bekannt als Bonner Vielkugelspektrometer oder kurz BSS (englisch: "Bonner Spheres Spektrometer") – eine etablierte Methode. Das BSS wurde 1960 erstmals von Bramblett et al. [30] beschrieben und deckt mit einem beinahe isotropen Ansprechvermögen - auch *Response* genannt - einen breiten Energiebereich von wenigen meV bis einigen GeV ab. Der relativ unkomplizierte Aufbau und die einfache Handhabung sind weitere Vorteile dieses Neutronenspektrometers. Aus den genannten Gründen werden BSS häufig in der Spektroskopie von und bei der Dosisbestimmung in Neutronenfeldern verwendet. Beispiele dafür sind die Messungen von Neutronenfeldern außerhalb der Abschirmung von Kernreaktoren [55] und Teilchenbeschleunigern [45, 103], oder auch die Messung von Neutronenfeldern, die aufgrund der Wechselwirkungen der primären kosmischen Strahlung mit den Bestandteilen der Atmosphäre gebildet werden [90, 117]. Ein weiteres, häufig verwendetes Messgerät zur Bestimmung der durch Neutronen verursachten Umgebungs-Äquivalentdosis $H^*(10)$ (siehe Anhang A.1) ist ein so genannter REM-Counter. Für die Neutronenmessungen im Zuge dieser Arbeit wurden sowohl ein BSS als auch ein REM-Counter verwendet und in den folgenden beiden Kapiteln werden die beiden Messsysteme im Detail beschrieben.

3.1.1 Bonner Vielkugelspektrometer

Allgemein besteht ein Standard-BSS aus für thermische Neutronen empfindlichen Detektoren, welche im Zentrum von kugelförmigen Polyethylen-Schalen verschiedenen Durchmessers (Abbildung 3.1a und 3.1b) platziert werden. Aktive Detektoren können beispielsweise Proportionalzähler (^{3}He

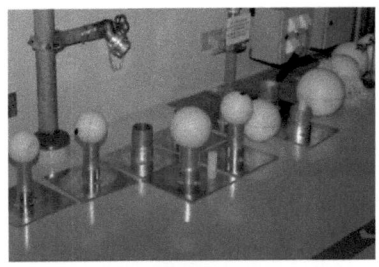
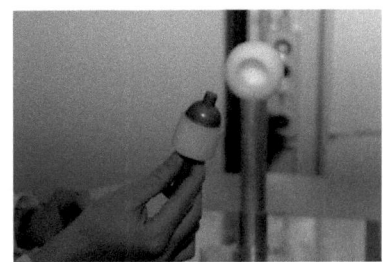

(a) BSS-Kugeln   (b) ^3He-Detektor

Abbildung 3.1: *Einige Polyethylen-Kugeln des BSS (a) mit unterschiedlichen Durchmessern (vor dem Aufbau für die Messung) und der ^3He-Neutronendetektor (b) vor Einbau in eine der Kugeln (Fotos: Simmer G.)*

3.1. Verwendete Messgeräte

- oder $^{10}BF_3$ - Gas[1]), oder Szintillatoren (^{6}LiI(Eu)) in Kombination mit Photomultipliern[2] sein. Auch passive Detektoren werden verwendet, wie z. B. Goldfolien, die durch thermische Neutronen über die Reaktion ^{197}Au$(n,\gamma)^{198}$Au aktiviert werden [55]. Die Durchmesser der Kugelschalen werden konventionell in Inch angegeben (1 Inch = 2.54 cm) und variieren zwischen 2 Inch (5.08 cm) und 15 Inch (38.1 cm). Sie dienen der Moderation, also der Abbremsung von Neutronen auf thermische Energien. Je dicker die Polyethylenschale ist, desto höherenergetische Neutronen werden moderiert, während niederenergetische Neutronen in der Schale absorbiert werden.

Während Standard-BSS hauptsächlich für Neutronenspektren mit Maximalenergien von etwa 20 MeV verwendet werden, können mit speziell erweiterten BSS auch Neutronenspektren mit höheren Maximalenergien gemessen werden [95]. Die Erweiterung besteht darin, dass zusätzlich Metallschalen mit hoher Ordnungszahl Z (meistens Blei) in die Moderatorschalen eingebettet werden. Diese Metallschichten bewirken ein erhöhtes Ansprechvermögen des Detektors durch zusätzliche (n, xn')-Reaktionen (vgl. Anhang B.2) im Energiebereich oberhalb 10 MeV.

Von grundlegender Bedeutung bei der Bestimmung des Neutronenspektrums aus den gemessenen Detektor-Zählraten des BSS, ist der Prozess der Entfaltung. In einem differentiellen Neutronen-Fluenzspektrum $\Phi(E)$ ergeben sich die Zählraten A_j der einzelnen Detektoren mittels des Gleichungssystems

$$A_j = \int_{E_{min}}^{E_{max}} \Phi(E) \cdot R_j(E) \cdot dE \qquad j = 1, 2, \ldots$$

Dabei steht $R_j(E)$ für das Ansprechvermögen der j-ten Detektor - Schalen - Kombination bei der Neutronenenergie E, also die so genannte

---

[1]Einfangreaktion: $^3He(n,p)^3H$ mit $\sigma_{thermisch}$ = 5330 barn
  Einfangreaktion: $^{10}B(n,\alpha)^7Li$ mit $\sigma_{thermisch}$ = 3840 barn
[2]Einfangreaktion: $^6Li(n,t)^4He$ mit $\sigma_{thermisch}$ = 940 barn

"Responsefunktion". E_{min} und E_{max} sind durch den Bereich der Responsefunktion vorgegebene Energiegrenzen. Die angegebenen Integrale werden Faltungsintegrale genannt. Die Entfaltung ist nun der umgekehrte Prozess, also die Bestimmung des Neutronenfluenzspektrums aus den BSS-Messwerten, den Responsefunktionen und, soweit vorhanden, zusätzlichen Informationen über das vorherrschende Neutronenfeld. Es muß also für eine korrekte Bestimmung des Neutronenspektrums mittels Entfaltung das Ansprechvermögen jeder Detektor - Schalen - Kombination so genau wie möglich bekannt sein. Da die Anzahl der Messpunkte aber weitaus geringer ist als die Anzahl der Werte bzw. der Stützpunkte, die das Spektrum beschreiben, ist das oben angegebene Gleichungssystem unterbestimmt und besitzt damit keine eindeutige Lösung. Aus diesem Grund ist es notwendig, physikalisch begründete Annahmen über das zu messende Neutronenspektrum in den Entfaltungsprozess einzubeziehen. Basierend auf verschiedenen mathematischen Prinzipien existieren verschiedene Methoden der Entfaltung (z.B. Maximale Entropie Methode, Methode der kleinsten Quadrate, Iterationsmethode sowie Monte-Carlo Methode; Details siehe [101]). Jede einzelne dieser Methoden führt zu einer Lösung, welche die Messdaten hinreichend gut reproduziert. Aufgrund der Unterbestimmtheit des Gleichungssystems stimmen diese Lösungen im Allgemeinen grob überein, müssen aber nicht exakt gleich sein.

Das BSS-System des Helmholtz Zentrums München

Das für die Messungen in dieser Arbeit verwendete BSS-System des Helmholtz Zentrums München[3] (in der Folge HMGU-BSS genannt) bestand aus einem kugelförmigen Proportionalzähler (Herstellung: Centronics AG, UK; Typ: SP9) mit einem Durchmesser von 3.2 cm, der mit ^{3}He - Gas (172 kPa nomineller Druck entsprechend einer ^{3}He-Atomdichte von

---

[3]Helmholtz Zentrum München - Forschungszentrum für Gesundheit und Umwelt (HMGU); ehemals GSF - Gesellschaft für Strahlenforschung

3.1. Verwendete Messgeräte

$4.25 \cdot 10^{19}$cm^{-3}) gefüllt war, und aus 15 Schalen aus Polyethylen (PE) mit jeweils 2.5, 3, 3.5, 4, 4.5, 5, 5.5, 6, 7, 8, 9, 10, 11, 12 und 15 Inch Durchmesser (vgl. Abbildung 3.1). Zusätzlich wurden zwei weitere PE-Schalen mit 9 Inch Durchmesser verwendet, in die jeweils eine Bleischale mit 0.5 Inch bzw. 1 Inch Dicke eingebettet war, um, wie oben beschrieben, auch im höherenergetischen Bereich empfindlich zu sein. Als 18. Spektrometriekanal wurde der nackte Detektor (ohne PE-Moderator) verwendet.

Ansprechvermögen (Response): Die Berechnungen der Responsefunktionen für das HMGU-BSS wurden für Neutronenenergien unterhalb 20 MeV mit dem Monte Carlo Code MCNP [31] und für Neutronenenergien oberhalb 20 MeV mit einer Kombination aus den MCNPH - und LAHET - Codes [111] durchgeführt. Dem Ansprechvermögen entsprach dabei die Anzahl der Absorptionen durch die Einfangreaktion ^{3}He(n, p)^{3}H pro einfallendem Neutron pro cm^2. Als Detektorhülle wurde eine 0.5 mm dicke Schale aus Stahl modelliert. Die Dichte der PE-Moderatoren betrug 0.95 gcm^{-3}. Die aus den MC-Rechnungen erhaltenen Werte für die Response wurden interpoliert und daraus die Responsematrix "HEMA99" mit 130 Energiepunkten in logarithmisch äquidistanten Abständen (Energiebins) von 1 meV bis 10 GeV (10 pro Dekade) gebildet. Eine detailliert Beschreibung der HEMA99-Responsematrix findet sich in [95, 97]. Details zu den Eigenschaften des Ansprechvermögens eines BSS mit ^{3}He als Zählgas finden sich in [18] und [133]. Während unterhalb 20 MeV experimentell verifizierte Datenbanken der Neutronenwirkungsquerschnitte (z.B. [8]), teilweise mit Extrapolationen darüber hinaus, existieren, liegen oberhalb 150 MeV keine derartigen Tabellen mehr vor. Das berechnete Ansprechvermögen hängt damit von der Wahl des Monte Carlo Codes und der dabei verwendeten hadronischen Modelle ab (vgl. Kap. 4.4.2). Die Unterschiede ($> 20\ MeV$) im berechneten Ansprechvermögen (der "Responsematrix") verschiedener Arbeitsgruppen wirken sich direkt auf die entfalteten Neutronenspektren und Dosis aus [110].

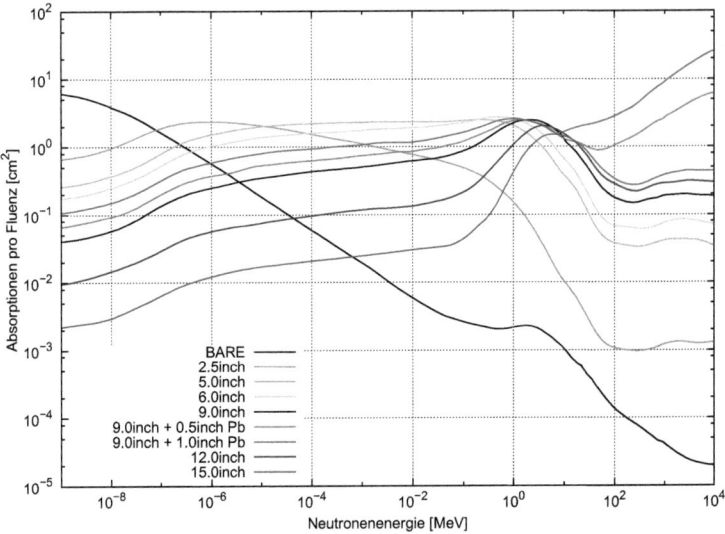

Abbildung 3.2: *Exemplarische Darstellung einiger für die Entfaltung verwendeten Responsefunktionen verschiedener Detektor-Schalen-Kombinationen [95]; BARE entspricht dabei dem nackten Detektor*

Entfaltung: Für den Prozess der Entfaltung wurde der MSANDB-Code [100], eine modifizierte Version des SAND-Codes [102] verwendet. SAND benötigt als Eingabeparameter ein so genanntes Startspektrum. Das ist im Allgemeinen eine erste physikalisch begründete Abschätzung des zu messenden Neutronenspektrums. Dieses Startspektrum wird vom Code iterativ so verändert, dass es mit den gemessenen Werten (vgl. Abbildung 3.7) konsistent wird. Die relativen Unsicherheiten der einzelnen Zählraten fungieren während dieses Anpassungsprozesses als Wichtungsfaktoren. Die beiden wichtigsten Parameter für den Entfaltungsprozess, Startspektrum und

3.1. Verwendete Messgeräte

Anzahl der Iterationen, werden im Zuge einer Empfindlichkeitsanalyse in Kapitel 3.2.3 detailliert diskutiert.

Neutronenspektrum Das Neutronenspektrum außerhalb der Abschirmung eines Hoch-energie-Teilchenbeschleunigers kann in 4 Hauptbereiche eingeteilt werden. Gleiches gilt auch für das Spektrum der Sekundärneutronen der kosmischen Strahlung, wobei hier als Abschirmung die Erdatmosphäre, genauer die darin enthaltenen Atomkerne dienen [90, 103]. Die Einteilung der 4 Hauptbereiche - namentlich thermischer ($< 0.4\ eV$) und epithermischer ($0.4\ eV\ -\ 100\ keV$) Bereich, sowie Verdampfungs- ($100\ keV\ -\ 19.6\ MeV$) und Kaskaden-Bereich ($>\ 19.6\ MeV$) - ergibt sich aus der typischen Form derartiger Neutronenspektren. Bei einigen 100 MeV weisen die Wirkungsquerschnitte, welche die inelastische Neutronenstreuung an Atomkernen des Abschirmmaterials beschreiben, ein breites Minimum auf, was zu einem Maximum der Neutronenfluenz in diesem Bereich führt [16]. Dieses Maximum wird in der Folge "Kaskadenmaximum" genannt. Ein zweites Maximum der Neutronenfluenz wird bei 1-2 MeV erwartet. Atomkerne des Abschirmmaterials können durch hadronische Projektile hochangeregt werden. Beim Prozess der Abregung werden dann aus dem Kern unter anderem Neutronen verdampft, welche einer Maxwell-Boltzmann-Verteilung im Bereich von 10^{-3} MeV bis 10 MeV folgen und eine wahrscheinlichste Energie von 1-2 MeV aufweisen (vgl. Anhang B.2.5). Dieses Maximum wird deshalb in der Folge "Verdampfungsmaximum" genannt. Unterhalb von 100 meV tritt ein "thermisches Maximum" auf, welches aus Neutronen resultiert, die in der Umgebung des Spektrometers thermalisiert wurden und einer Maxwell-Boltzmann-Verteilung folgen. Im Bereich zwischen 100 meV und 100 keV dominieren elastische Streuprozesse der Neutronen mit Atomen und Molekülen des Abschirmmaterials

KAPITEL 3. Neutronenspektrometrie mit BSS

und der Umgebung. Für diese Art der Neutronen-Wechselwirkung zeigt das Energieverlust-Spektrum einen 1/E-Verlauf (E = Energie) der sich in diesem "epithermischen Bereich" des Neutronenspektrums widerspiegelt. Basierend auf diesen Erkenntnissen wurde das in Abbildung 3.3 dargestellte Spektrum "HSS-8" (HSS steht für H̲ybrid S̲tart S̲pektrum) als eine erste Abschätzung des Neutronenspektrums konstruiert und in der Folge als Startspektrum für den MSANDB-Code verwendet. Abbildung 3.3 zeigt das Spektrum

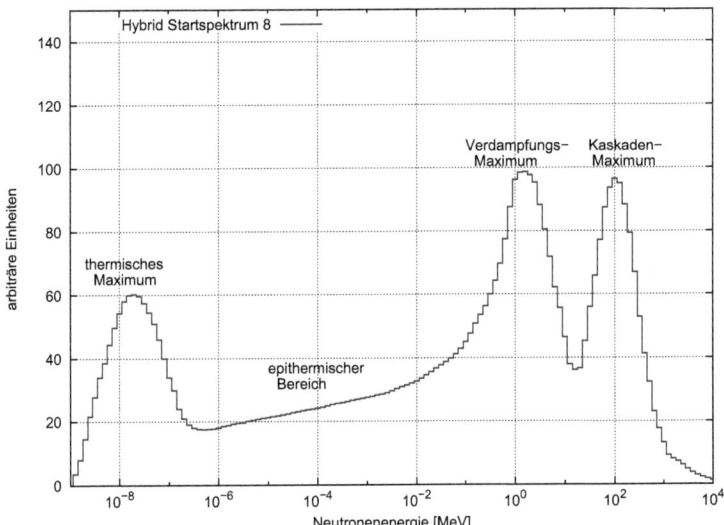

Abbildung 3.3: *Künstliches Startspektrum ("HSS8") für den Entfaltungs-Code MSANDB; enthalten sind Maxima bei Energien von etwa 25 meV, 1-2 MeV, sowie 100 MeV (Details siehe Text)*

in der Lethargie-Darstellung. In einer derartigen Darstellung wird die Fluenzrate mit der Neutronenenergie gewichtet ($E \cdot d\dot{\Phi}/dE$), so dass die Struktur des Spektrums besser erkennbar wird. Zusätzlich ist im halblogarithmischen Plot die Fläche unter der Kurve proportional zur Neutronenzahl (Flächentreue).

3.1. Verwendete Messgeräte

Probeweise wurde ein 1/E Spektrum als Startspektrum verwendet. In Lethargie-Darstellung ist ein 1/E Spektrum eine Gerade parallel zur x-Achse und stellt damit ein Startspektrum mit minimaler Vorinformation dar. Das aus der Entfaltung mit MSANDB und ersten Messwerten des HMGU-BSS resultierende Neutronenspektrum wies bereits unter Verwendung dieser minimalen Vorinformation schon die erwartete Form mit den oben beschriebenen 4 Hauptbereichen auf. MSANDB passt das Startspektrum in einem iterativen Prozess an die gemessenen Zählraten des Detektors an. Nach einer bestimmten, vorher definierten Anzahl an Iterationen wird dieser Anpassungsprozess gestoppt. Auf die Abhängigkeiten der Ergebnisspektren von den Eingabeparametern wird im Detail in Kapitel 3.2.3 eingegangen.

Dosis-Konversions-Koeffizienten: Die aus den BSS-Messungen und der anschließenden Entfaltung sich ergebenden Neutronenspektren an den verschiedenen Positionen wurden auch verwendet, um die Werte der Umgebungs-Äquivalentdosis H*(10) zu berechnen. Zu diesem Zweck wurden in dieser Arbeit die von der ICRP in der Publikation ICRP 74 [74] empfohlenen Dosiskonversionskoeffizienten von H*(10) für Neutronen verwendet, welche im höherenergetischen Bereich oberhalb 200 MeV mit den Daten von Pelliccioni et al. [106] erweitert wurden (siehe Abbildung 3.4).

3.1.2 REM-Counter

Ein REM-Counter besteht aus einem für thermische Neutronen empfindlichen Detektor, der innerhalb eines Moderators platziert ist. Das Design des Moderators ist so gewählt, dass das Ansprechvermögen als Funktion der Energie über einen weiten Energiebereich der $H^*(10)$ - Konversionsfunktion für Neutronen entspricht (vgl. Abbildung 3.4). Das Originaldesign geht auf den Anderson-Braun REM-Counter zurück [22],

54 KAPITEL 3. Neutronenspektrometrie mit BSS

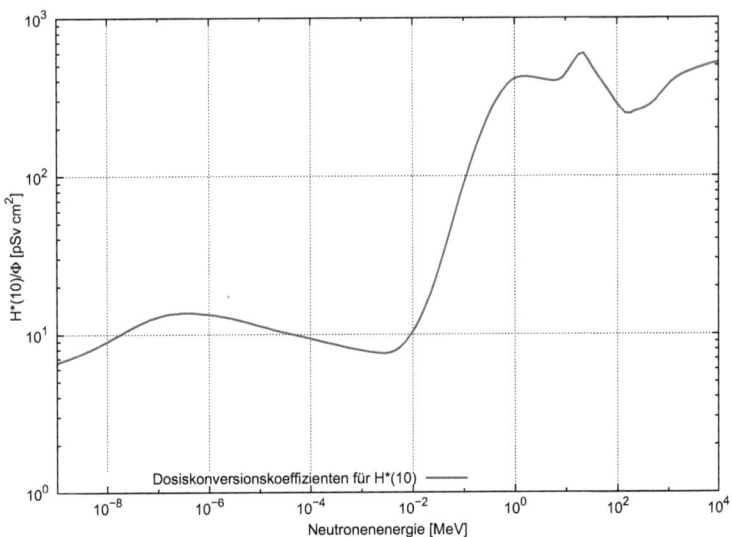

Abbildung 3.4: *Dosiskonversionskoeffizienten von $H^*(10)$ für Neutronenstrahlung; Daten aus ICRP74 [74] und oberhalb 200 MeV aus [106]*

bei dem der meist zylindrische oder sphärische Moderator aus Polyethylen besteht und der zusätzlich im Inneren eine Schicht aus Borplastik oder Cadmium aufweist. Die Ansprechvermögen derartiger REM-Counter fallen allerdings oberhalb etwa 10 MeV stark ab, was zu einer Unterschätzung von $H^*(10)$ führt, da die $H^*(10)$-Konversionsfunktion im Energiebereich oberhalb 10 MeV weiter ansteigt [74]. Für die $H^*(10)$-Messung von Neutronenspektren, die Neutronen mit Energien jenseits des 10 MeV-Bereiches aufweisen werden modifizierte Modelle verwendet, die zwischen dem Borplastik und dem äußeren PE-Moderator eine Bleischicht (generell 1 cm dick) eingelagert haben. Der Effekt der Bleischicht ist (gleich wie beim HMGU-BSS) eine verstärkte Detektion von Neutronen mit Energien oberhalb 10 MeV durch zusätzliche Neutronen, die im Blei durch (n,xn')-Reaktionen ausgelöst werden. Unterhalb 10

3.2. Vergleichsmessung und Empfindlichkeitsanalyse des verwendeten Bonner Vielkugelspektrometers

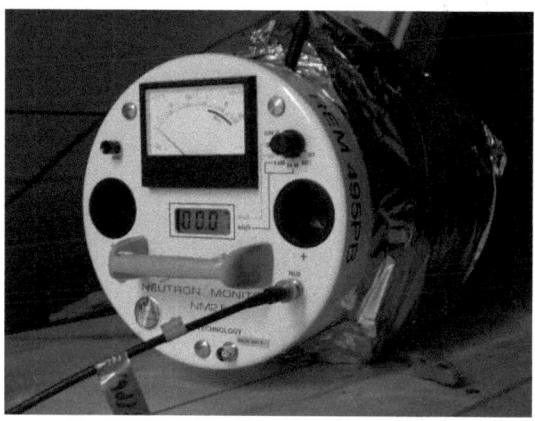

Abbildung 3.5: *Der bleiverstärkte REM-Counter, der für die Messungen in dieser Arbeit verwendet wurde. Für Details siehe Text (Foto: Ulrich Ackermann)*

MeV ist das Ansprechvermögen der modifizierten Geräte identisch zu den Standard-Geräten. In Abbildung 3.5 ist der im Zuge dieser Arbeit verwendete, bleiverstärkte REM-Counter dargestellt. Weitere Details zu Ansprechvermögen und REM-Counter Messungen finden sich in [109].

3.2 Vergleichsmessung und Empfindlichkeitsanalyse des verwendeten Bonner Vielkugelspektrometers

Von 18. - 24. Juli 2006 wurde im Rahmen des EU-Projektes CONRAD ("COordinated Network for RAdiation Dosimetry") im Hinblick auf komplexe Strahlungsmischfelder an Arbeitsplätzen eine international besetzte Vergleichs-Messkampagne, ein so genannter Benchmark-Test, organisiert und durchgeführt. In weiterer Folge wird diese Messkampagne mit dem Kürzel "CBT" (CONRAD Benchmark-Test) bezeichnet. Die

Vergleichsmessungen wurden am Hochenergie-Teilchenbeschleuniger der Gesellschaft für Schwerionenforschung (GSI) durchgeführt. Hauptkomponente des Strahlungsfeldes waren Neutronen. Neben diversen anderen Messinstrumenten wie REM-Counter, Blasenkammerdetektoren, TEPC-Detektoren, etc. wurde das Neutronenfeld außerhalb der Abschirmung mit drei von verschiedenen Arbeitsgruppen betriebenen BSS-Systemen vermessen. Zusätzlich wurden die Neutronenspektren an den verschiedenen Positionen mittels Monte Carlo (MC) Simulation unter Verwendung der MC-Codes MCNPX [136, 137] und FLUKA [27] durchgeführt.

Der Autor dieser Arbeit hat zusammen mit Arbeitsgruppenkollegen am CBT mit dem HMGU-BSS (Kap. 3.1.1) teilgenommen. Dieses HMGU-BSS wurde im Zuge dieser Arbeit auch für die kontinuierlichen Messungen von Neutronenspektren der sekundären kosmischen Strahlung auf der hochalpinen Umweltforschungsstation Schneefernerhaus (UFS) verwendet. Die beiden anderen Arbeitsgruppen waren von der "Physikalisch Technischen Bundesanstalt (PTB)" bzw. vom "Laboratori Nazionali di Frascati (INFN)". Ziel war es, das Neutronenspektrum an jeder der vorgegebenen Messpositionen zu messen, die dort existierenden Neutronenfluenzen und $H^*(10)$-Werte abzuleiten und die Resultate mit Ergebnissen der weiteren BSS- und Dosimeter-Messungen, sowie den Ergebnissen aus den MC-Rechnungen zu vergleichen. Außerdem wurden im Zuge dieser Arbeit die HMGU-BSS-Messungergebnisse vom CBT herangezogen, um einige der Hauptparameter des Entfaltungsprozesses zu variieren und mittels einer Empfindlichkeitsanalyse die Unsicherheiten der resultierenden Neutronenspektren und der daraus berechneten Werte von $H^*(10)$ zu quantifizieren. Die Messungen mit dem HMGU-BSS, die Empfindlichkeitsanalyse und der Vergleich der Messergebnisse mit den anderen BSS-Gruppen werden in den folgenden Unterkapiteln behandelt. Die Ergebnisse der Empfindlichkeitsanalyse wurden in [127] publiziert. Sämtliche CBT-Resultate wurden in 3 umfangreichen Publikationen veröffentlicht, von denen jede einen Teilbereich der Vergleichsmessungen beschreibt.

3.2. BSS - Empfindlichkeitsanalyse

Teil I [116] gibt einen Überblick über den experimentellen Bereich und beschreibt die Monte Carlo Simulationsrechnungen. Teil II [138] behandelt den Vergleich der Ergebnisse der 3 unterschiedlichen BSS der 3 verschiedenen Arbeitsgruppen an den Messpositionen und den Ergebnissen aus den MC-Rechnungen. In Teil III [126] werden alle Ergebnisse aller aktiven und passiven Dosismessgeräte, die an CBT teilgenommen haben, miteinander verglichen. Die auffallend guten Übereinstimmungen der HMGU-BSS-Messungen mit den Resultaten der anderen beiden BSS-Gruppen beim CBT, unterstützen und festigen die Messergebnisse des HMGU-BSS auf der UFS (siehe Kap. 3.3).

3.2.1 Experimenteller Aufbau und erzielte Messwerte

Die CBT-Messungen fanden am Schwerionen - Synchrotron (SIS) der GSI in Darmstadt, Deutschland statt. In einem speziellen, durch dicke Betonwände abgeschirmten Experimentierbereich, *Cave A* genannt, wurde ein Kohlenstoff - Ionenstrahl (400 MeV pro Nukleon) auf einen 20 cm dicken Graphitblock geleitet und darin unter Ausbildung eines vielfältigen Sekundärteilchenspektrums gestoppt. Die Messungen wurden außerhalb der Abschirmung an 4 definierten Positionen mit den Bezeichnungen OC-09, OC-11, OC-12, OC-13 (OC steht für "outside Cave") in einer Referenzhöhe von 125 cm über dem Boden durchgeführt. Ein Grundriss von Cave A zusammen mit der Strahlgeometrie und der Geometrie der einzelnen Positionen ist in Abbildung 3.6 dargestellt. Während die Messungen des Neutronenspektrums an den Positionen OC-09, OC-12 und OC-13 ausschließlich mit dem HMGU-BSS durchgeführt wurden, haben an der Position OC-11 alle 3 Arbeitsgruppen (INFN, PTB und HMGU) Messungen mit ihrem jeweiligen BSS durchgeführt.

Für die Neutronenspektrometrie wurde mit jeder einzelnen Detektor-Schalen-Kombi-nation des HMGU-BSS an jeder der angegebenen Positionen für eine bestimmte Zeit gemessen. Die Länge der Messzeit für

58 KAPITEL 3. Neutronenspektrometrie mit BSS

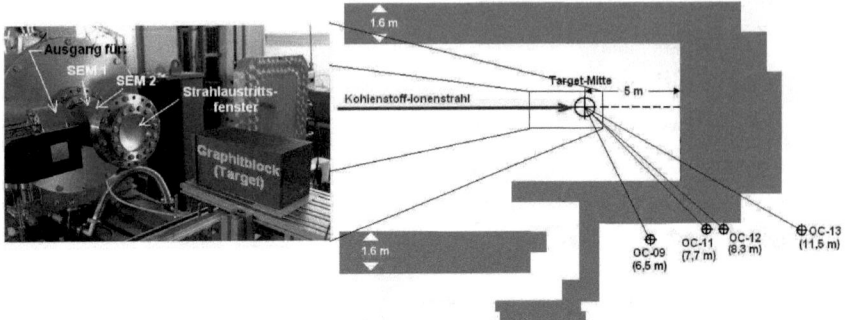

Abbildung 3.6: *Grundriss des Experimentierbereichs "Cave A" zusammen mit der Geometrie des Strahls sowie den einzelnen Messpositionen OC-09, OC-11, OC-12, OC-13 (incl. Abstandsangaben). Der Ausschnitt zeigt ein Photo vom Strahlaustrittsfenster und das Target (Graphitblock).*

jede Kugel wurde so gewählt, dass mindestens 8000 Zählereignisse vom Detektor erfasst wurden, was einer statistischen Unsicherheiten von weniger als 1.2% entspricht.

Da sich das Experiment über die gesamte Woche erstreckte, war ein stabiler Strahl und die Messung von Strahlparametern unbedingt notwendig, um die gemessenen Daten nach der Auswertung zu Vergleichszwecken auf eine gemeinsame Referenz normieren zu können. Die mittlere Strahlintensität betrug zwischen 10^8 und 10^9 Ionen pro Strahlpuls. Kurz vor dem Strahlausgangsfenster (aus Aluminium) waren 2 Sekundärelektronenvervielfacher (SEM1 und SEM2) angebracht, welche kontinuierlich die Ladung der emittierten Sekundärelektronen bestimmten (für eine detailliertere Beschreibung der Strahlüberwachung siehe [126]). Die SEM-Messwerte wurden zusammen mit den Messzeiten in einem Logbuch abgespeichert. Nach Synchronisierung der Messzeiten der BSS-Messungen mit den Messzeiten des Strahl-Logbuches wurden alle gemessenen Neutronenfluenzen und die sich daraus ergebenden Dosen auf die Ladungsmessungen des SEM1 normiert.

In Abbildung 3.7 sind die Messvektoren für die Positionen OC-09, OC-11,

3.2. BSS - Empfindlichkeitsanalyse

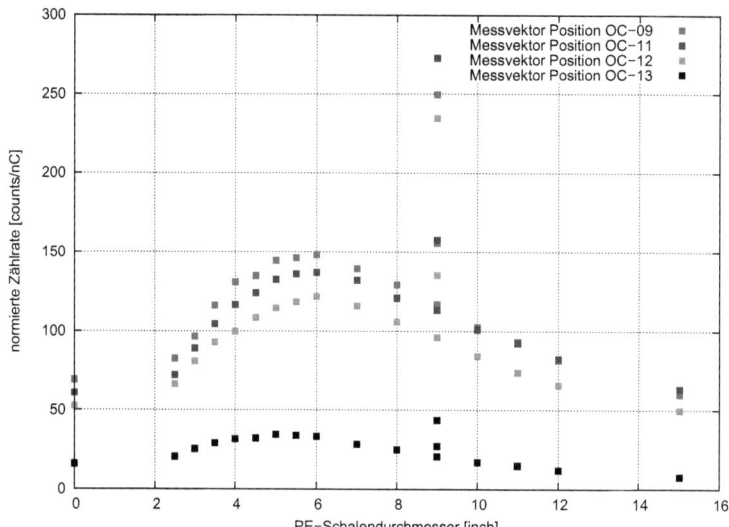

Abbildung 3.7: *Gemessene Zählraten aller Positionen normiert auf die Ladung im SEM1 (siehe Text); 0 Inch entspricht dem nackten Detektor; es wurden drei 9-Inch Schalen verwendet - eine ohne Blei (niedrigste Zählrate), eine mit einer eingebetteten Bleischale von 0.5 Inch Dicke (mittlere Zählrate) und eine mit einer eingebetteten Bleischale von 1 Inch Dicke (höchste Zählrate)*

OC-12 und OC-13, also die normierten Messergebnisse jeder Detektor-Schalen-Kombination als Funktion der PE-Schalendurchmesser dargestellt. Mit steigender Entfernung der Positionen von der Quelle (= Mitte Target) verringern sich die Zählraten (quadratische Zunahme des Strahlquerschnittes mit dem Abstand [88]). Höchste Zählraten zeigen naturgemäß die beiden mit Blei verstärkten Kugeln, während der nackte Detektor aufgrund fehlender Moderation nur geringe Zählraten zeigt. Die Messwerte der restlichen Kugeln der jeweiligen Position liegen auf einer glatten Kurve, die sich durch einen polynomischen Fit 3ter und 4ter Ordnung anpassen lässt ($R^2 = 0.99$), was auf 3 bis maximal 4 unabhängige Datenpunkte der Messung hinweist. Die Ansprechvermögen der einzelnen Kugeln (Abb. 3.2) zeigt, dass diese nicht auf einen engen Energiebereich beschränkt sind, sondern sich über den gesamten Energiebereich ausbreiten und sich überlappen. Dementsprechend besteht eine Korrelation der gemessenen Zählraten der einzelnen Kugeln. Gleiches gilt für die modifizierten Kugeln mit Blei-Einlage. Gemeinsam mit dem nackten Detektor liefern die Messungen etwa 4 unabhängige Datenpunkte (siehe auch [138]). Auf die Unterbestimmtheit des Gleichungssystems wurde bereits hingewiesen. Die Form der gezeigten Messvektoren (Abb. 3.7) ist typisch für BSS-Messungen, ebenso der polynomische Fit. Es kann deshalb davon ausgegangen werden, dass bei den Messungen mit dem HMGU-BSS keine ernsthaften Messprobleme aufgetreten sind.

3.2.2 Vergleich der Messergebnisse der beteiligten BSS-Arbeitsgruppen

Bei den drei verwendeten BSS-System gab es kleinere Unterschiede im Design und den verwendeten Neutronen-Detektoren. Alle BSS-Systeme verwendeten erweiterte PE-Schalen, in die zusätzlich Metallschalen eingebettet waren, um auch im höher-energetischen Bereich des Neutronenspektrums empfindlich zu sein. Damit waren alle drei BSS-Systeme in der Lage, das gesamte außerhalb der Abschirmung an den einzelnen Positionen vorherrschende Neutronenspektrum zu messen. An der Position OC-11 wurden von allen drei BSS-Systemen Messungen durchgeführt, was einen direkten Vergleich der Ergebnisse an dieser Position ermöglichte. An OC-09, OC-12 und OC-13 wurde nur mit dem HMGU-BSS gemessen. Abbildung 3.8 zeigt die aus den Messungen entfalteten Neutronenspektren der drei Arbeitsgruppen, sowie das mittels Monte-Carlo Simulation gerechnete Spektrum für die Position OC-11 [138]. Tabelle 3.1 listet die dazugehörigen Ergebnisse der absoluten Werte der Neutronenfluenz und $H^*(10)$ zusammen mit den prozentualen Anteilen der oben definierten Bereiche des Neutronenspektrums (vgl. Kap. 3.1.1) an OC-11 auf. Der

3.2. BSS-Messergebnisse im Vergleich

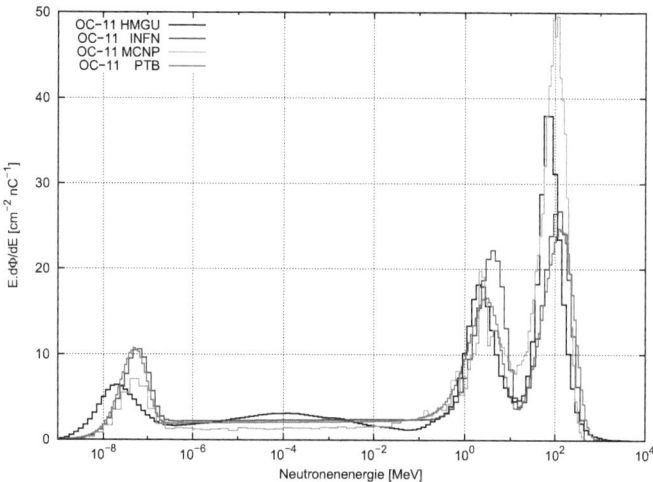

Abbildung 3.8: *Entfaltete Neutronenspektren an OC-11; Drei der Spektren wurden mit drei unterschiedlichen, von verschiedenen Arbeitsgruppen (HMGU, INFN, PTB) betriebenen BSS gemessen. Das vierte Spektrum (MCNP) wurde mittels Monte Carlo Simulation unter Verwendung der FLUKA- und MCNP-Codes berechnet [138, 116]*

Vergleich der von den drei Arbeitsgruppen gemessenen Neutronenspektren an OC-11 zeigt gute Übereinstimmungen, was die allgemeine Form des Spektrums betrifft (Abb. 3.8). Die im Detail liegenden Unterschiede der Spektren wurden auf die verwendeten Responsematrizen und deren Verifikation (vor allem oberhalb 20 MeV) sowie auf die Methoden des Entfaltungsprogrammes und die dafür verwendeten Vorinformationen zurück geführt. Das gerechnete Spektrum bei OC-11 ("MCNP" in Abb. 3.8) zeigt ein deutlich höheres Kaskadenmaximum gegenüber den gemessenen Spektren. Gleiches gilt für OC-09, wohingegen bei OC-12 und OC-13 sehr gute Übereinstimmungen der HMGU-Spektren mit den gerechneten Spektren zeigen (ohne Abbildung). Da sich OC-11 und OC-12 nebeneinander befinden (Abb. 3.6), lässt sich diese Abweichung des Kaskadenmaximums in OC-11 nicht eindeutig klären. Wiegel et al. [138]

KAPITEL 3. Neutronenspektrometrie mit BSS

	HMGU	INFN	PTB	MC
Fluenz				
Φ_{total} $[cm^{-2}nC^{-1}]$	142.5 ±1.2	146 ± 4	139.2 ± 6.3	151.7 ± 7.6
$\Phi_{therm}/\Phi_{total}$ [%]	13.1	6.2	15.6	9.7
Φ_{epi}/Φ_{total} [%]	19.5	28.6	18.6	11.9
Φ_{evap}/Φ_{total} [%]	28.5	33.1	30.7	28.5
Φ_{kask}/Φ_{total} [%]	38.9	32.1	35.1	49.9
H*(10)]				
H*(10)$_{total}$ $[SvC^{-1}]$	36.6 ± 0.9	35.1 ± 2.0	32.8 ± 3.2	42.7 ± 4.3
H*(10)$_{therm}$/H*(10)$_{total}$ [%]	0.5	0.3	0.8	0.4
H*(10)$_{epi}$/H*(10)$_{total}$ [%]	0.9	1.7	1.8	1.2
H*(10)$_{evap}$/H*(10)$_{total}$ [%]	43.8	54.3	49.8	38.9
H*(10)$_{kask}$/H*(10)$_{total}$ [%]	54.7	43.7	47.6	59.5

Tabelle 3.1: *Auflistung der totalen Werte und der Prozentanteile in den einzelnen Energiebereichen von der Fluenz und von H*(10) aller drei BSS-Systeme der verschiedenen Arbeitsgruppen (HMGU, INFN, PTB) und der MC-Berechnungen an der definierten Position OC-11 [138]; die einzelnen Energiebereiche sind therm = thermisch (1 meV bis 0.4 eV), epi = epithermisch (0.4 eV bis 100 keV), evap = Verdampfungsbereich (100 keV bis 19.6 MeV) und kask = Kaskadenbereich ($E \geq 19.6$ MeV)*

setzen sich mit diesem Vergleich auseinander und vermuten die Ursache dieses Missstandes in einem Unterschied der Simulationsgeometrie zum realen Aufbau von Cave A (betreffend der realen Heterogenität der Betonwände) oder aber im bereits erwähnten Problem der hadronischen Modelle zur Berechnung der Neutronenwirkungsquerschnitte in diesem Energiebereich.

Obwohl sichtbare Unterschiede in der spektralen Form existieren, stimmen die integralen Größen Fluenz und H*(10) an der Position OC-11 innerhalb der angegebenen Fehlertoleranzen - sowohl im gesamten Energiebereich als auch in den einzelnen Energiebereichen (vgl. Kapitel 3.2.3) - sehr gut überein (Tab. 3.1). Im Vergleich dazu hat das gerechnete Spektrum die höchste Neutronenfluenz. Das erklärt sich alleinig durch das höhere Kaskadenmaximum. In diesem Energiebereich haben auch

3.2. Empfindlichkeitsanalyse

die $H^*(10)$-Dosiskonversionskoeffizienten (Abb. 3.4) höhere Werte, was sich im höchsten Wert von $H^*(10)$ beim gerechneten Spektrum zeigt. Die für die Messergebnisse des HMGU-BSS angegebenen Fehlertoleranzen ergaben sich aus einer detaillierten Empfindlichkeitsanalyse des Entfaltungsprozesses (Kap. 3.2.3). Es wurden dabei die für die Entfaltung wichtigen Eingabeparameter Startspektrum und Iterationsanzahl variiert. Die Unsicherheiten der Zählraten gingen als Wichtungsfaktoren in das Entfaltungsprogramm MSANDB [101] ein.

3.2.3 Empfindlichkeitsanalyse des verwendeten Bonner Vielkugelspektrometers

Um den Einfluß von Veränderungen im Startspektrum auf das entfaltete Spektrum zu untersuchen, wurden die 3 Maxima des Startspektrums HSS-8 (Abbildung 3.3) modifiziert. Es wurden 15 weitere Startspektren entworfen, die sich relativ zu HSS-8 in jeweils einer Eigenschaft bezüglich Position oder Höhe der Maxima unterscheiden. Im Detail wurden 4 weitere HSS durch Veränderung der Höhe entweder des thermischen Maximums oder des Kaskadenmaximums relativ zum Verdampfungsmaximum entwickelt. Dabei wurde die Höhe des thermischen Maximums um den Faktor 3 vermindert (HSS-4) und um den Faktor 1.7 erhöht (HSS-9) bzw. die Höhe des Kaskadenpeaks um den Faktor 2 vermindert (HSS-5) und um den Faktor 1.5 erhöht (HSS-6). Bei jeder einzelnen Veränderung blieben die Energieposition und die Höhe der anderen Maxima gleich wie in HSS-8 (vgl. Abbildung 3.9).

Außerdem wurden acht weitere HSS durch Verschiebung der Energieposition von Kaskademaximum und Verdampfungsmaximum erstellt. Das Verdampfungsmaximum wurde auf 0.5, 0.8, 3.2 bzw. 6.4 MeV (HSS-84, HSS-83, HSS-81 bzw. HSS-82), und das Kaskadenmaximum wurde auf 50, 65, 125 bzw. 160 MeV verschoben (HSS-88, HSS-87, HSS-85 bzw. HSS-86), während die Höhen der Maxima und der Rest von HSS-8 un-

64 KAPITEL 3. Neutronenspektrometrie mit BSS

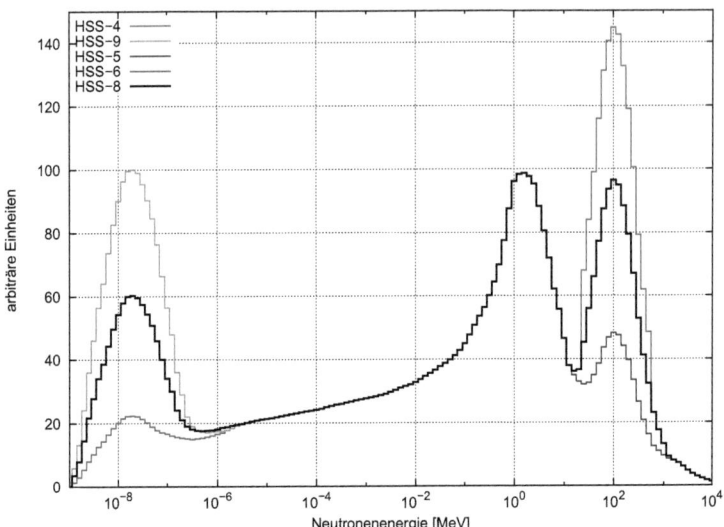

Abbildung 3.9: *HSS-8 (schwarze Linie; gleiches Spektrum wie in Abbildung 3.3) und 4 weitere verschiedene HSS in welchen jeweils die Höhe des thermischen oder des Kaskaden-Maximums verändert wurde, während der Rest des HSS-8 Spektrums unverändert blieb (Details siehe Text)*

verändert blieb. Auf die gleiche Weise wurden 3 weitere HSS erstellt, indem das thermische Maximum zu höheren Energien, und zwar zu 40, 65 bzw. 100 meV (HSS-850, HSS-875, HSS-800) verschoben wurde (vgl. Abbildung 3.10).

Bei der Entfaltung wurden als Standardwert 300 Iterationsschritte verwendet. Um den Einfluss der Iterationsanzahl auf das entfaltete Spektrum zu untersuchen, wurde HSS-8 als Startspektrum verwendet und nach 100, 200, 300, ..., 1000 Iterationen der Entfaltungsprozess gestoppt.

Insgesamt wurden für den Prozess der Entfaltung also 16 unterschiedliche Startspektren sowie 10 verschiedene Anzahlen an Iterationsschritten verwendet. Basierend auf den BSS-Messungen an der Position OC-11 er-

3.2. Empfindlichkeitsanalyse

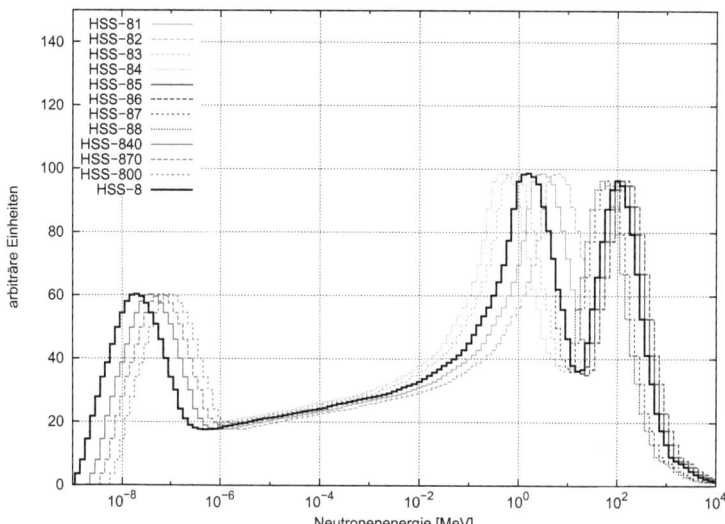

Abbildung 3.10: *HSS-8 (schwarze Linie; gleiches Spektrum wie in Abbildung 3.3) und 11 weitere verschiedene HSS, in welchen jeweils die energetische Position eines der Maxima verändert wurde, während der Rest vom HSS-8 Spektrum unverändert blieb (Details siehe Text)*

gaben sich daraus 160 entfaltete Neutronenspektren. Im Folgenden werden diese Ergebnis-Spektren bezüglich der integrierten Neutronenfluenz in den 4 Energiebereichen thermisch (< 0.4 eV), epithermisch (0.4 eV - 0.1 MeV), Verdampfung (0.1 MeV - 19.6 MeV) und Kaskade (19.6 MeV - 11.2 GeV) betrachtet und Beispiele der entfalteten Spektren graphisch dargestellt.

Numerische Ergebnisse der Empfindlichkeitsanlyse

In den Tabellen 3.2 und 3.3 sind die Werte für die Neutronenfluenz, die sich aus den Veränderungen von Startspektren (Höhe und Energieposition der Maxima) und von der Anzahl an Iterationsschritten ergeben, zusammengefasst. Als Bezeichnung der entfalteten Neutronenspektrum wird eine Kombination aus dem jeweils verwendeten Eingangsparametern Startspektrum und der Anzahl der Iterationsschritte verwendet. Sämtliche Werte sind für die thermische, die epithermische, die Verdampfungs- und die Kaskaden-Energieregion und für den gesamten Energiebereich angegeben. Auf die gleiche Art und Weise sind die Werte für die aus den Neutronenspektren berechnete Umgebungs-Äquivalentdosis in Tabelle 3.4 und 3.5 zusammengefasst.

HSS	thermisch	epithermisch	Verdampfung	Kaskade	Total
HSS-8.300	18.6	27.8	40.6	55.5	142.5
Veränderung der Höhe: thermisches Maximum					
HSS-4.300	17.5	28.4	40.7	55.1	141.7
HSS-9.300	19.5	27.3	40.5	55.6	142.9
Veränderung der energetischen Position: thermisches Maximum					
HSS-850.300	19.9	26.9	40.7	55.4	142.9
HSS-875.300	20.6	26.4	40.8	55.3	143.1
HSS-800.300	21.2	25.6	41.0	55.3	143.4
Veränderung der energetischen Position: Verdampfungs-Maximum					
HSS-81.300	18.7	28.2	41.3	53.6	141.7
HSS-82.300	18.8	28.0	42.2	52.1	141.2
HSS-83.300	18.8	27.0	41.1	56.2	143.0
HSS-84.300	19.0	26.4	42.0	55.8	143.1
Veränderung der Höhe: Kaskaden-Maximum					
HSS-5.300	18.6	27.9	41.2	53.9	141.6
HSS-6.300	18.7	27.7	40.1	56.5	143.0
Veränderung der energetischen Position: Kaskaden-Maximum					
HSS-85.300	18.6	28.0	41.0	54.3	141.8
HSS-86.300	18.5	28.1	41.3	53.0	141.0
HSS-87.300	18.7	27.3	39.8	57.4	143.4
HSS-88.300	18.8	27.3	40.1	57.4	143.5

Tabelle 3.2: *Ergebnisse der Neutronenfluenzen ($cm^{-2}nC^{-1}$) in den einzelnen Energiebereichen und der totalen Neutronenfluenz unter Verwendung von HSS-8 (Abbildung 3.3) sowie den relativ dazu veränderten HSS (Abbildungen 3.9 und 3.10) als Startspektren für den Entfaltungsprozess; nach 300 Iterationen wurde der Entfaltungsprozess gestoppt*

3.2. Empfindlichkeitsanalyse

HSS	thermisch	epithermisch	Verdampfung	Kaskade	Total
HSS-8.300	18.6	27.8	40.6	55.5	142.5
HSS-8 mit veränderter Anzahl an Iterationsschritten					
HSS-8.100	19.7	27.4	40.6	54.0	141.6
HSS-8.200	18.7	27.6	40.7	54.7	141.7
HSS-8.400	18.7	27.8	40.5	55.9	143.0
HSS-8.500	18.9	27.6	40.6	56.3	143.4
HSS-8.600	19.2	27.4	40.6	56.5	143.6
HSS-8.700	19.4	27.1	40.7	56.7	143.9
HSS-8.800	19.6	26.9	40.8	56.8	144.0
HSS-8.900	19.8	26.6	40.8	56.9	144.2
HSS-8.1000	20.0	26.4	40.9	57.0	144.3

Tabelle 3.3: *Ergebnisse der Neutronenfluenzen ($cm^{-2}nC^{-1}$) in den einzelnen Energiebereichen und der totalen Neutronenfluenz unter Verwendung von HSS-8 (Abbildung 3.3) und 300 Iterationsschritte, sowie die Neutronenfluenzen bei veränderter Anzahl an Iterationsschritten*

Form der Neutronenspektren

Alle hier präsentierten Neutronenspektren wurden mit dem MSANDB-Code unter Verwendung der Responsematrix HEMA99, den von uns entwickelten HSS und vorgebenen Anzahlen an Iterationsschritten zwischen 100 und 1000 entfaltet. Bei der Diskussion der Unterschiede der Neutronenspektren aufgrund veränderter Eingangsparameter werden diese immer relativ zu dem entfalteten Neutronenspektrum mit den "Standardparametern" HSS-8 und 300 Iterationen - bezeichnet als HSS-8.300 - betrachtet. Wie bereits beschrieben, traten bei der Entfaltung mit minimalen Vorinformationen (1/E-Spektrum als Startspektrum) im Ergebnisspektrum bereits die charakteristischen Verläufe mit den 3 Maxima auf, was ein Hinweis darauf war, dass der Entfaltungsprozess großteils unabhängig von den Vorinformationen ist (vgl. Abbildung 3.11). Diese Erkenntnis wurde durch diese detailliert Untersuchung zusätzlich bestärkt.

HSS	thermisch	epithermisch	Verdampfung	Kaskade	Total
HSS-8.300	0.19	0.34	16.0	20.0	36.6
Veränderung der Höhe: thermisches Maximum					
HSS-4.300	0.18	0.34	16.1	19.9	36.5
HSS-9.300	0.21	0.33	16.0	20.1	36.6
Veränderung der energetischen Position: thermisches Maximum					
HSS-850.300	0.21	0.33	16.1	20.0	36.6
HSS-875.300	0.22	0.32	16.1	20.0	36.6
HSS-800.300	0.23	0.32	16.1	20.0	36.7
Veränderung der energetischen Position: Verdampfungs-Maximum					
HSS-81.300	0.20	0.34	16.3	18.8	35.7
HSS-82.300	0.20	0.34	16.7	18.1	35.2
HSS-83.300	0.20	0.33	16.2	20.7	37.4
HSS-84.300	0.20	0.32	16.5	20.6	37.5
Veränderung der Höhe: Kaskaden-Maximum					
HSS-5.300	0.19	0.34	16.3	19.3	36.1
HSS-6.300	0.20	0.33	15.8	20.6	37.0
Veränderung der energetischen Position: Kaskaden-Maximum					
HSS-85.300	0.19	0.34	16.2	19.4	36.1
HSS-86.300	0.19	0.34	16.4	18.8	35.7
HSS-87.300	0.20	0.33	15.8	21.3	37.6
HSS-88.300	0.20	0.33	15.8	21.4	37.7

Tabelle 3.4: *Ergebnisse der Umgebungs-Äquivalentdosis $H^*(10)$ (SvC^{-1}) berechnet aus den entfalteten Neutronenspektren in den einzelnen Energiebereichen und des totalen $H^*(10)$; für die Entfaltung wurden HSS-8 (Abbildung 3.3) sowie die relativ dazu veränderten HSS (Abbildungen 3.9 und 3.10) als Startspektren verwendet; nach 300 Iterationen wurde der Entfaltungsprozess gestoppt*

3.2. Empfindlichkeitsanalyse

HSS	thermisch	epithermisch	Verdampfung	Kaskade	Total
HSS-8.300	0.19	0.34	16.0	20.0	36.6
HSS-8 mit veränderter Anzahl an Iterationsschritten					
HSS-8.100	0.22	0.32	16.4	19.2	36.1
HSS-8.200	0.20	0.32	16.2	19.5	36.1
HSS-8.400	0.20	0.33	16.2	19.5	36.9
HSS-8.500	0.20	0.34	16.0	20.4	37.1
HSS-8.600	0.20	0.34	15.9	20.9	37.3
HSS-8.700	0.21	0.34	15.9	21.1	37.5
HSS-8.800	0.21	0.34	15.9	21.2	37.6
HSS-8.900	0.21	0.34	15.9	21.3	37.7
HSS-8.1000	0.22	0.33	15.9	21.4	37.8

Tabelle 3.5: *Ergebnisse der Umgebungs-Äquivalentdosis $H^*(10)$ (SvC^{-1}) berechnet aus den entfalteten Neutronenspektren in den einzelnen Energiebereichen und des totalen $H^*(10)$; für die Entfaltung wurden HSS-8 (Abbildung 3.3) als Startspektrum sowie verschiedene Anzahlen an Iterationsschritten von 100 bis 1000 verwendet*

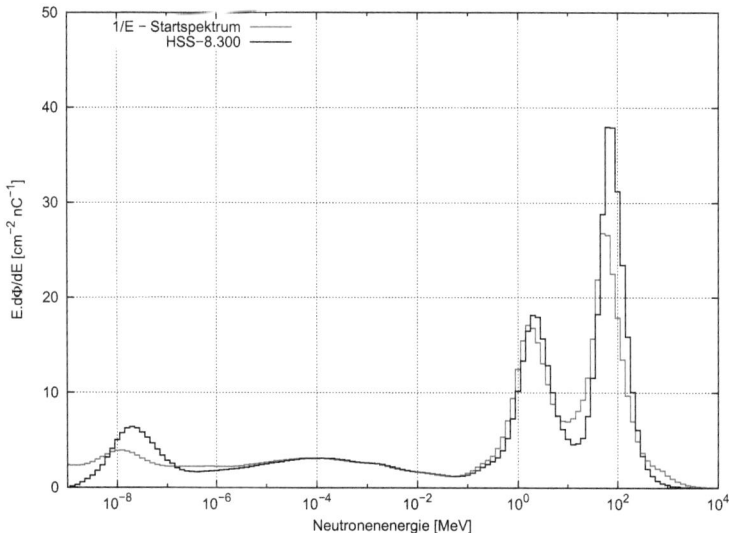

Abbildung 3.11: *Mit 1/E - Startspektrum (d.h. minimale Vorinformationen) entfaltetes Neutronenspektrum im Vergleich zu HSS-8.300*

Variation des thermischen Maximums: Eine Verminderung der Höhe des thermischen Maximums im Startspektrum um den Faktor 3 verursachte relativ zu HSS-8.300 beispielsweise die Verminderung des thermischen Maximums um 5.9% im entfalteten Spektrum, während die Erhöhung im Startspektrum um den Faktor 1.7 eine Erhöhung des thermischen Maximums im entfalteten Spektrum um 4.8% bewirkte (vgl. Tabelle 3.2). Die Veränderungen in den anderen Hauptregionen lagen unterhalb dieser Prozentwerte (vgl. Abbildung 3.12). Allgemein waren die sich ergebenden Veränderungen in der thermischen Region gering. Das ist insofern eher überraschend, weil nur wenige der Detektor-Schalen Kombinationen in diesem Energiebereich empfindlich sind (vgl. Abbildung 3.2).

Ähnlich dazu bewirkten die Verschiebungen der energetischen Position des thermischen Maximums im Startspektrum nur geringe Veränderungen der Position des thermischen Maximums in den entfalteten Spektren. Wie man in Abbildung 3.13 sieht, betrafen die Auswirkungen der Veränderung eher die Höhe des thermischen Maximums. In HSS-800.300 erhöhte sich der Bereich unterhalb des Maximums um 14.0% realtiv zu HSS-8.300. Diese Erhöhung wurde teilweise durch einen leichten Rückgang des epithermischen Bereichs um 6.8% kompensiert (vgl. Tabelle 3.2).

Variation des Verdampfungsmaximums: Die Verschiebungen der Position des Verdampfungsmaximums im Startspektrum verursachte nur geringfügige Veränder-ungen der Position dieses Maximums im entfalteten Spektrum. Beispielsweise bewirkten die doch erheblichen Verschiebungen zu höheren Energien im Startspektrum (3.2 MeV und 6.4 MeV) eine Verschiebung der Position sowohl des Verdampfungsmaximums als auch des Kaskadenmaximums um nur ein Energiebin zu höheren Energien. Auf gleiche Weise verursachte die Verschiebung zu niedrigeren Energien (0.5 MeV und 0.8 MeV) im

3.2. Empfindlichkeitsanalyse

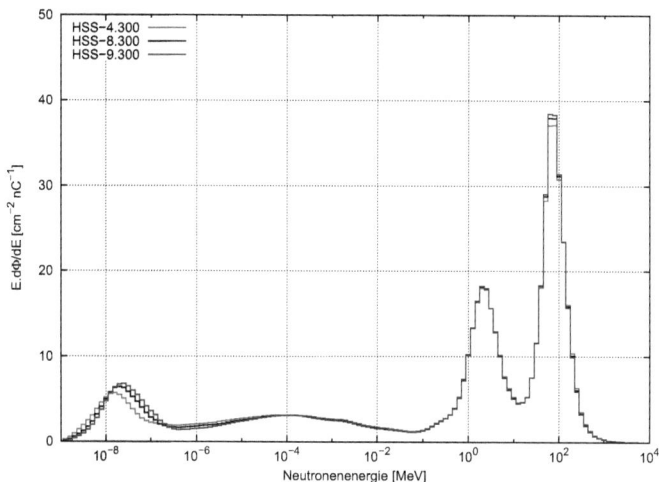

Abbildung 3.12: *Entfaltete Neutronenspektren im Vergleich zu HSS-8.300, nachdem im Startspektrum das thermische Maximum erniedrigt (HSS-4.300) oder erhöht (HSS-9.300) wurde*

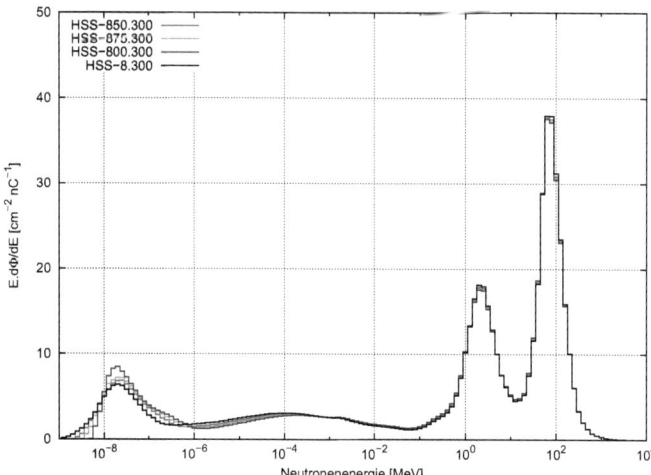

Abbildung 3.13: *Entfalteten Neutronenspektren im Vergleich zu HSS-8.300, nachdem im Startspektrum das thermische Maximum auf 40 meV (HSS-850.300), 65 meV (HSS-875.300) oder 100 meV (HSS-800.300) verschoben wurde*

Startspektrum eine Verschiebung der Position der beiden Maxima um ein Energiebin zu niedrigeren Energien im entfalteten Spektrum (vgl. Abbildung 3.14). Wie erwartet traten aufgrund dieser Variationen nur vernachlässigbare Veränderungen beim thermischen Maximum und im epithermischen Bereich auf. Die Positionsverschiebungen des Verdampfungsmaximums im Startspektrum verursachten Veränderungen der Fläche unterhalb des Verdampfungsmaximums und des Kaskadenmaximums relativ zu HSS-8.300 von maximal 6.1% (vgl. Tabelle 3.2).

Variation des Kaskadenmaximums: Die Variationen des Kaskadenmaximums im Startspektrum (d.h. Verschiebungen zu niedrigeren Energien bis 50 MeV und zu höheren Energien bis 160 MeV, sowie Änderung der Maximumhöhe um ±50%) bewirkten Veränderungen der über die einzelnen Bereiche integrierten Neutronenfluenz um maximal 4.5% (vgl. Tabelle 3.2). Interessanterweise bewirkte eine Veränderung der Höhe des Kaskadenmaximums im Startspektrum so gut wie keinen Effekt im entfalteten Spektrum, weder in der Höhe noch in der Position (vgl. Abbildung 3.15). Die vorgenommenen Verschiebungen der Energieposition des Kaskadenmaximums im Startspektrum führten im entfalteten Spektrum zu Verschiebungen des Kaskadenmaximums um ein Energiebin in die jeweils gleiche Richtung (vgl. Abbildung 3.16).

Variation der Anzahl der Iterationsschritte: In der Vergangenheit wurden, basierend auf einer langwährenden Erfahrung mit dem MSANB-Code, eine Anzahl an Iterationsschritten von 300 für den Entfaltungsprozess verwendet. Die Annahme war, dass bei einer geringeren Anzahl an Iterationsschritten es dem Code nicht möglich war, die beste Lösung zu finden, während eine wesentlich höhere Anzahl den Code dazu bringen würde, durch Einfügen zusätzlicher, physikalisch unbegründeter Maxima das Spektrum immer besser an

3.2. Empfindlichkeitsanalyse

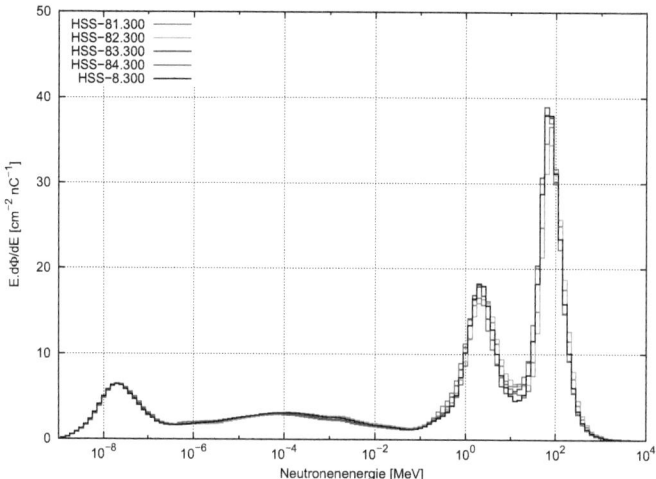

Abbildung 3.14: *Entfaltete Neutronenspektren im Vergleich zu HSS-8.300, nachdem im Startspektrum das Verdampfungsaximum auf 0.5 MeV (HSS-84.300), 0.8 MeV (HSS-83.300), 3.2 MeV (HSS-81.300) und 6.4 MeV (HSS-82.300) verschoben wurde*

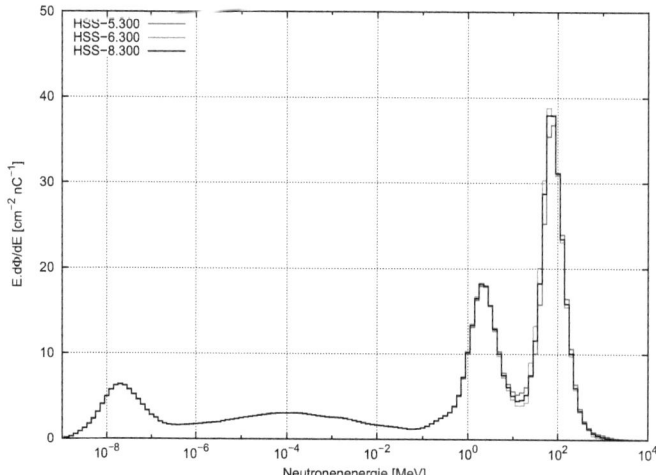

Abbildung 3.15: *Entfaltete Neutronenspektren im Vergleich zu HSS-8.300, nachdem im Startspektrum die Höhe des Kaskadenmaximums um 50% erniedrigt (HSS-5.300) bzw. erhöht (HSS-6.300) wurde*

KAPITEL 3. Neutronenspektrometrie mit BSS

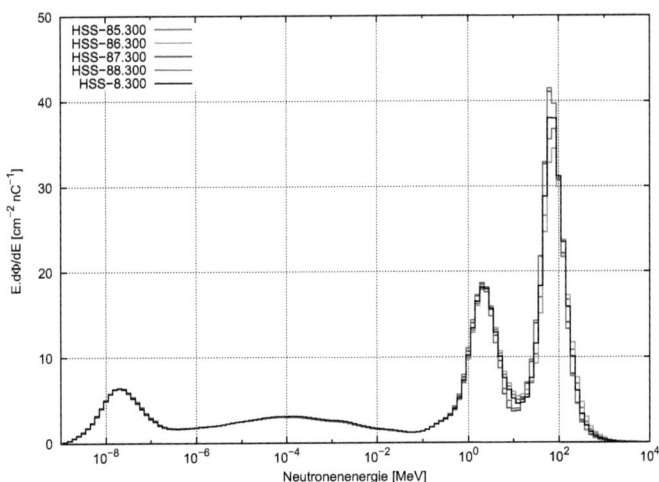

Abbildung 3.16: *Entfaltete Neutronenspektren im Vergleich zu HSS-8.300, nachdem im Startspektrum das Kaskadenmaximum auf 50 MeV (HSS-88.300), 65 MeV (HSS-87.300), 125 MeV (HSS-85.300) und 160 MeV (HSS-86.300) verschoben wurde*

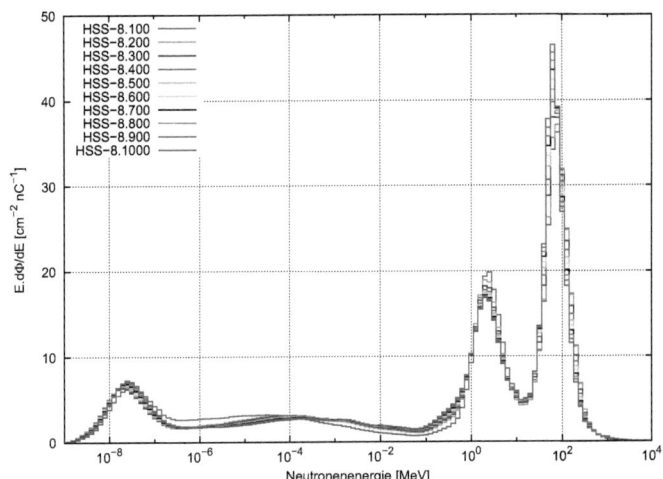

Abbildung 3.17: *Entfaltete Neutronenspektren bei Verwendung von HSS-8 als Startspektrum und verschiedenen Anzahlen an Iterationsschritten von 100 bis 1000*

3.2. Empfindlichkeitsanalyse

die Messdaten anzupassen. Im Zuge der hier beschriebenen Empfindlichkeitsanalyse stellte sich heraus, dass selbst bei lediglich 100 Iterationschritten bereits ein physikalisch vernünftiges Spektrum entfaltet wurde (vgl. Abbildung 3.17). Eine Erhöhung der Anzahl der Iterationsschritte ergab eine geringe systematische Erhöhung aller drei Maxima, während der epithermische Bereich einen systematischen Rückgang zeigte (vgl. Tabelle 3.3). Die totale Neutronenfluenz veränderte sich nur um etwa ±1% entsprechend der Standardabweichung ($1 \cdot \sigma$) von allen 160 entfalteten Spektren.

Standardabweichung der Neutronenspektren: Es wurden 16 verschiedene Startspektren und 10 unterschiedliche Anzahlen an Iterationsschritten verwendet um 160 Ergebnisspektren zu entfalten. Aus den 160 Fluenzwerten jedes Energiebins wurden seperat der Mittelwert und die Standardabweichung berechnet. Diese sind in Abbildung 3.18 zusammen mit dem entfaltete Spektrum unter Verwendung von HSS-8 und 300 Iterationen als Funktion der Energie aufgetragen. Es zeigt sich, dass jedes der Bins des entfalteten HSS8.300-Spektrum sehr gut innerhalb der Werte der Standardabweichungen (ein σ) liegt. Fazit ist, dass der Entfaltungsprozess mit dem MSANDB-Code unter Verwendung von HSS-8 als Startspektrum und 300 Iterationsschritten verlässliche und stabile Ergebnisse des Neutronenspektrums liefert.

Integrale Größen und Dosis

Eine wichtige Erkenntnis aus den oben beschriebenen Untersuchungen ist, dass sich die integralen Größen nur geringfügig änderten, ganz gleich welches Startspektrum und welche Anzahl an Iterationsschritten für den Entfaltungsprozess verwendet wurden. Aus der statistischen Auswertung der 160 entfalteten Spektren ergab sich eine Standardabweichung von maximal 1% für die Neutronenfluenz und maximal 2.3% für $H^*(10)$.

76 KAPITEL 3. Neutronenspektrometrie mit BSS

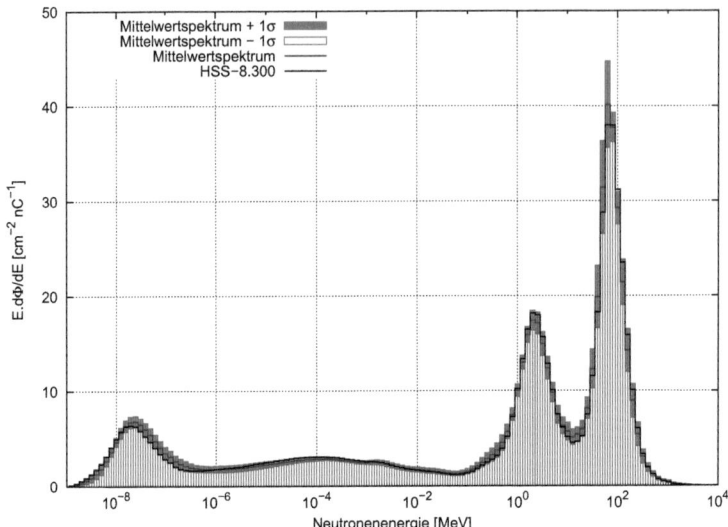

Abbildung 3.18: *Mittelwerte und zugehörige Standardabweichungen für jedes einzelne Energiebin im Vergleich zu dem mit HSS-8 als Startspektrum (Abbildung 3.3) und unter Verwendung von 300 Iterationen entfalteten Neutronenspektrum*

Das ist deshalb wichtig, weil die Dosis als integrale Größe beim Vergleich der Güte der verschiedenen Messinstrumente, die im oben beschriebenen CONRAD-Benchmark-Test verwendet wurden, eine zentrale Rolle spielte. Für das Startspektrum HSS-8 und 300 Iterationen ergab sich ein Wert für $H^*(10)$ von $36.6 \pm 0.9\ Sv/C$ (vgl. Tabelle 3.4). Dieser Wert dient im Folgenden als Basiswert für die Vergleiche mit den $H^*(10)$-Werten, die anhand von den gleichen, in der obigen Fluenzdiskussion präsentierten entfalteten Neutronenspektren berechnet wurden.

Variation der Höhe und Position des thermischen Maximums (vgl. Abbildungen 3.9 und 3.10) lieferten Werte von $H^*(10)$ von 36.5 Sv/C bis 36.7 Sv/C, was einer relativen Abweichung (relativ zum Basiswerte von $H^*(10)$ aus HSS-8.300) von weniger als 0.3% entspricht. Offensichtlich wurde $H^*(10)$ von diesen Veränderungen nur unwesentlich beeinflusst.

3.2. Empfindlichkeitsanalyse

Die Variationen der Position des Verdampfungsmaximums ergaben $H^*(10)$-Werte von 35.2 Sv/C bis 37.5 Sv/C, was einer relativen Abweichung von weniger als 3.7% entspricht. Für Variationen des Kaskadenmaximums ergaben sich $H^*(10)$-Werte von 35.7 Sv/C und 37.7 Sv/C, entsprechend einer relativen Abweichung von weniger als 3.2%.
Fazit: jede der getätigten Variationen erzielte eine Veränderung der berechneten $H^*(10)$-Werte von nur wenigen Prozent. Wie sich aus Tabelle 3.4 herauslesen läßt, beträgt der relative Beitrag von thermischen und epithermischen Neutronen zur totalen $H^*(10)$ weniger als 1.5%, weshalb Veränderungen in diesen beiden Bereichen unwesentlich für die Dosisabschätzungen sind.
Ähnliches gilt, wenn man HSS-8 als Startspektrum beibehält und die Anzahl der Iterationsschritte von 100 bis 1000 variiert. Die sich ergebenden Werte für $H^*(10)$ liegen bei 36.1 Sv/C bis 37.8 Sv/C, was einer relativen Abweichung von maximal 3.4% entspricht (vgl. Tabelle 3.5). Für die Dosisabschätzung aus den entfalteten Spektren ist damit die Anzahl der Iterationen ebenfalls kein kritischer Parameter.
Alle aus den 160 entfalteten Neutronenspektren berechneten $H^*(10)$-Werten wurden einer statistischen Auswertung unterzogen. Der mittlere $H^*(10)$-Wert ist 37.1 Sv/C mit einer relativen Standardabweichung von 2.3%. Dieser Mittelwert liegt nahe bei dem $H^*(10)$-Wert von 36.6 Sv/C, welcher mit HSS-8 als Startspektrum und 300 Iterationen erzielt wurde. Die geringe Standardabweichung zeigt auf, dass Variationen des Startspektrums und Veränderungen der Anzahl der Iterationsschritte nur wenige Prozent zur Unsicherheit der Dosisraten beitragen, die durch Messung mit dem HMGU-BSS erzielt wurden.

Responsematrix, Entfaltungsmethode und Konversionskoeffizienten

Ein weiterer für den Prozess der Entfaltung wichtiger Parameter, welcher im Zuge dieser Empfindlichkeitsanalyse nicht untersucht wurde, ist die Wahl der Responsematrix. Vor allem im Energiebereich oberhalb von 20 MeV treten hier Unterschiede auf, die sich aus der Verwendung verschiedener Monte Carlo Codes ergeben. Diese Codes verwenden in diesem Energiebereich unterschiedliche hadronische Modelle zur Berechnung der Neutronenwirkungsquerschnitte im Energiebereich oberhalb 20 MeV. Eine detaillierte Untersuchung zu diesem Thema findet sich in [110]. Zusätzliche Untersuchungen sind außerdem nötig, um den Einfluß von Entfaltungsmethoden zu bestimmen, die auf anderen mathematischen Prinzipien wie das MSANDB-Programm beruhen. Obwohl dieser Punkt von großer Wichtigkeit ist, konnte das im Zuge dieser Arbeit nicht mehr untersucht werden. Auch eine detaillierte Analyse der Verwendung verschiedener zur Verfügung stehender $H^*(10)$-Dosiskonversionskoeffizienten, welche sich - aus dem gleichen Grund wie bei der Responsematrix - vor allem im Energiebereich oberhalb 20 MeV voneinander unterscheiden, ist noch ausständig.

3.2.4 Erweiterte Fehlerabschätzung von H*(10)

In Kapitel 3.2.3 wurde ein erster Schritt zur Abschätzung der Unsicherheit der Ergebnis-Spektren aus den BSS-Messungen anhand einer Empfindlichkeitsanalyse beschrieben. Für eine Entfaltung der Messwerte des HMGU-BSS mit dem MSAND-Code [100] unter Verwendung der HEMA99-Responsematrix [97, 95], dem HSS-8 Startspektrum und 300 Iterationen und der anschließenden Berechnung der $H^*(10)$-Werte wurde eine Unsicherheit von **2.3%** festgestellt. Weitere, bis dato noch nicht berücksichtigte systematische Fehlerquellen stellen die Verwendung verschiedener Responsematrizen und verschiedener Entfaltungscodes dar. Die in Kapitel 3.2.2 angegebenen Werte der verschiedenen Arbeitsgruppen an Position OC-11 wurden mit verschiedenen BSS-Systemen gemessen und die jeweiligen Ergebnisspektren unter Verwendung verschiedener Entfaltungscodes und unterschiedlicher Responsematrizen bestimmt.

3.2. Messergebnisse HMGU-BSS

Es besteht deshalb die Möglichkeit einer statistischen Auswertung der 3 mit unterschiedlichen Systemen, aber unter gleichen äußeren Bedingungen durchgeführten Messungen des Neutronenspektrums. Ergebnis wäre eine grobe Abschätzung eines systematischen Fehlers, der sich aufgrund der unterschiedlichen Messsysteme, Eingabeparameter und verwendeter Software ergibt. Aus den Ergebnissen für die Neutronenfluenz und $H^*(10)$ der drei BSS-Systeme (vgl. Tabelle 3.1) lässt sich nach dieser Überlegung ein systematischer Fehler von 2% für die Fluenz und 5.5% für $H^*(10)$ abschätzen. In Tabelle 3.6 sind die Fehlerabschätzungen zu den Ergebnissen der Neutronenfluenz $\Phi_{Neutron}$ und $H^*(10)$ zusammengefasst. Für die Messungen im Zuge des CBT mit dem HMGU-BSS werden ausschliesslich die statistischen Fehler berücksichtigt. Für sämtliche weitere Messungen (z.B. UFS-Messungen) werden die Gesamtfehler für die Angaben der Fehlertoleranzen verwendet.

Messgröße	stat. Fehler	syst. Fehler	Gesamtfehler
$\Phi_{Neutron}$	1%	2%	3%
$H^*(10)$	2.3%	5.5%	7.8%

Tabelle 3.6: Erweitere Fehlerabschätzung von $\Phi_{Neutron}$ und $H^*(10)$. Die statistischen Fehlerwerte stammen aus der Empfindlichkeitsanalyse (Kap. 3.2.3) und die systematischen Fehlerwerte aus der Fehleranalyse der Messergebnisse der drei BSS-Arbeitsgruppen am CBT (Tab. 3.1 in Kap. 3.2.2)

3.2.5 Messergebnisse des verwendeten Bonner Vielkugelspektrometers

Die Ergebnisse der aus den Messvektoren (Abb. 3.7) entfalteten Neutronenspektren an den Positionen OC-09, OC-11, OC-12 und OC-13 sind in Abbildung 3.19 dargestellt. Die Entfaltung wurde mit dem MSANDB-Code [100] unter Verwendung der Responsematrix HEMA99 [97, 95],

HSS-8 als Startspektrum und 300 Iterationen (vgl. Kapitel 3.2.3) durchgeführt. In Tabelle 3.7 sind außerdem die Ergebnisse für die integralen Größen Fluenz und $H^*(10)$ für alle Positionen aufgelistet. Die Werte in Klammern sind die prozentualen Anteile der einzelnen Bereiche an der totalen Fluenz bzw. der totalen $H^*(10)$.
Wie aus Abbildung 3.6 ersichtlich, befanden sich die definierten Positionen relativ zum Target seitlich und in Vorwärtsrichtung verschoben. Abstände der Positionen vom Target lagen bei $\sim$ 6.5 m (OC-09), $\sim$ 7.7 m (OC-11), $\sim$ 8.3 m (OC-12) und $\sim$ 11.5 m (OC-13). Die Positionen OC-13, OC-12 bzw. OC11 liegen in einem Winkelbereich von $\sim$ 28°, $\sim$ 40° bzw $\sim$ 44°, während OC-09 einen deutlich größeren Winkel von $\sim$ 67° aufweist und damit im Vergleich zu den anderen 3 Positionen wesentlich lateraler liegt. OC-11 und OC-12 haben den gleichen Abstand von 30 cm zur Wand der Abschirmung. Es zeigt sich, dass die ent-

Position	thermisch	epithermisch	Verdampfung	Kaskade	Total
Neutronenfluenz [$cm^{-2}nC^{-1}$]					
OC-09	21.91 (15.7%)	29.63 (21.3%)	44.05 (31.7%)	43.55 (31.3%)	139.1
OC-11	18.62 (13.1%)	27.83 (19.5%)	40.57 (28.5%)	55.47 (38.9%)	142.5
OC-12	17.82 (14.6%)	22.01 (18.0%)	34.77 (28.5%)	47.57 (38.9%)	122.2
OC-13	5.08 (18.9%)	8.01 (29.8%)	7.66 (28.5%)	6.15 (22.7%)	26.9
Umgebungs-Äquivalentdosis [SvC^{-1}]					
OC-09	0.2 (0.7%)	0.4 (1.1%)	17.4 (51.3%)	15.9 (46.9%)	33.8
OC-11	0.2 (0.5%)	0.4 (0.9%)	16.0 (43.8%)	20.0 (54.7%)	36.6
OC-12	0.2 (0.6%)	0.3 (0.9%)	13.5 (44.0%)	16.7 (54.4%)	30.7
OC-13	0.1 (1.1%)	0.1 (2.0%)	2.8 (55.0%)	2.1 (42.0%)	5.1

Tabelle 3.7: *Auflistung der totalen Werte und der Werte in den einzelnen Energiebereichen von der Fluenz und von $H^*(10)$ an den verschiedenen Positionen; Die Prozentwerte in Klammern entsprechen den Beiträgen der entsprechenden Bereiche zur totalen Fluenz bzw. zur totalen $H^*(10)$. Basierend auf der durchgeführten Empfindlichkeitsanalyse (Kap. 3.2.3) betragen die Varianzen für die Fluenzwerte bzw. die $H^*(10)$-Werte 1% bzw. 2.3% (stat. Fehler)*

falteten Neutronenspektren aller Positionen die beschriebene Form mit

3.2. Messergebnisse HMGU-BSS

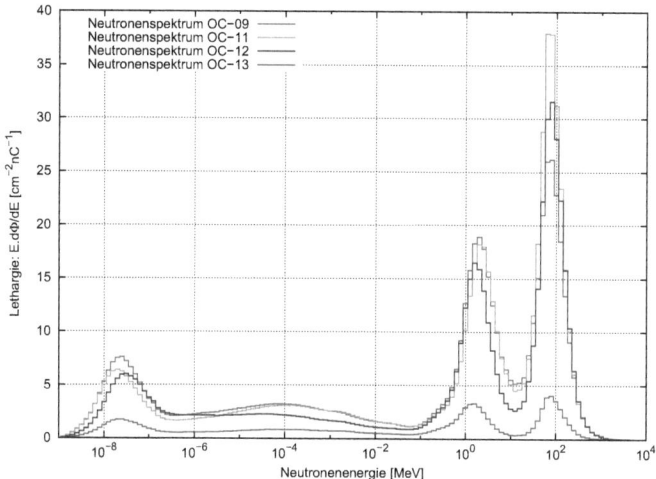

Abbildung 3.19: *Entfaltete Neutronenspektren an den vier Positionen OC-09, OC-11, OC-12 und OC-13 (OC steht für "Outside Cave"). Entfaltet wurde basierend auf den Messungen mit dem HMGU-BSS unter Verwendung der Responsematrix HEMA99, HSS-8 als Startspektrum und 300 Iterationen (vgl. Kapitel 3.2.3)*

den 3 Maxima (thermisches, Verdampfungs- und Kaskadenmaximum; vgl Kapitel 3.1.1) aufweisen. Bei der verwendeten Strahlenergie von 400 MeV/n wurden die im Target gebildeten Sekundärteilchen hauptsächlich in Vorwärtsrichtung emittiert. Obwohl OC-09 einen geringeren Abstand zum Target und eine etwas geringere Dicke der Abschirmung aufwies als an den anderen Positionen, war die dort gemessene totale Fluenz aufgrund des seitlichen Charakters dieser Position niedriger als die an OC-11. Anhand der Positionen OC-11, OC-12 und OC-13 kann die Entwicklung des Neutronenspektrums mit zunehmender Entfernung vom Target beschrieben werden, wobei erwartungsgemäß die totale Fluenz abnimmt (Abstandsquadratgesetz [88]). Aufgrund der Nähe der Positionen OC-11 und OC-12 zueinander, sind auch die prozentualen Anteile in den einzelnen Teilbereichen annähernd gleich. Vergleicht man jedoch die prozentualen Anteile der Teilbereiche von OC-11 und OC-12 mit jenen von OC-13, so ändern sich diese beträchtlich. Im thermischen und epithermischen Bereich steigt der Anteil, weil über die größere Entfernung und erhöhter Abschirmdicke mehr Neutronen auf niedrigere Energien moderiert wurden. Interessant ist, dass der Anteil der Fluenz im Verdampfungs-Bereich gleich bleibt. Offensichtlich existierten genug höherenergetische Neutronen, welche die Atomkerne im Abschirmmaterial und der Luft durch Stöße anregten, so dass diese bei ihrer Abregung u. a. Neutronen (mit wahrscheinlichsten Energien bei 1-2 MeV) abdampfen konnten. Entsprechend fällt der Anteil der Fluenz im Kaskadenbereich. Die höherenergetischen Neutronen führen elastische und inelastische Stöße durch und stellen dadurch die Quelle für die Nachbildung von Neutronen im Verdampfungsbereich dar.

Aufgrund des Verlaufs der Dosiskonversionskoeffizienten für $H^*(10)$ (vgl. Abbildung 3.4) mit der Energie tragen der thermische und der epithermische Bereich zu $H^*(10)$ nur im niedrigen Prozentbereich bei (vgl. Tabelle 3.7). Hauptanteile bilden hier der Verdampfungs- und der Kaskadenbereich, wobei sich auch hier die jeweilige Wichtigkeit der Bereiche mit der Entfernung ändert: liefert bei OC-11 und OC-12 noch der Kaskadenbereich den Hauptanteil ($\sim$ 54%) zu $H^*(10)$, so überträgt sich das mit zunehmender Entfernung auf den Verdampfungsbereich.

3.3 Messung des Neutronenspektrums auf der Umweltforschungsstation Schneefernerhaus

Aus der Abbildung 2.14 in Kapitel 2.5 geht hervor, dass Protonen und Neutronen den Hauptanteil zur effektiven Dosis der sekundären kosmischen Strahlung (SKS) in allen Höhen beitragen. Es ist allerdings zu beachten, dass die Werte in Abbildung 2.14 mit den Empfehlungen aus

3.3. Neutronenspektrum auf der UFS

dem ICRP Report 60 [72] berechnet wurden. Die neuen Empfehlungen aus ICRP Report 103 [76] geben für Protonen einen deutlich geringeren Gewebewichtungsfaktor von 2 an, statt dem bisher empfohlenen Faktor von 5. Für die effektive Dosis hat dies zur Folge, dass der relative Beitrag durch Protonen sinkt und der relative Beitrag durch Neutronen noch mehr an Bedeutung gewinnt. Die neuen Empfehlungen aus dem ICRP Report 103 und deren Auswirkungen auf die effektive Dosis in verschiedenen Höhen werden in Kapitel 7 noch ausführlich diskutiert. Dass Neutronen die Hauptrolle im Strahlenrisiko der SKS und damit auch in der Flugdosimetrie spielen, ist bereits bekannt (z.B. [68]). Die neuen Empfehlungen der ICRP verstärken die Hauptrolle der Neutronen zusätzlich. Daher stellt für die Berechnung der relevanten Strahlenschutzgrößen die Ermittlung der spektralen Verteilung von Neutronen in typischen Flughöhen eine wichtige Voraussetzung dar.

Zur experimentellen Ermittlung des Fluenzspektrums der sekundären Neutronen der kosmischen Strahlung werden seit 2005 stationäre Messungen in einer Höhe mit erhöhter Fluenzrate durchgeführt (vgl. Abb. 2.10 in Kap. 2.3; die Fluenzrate der Teilchen der SKS nimmt bis zum Pfotzer-Maximum zu). Messort ist die alpine Umweltforschungsstation Schneefernerhaus[4] (UFS; 47°25'N, 10°59'E, 2650 m a.s.l.($\approx$ 747 $g\,cm^{-2}$), cut-off 4,1 GV). Hier werden kontinuierlich die Neutronenspektren der sekundären kosmischen Strahlung[5] unter Verwendung des Bonner Vielkugelspektrometers des Helmholtz Zentrums Münchens (HMGU-BSS; vgl. Kap. 3.1.1) gemessen. Gleichzeitig und ebenfalls kontinuierlich wird am gleichen Ort $H^*(10)$ mit einem REM-Counter gemessen [90]. Aus diesen Messungen werden im Folgenden exemplarisch die Ergebnisse aus den Messdaten des HMGU-BSS und des REM-Counters vom Monat Ok-

---
[4]http://www.schneefernerhaus.de
[5]Genauer betrachtet handelt es sich eigentlich um eine Überlagerung des Neutronenspektrums der sekundären kosmischen Strahlung (SKS) und jenem Spektrum, das sich aufgrund der Wechselwirkung der Neutronenstrahlung mit der Umgebung (Berge, Häuser, etc.) und aus der terrestrischen Strahlung ergibt. Zugunsten der Einfachheit wird aber in dieser Arbeit dieses Neutronenspektrum weiterhin "Neutronenspektrum der SKS" genannt.

tober 2008 präsentiert und diskutiert.

3.3.1 Experimenteller Aufbau

Das in Kapitel 3 beschriebene HMGU-BSS und auch der REM-Counter wurden in einer Messhütte auf einer der Messterrassen der UFS installiert (Abbildungen 3.20a - 3.20d). In der alpinen Lage der UFS in 2650 m Höhe ist in etwa 8 Monaten des Jahres mit Schnee zu rechnen. Aus diesem Grund wurde extra für die Messungen diese spezielle Messhütte (7.0 x 3.0 m; Höhe 3.15 m) auf der Terrasse gebaut. Die Steilheit der Dachschräge (64°) und die spezielle Beschichtung des Daches mit Aluminiumplatten verhindern, dass sich oberhalb der Messapparatur eine Schneeschicht aufbaut. Die Abbildungen 3.20c und 3.20d zeigen beispielhaft die Messhütte und das im Inneren aufgebaute HMGU-BSS. Eine Heizung garantiert ein verlässliches Arbeiten der Geräte auch bei geringen Temperaturen im Winter. Die Kontrolle der Hauptparameter erfolgt damit per Fernsteuerung vom HMGU aus und auch der Datentransfer der kontinuierlichen Messungen ist über das Internet gewährleistet.

3.3.2 Ergebnisse des HMGU-BSS auf der UFS

Die Detektorzählraten der 16 Detektor-Schalen-Kombinationen (15 Kugeln und 1 "nackter" Detektor ohne Moderatorschale) des HMGU-BSS werden stündlich abgespeichert, wobei typische Werte zwischen 0.022 und 0.225 Ereignisse pro Sekunde (cps = counts per second) liegen. Die gemessenen Zählraten wurden unter Verwendung mit folgender Formel auf Luftdruckschwankungen korrigiert.

$$N_{korr} = N \cdot e^{-\beta(p_0 - p)}$$

Dabei ist N die Zählrate beim aktuellen Druck p, N_{korr} jene Zählrate, die bei einem Referenzdruck p_0 angezeigt werden würde, und β ist ein

3.3. Neutronenspektrum auf der UFS

(a) UFS-Vorderansicht

(b) UFS-Seitenansicht

(c) Messhütte

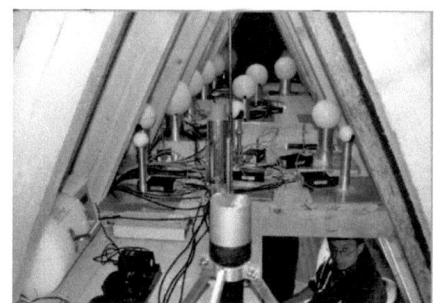
(d) HMGU-BSS im Inneren der Messhütte

Abbildung 3.20: *Ansicht der Umweltforschungsstation Schneefernerhaus von (a) vorne (Photo: G Simmer) und von (b) seitlich (Photo: V. Mares) in 2650 m Seehöhe. Man erkennt die Messhütte auf einer der Messterrassen, in der das HMGU-BSS und der REM-Counter installiert wurden. Photo (c) zeigt die Messhütte von außen und (d) das aufgebaute HMGU-BSS im Inneren (Photos (c) und (d): V. Mares)*

speziell für Neutronenmonitore ermittelter barometrischer Koeffizient. Als Referenzdruck wurde für die Höhe der UFS (2650 m a.s.l) $p_0 = 733$ mbar angenommen. Als barometrischer Koeffizient wurde $\beta = 0.712\%$ verwendet [9]. Aus den Druck-korrigierten Zählraten wurden 6h-Mittelwerte berechnet und die sich daraus ergebenden 124 Messvektoren für Oktorber 2008 wurden mit dem MSANDB-Code [101] unter Verwendung von HSS-8 als Startspektrum und einer Anzahl von 300 Iterationen (vgl. Kapitel 3.2.3) entfaltet. Aus den sich daraus ergebenden 124 Neutronenspektren wurde das Mittelwertspektrum für den Monat Oktober 2008 bestimmt, welches in Abbildung 3.21 dargestellt ist. Deutlich erkennbar sind die vier Hauptbereiche des Neutronenspektrums (thermisches Maximum, epithermischer Bereich, Verdampfungsmaximum, Kaskadenmaximum), die bereits in Kapitel 3.1.1 beschrieben und diskutiert wurden. Die 124 entfalteten Neutronenspektren (6h-Mittelwerte) für Oktober 2008 wurden dann mit Fluenz-normierten Konversionskoeffizienten von $H^*(10)$ ([74] mit [106] oberhalb 200 MeV erweitert; vgl. Abb. 3.4) gefaltet, um so die Dosisrate $\dot{H}^*(10)$ für das jeweilige Neutronenspektrum zu erhalten. Tabelle 3.8 zeigt die statistische Auswertung der 124 6-h Mittelwerte von $\dot{H}^*(10)$ im Oktober. Zusätzlich zur gesamten $\dot{H}^*(10)$ durch die Sekundärneutronen wurden auch die jeweiligen Anteile der einzelnen Hauptbereiche des Neutronenspektrums (thermischer Peak, epithermische Region, Verdampfungs-Peak und Kaskaden-Peak; vgl. Kapitel 3.1.1) statistisch ausgewertet. In den Überlegungen in Kapitel 3.2.4 bezüglich statistische und systematische Fehler bei Messungen mit dem HMGU-BSS wurde ein Gesamtfehler von 7.8% für Werte von $\dot{H}^*(10)$ abgeschätzt. Daraus folgt, dass im Monat Oktober 2008 auf der UFS im Mittel $\dot{H}^*(10) = 75.2 \pm 5.9 \; nSvh^{-1}$ gemessen wurde.

3.3. Neutronenspektrum auf der UFS

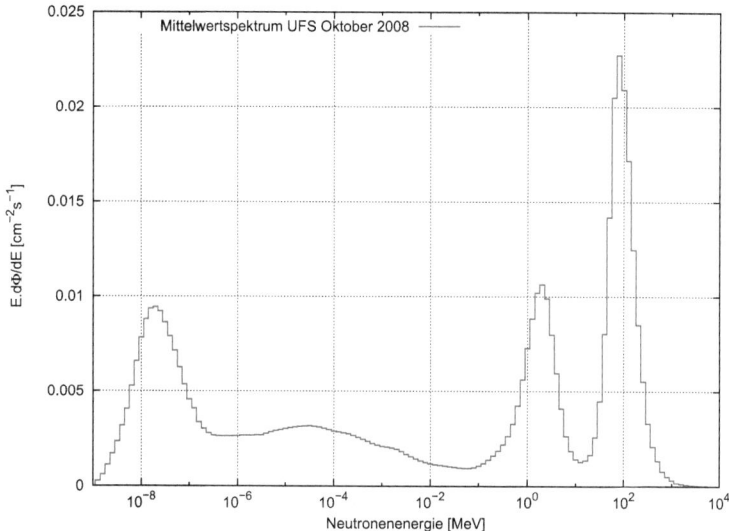

Abbildung 3.21: *Aus den an der UFS durchgeführten BSS-Messungen ermitteltes Neutronen-Mittelwertspektrum für den Monat Oktober 2008*

3.3.3 Ergebnisse des REM-Counters auf der UFS

Bei dem auf der UFS verwendeten REM-Counter handelt es sich um den Neutronenmonitor NM2B (SN 495) von MAB (Münchner Apparatebau), welcher aufgrund der zusätzlichen Bleieinlagen auch für höherenergetische Neutronen empfindlich ist (vgl. Kap. 3.1.2). Die Kalibrierung wurde unter Verwendung einer Amerizium-Beryllium-Quelle und einer frontalen Bestrahlungsgeometrie am Institut für Strahlenschutz des Helmholtz Zentrums München durchgeführt. Die stündlichen Oktober-Messwerte des NM2B wurden auf die gleiche Weise wie oben beschrieben Druck-korrigiert und mit einem Kalibrierfaktor von 0.72 für laterale Bestrahlung multipliziert. Dieser Faktor berücksichtigt, dass ein REM-Counter bei lateraler Bestrahlung ein geringfügig anderes Ansprechvermögen als bei frontaler Bestrahlung zeigt [96]. Das sekundäre Neutronenfeld auf der UFS trifft den REM-Counter jedoch hauptsächlich lateral, was die

88 **KAPITEL 3. Neutronenspektrometrie mit BSS**

UFS	Total [nSvh^{-1}]	thermisch [nSvh^{-1}]	epithermisch [nSvh^{-1}]	Verdampfung [nSvh^{-1}]	Kaskade [nSvh^{-1}]
gemessene Neutronenspektren					
Minimum	67.27	0.84	0.90	25.44	36.07
Maximum	82.97	1.36	1.49	35.99	47.06
Mittelwert	75.20	1.10	1.21	31.40	41.52
Varianz σ	2.93	0.11	0.14	2.08	2.01
Beitrag	100%	1.46%	1.61%	41.75%	55.22%

Tabelle 3.8: *Statistische Auswertung der $\dot{H}^*(10)$-Ergebnisse (6-h Mittelwerte) aus den Messungen mit dem HMGU-BSS auf der UFS im Oktober 2008. Zusätzlich zu $\dot{H}^*(10)$ wurden auch die Beiträge zu $\dot{H}^*(10)$ aus den 4 Hauptbereichen des Neutronenspektrums statistisch ausgewertet.*

Verwendung des Faktors legitimiert. Der $\dot{H}^*(10)$-Monatsmittelwert aus den Messwerten des REM-Counters ist 73.0 ± 3.7 $nSvh^{-1}$. Fehler für die $\dot{H}^*(10)$-Werte aus den Messungen mit dem REM-Counter ergeben sich aus der Anzahl der gemessenen Impulse. Die Unsicherheit einzelnen der $\dot{H}^*(10)$-Werte (6h-Mittelwerte) vom REM-Counter wird auf ± 5% abgeschätzt.

3.3.4 Vergleich der Messwerte

Im Vergleich unterscheiden sich die beiden $\dot{H}^*(10)$-Monatsmittelwerte der Messungen mit dem HMGU-BSS und dem REM-Counter auf der UFS um ∼ 2% und stimmen damit hervorragend überein. Zusätzlich zu den in Tabelle 3.8 angegebenen $\dot{H}^*(10)$-Monatsmittelwerten sind in Abbildung 3.22 die 6-h Mittelwerte von $\dot{H}^*(10)$ aus den Messungen mit dem HMGU-BSS zusammen mit den 6-h $\dot{H}^*(10)$-Mittelwerten vom REM-Counter für den Monat Oktober aufgetragen. Die beiden voneinander unabhängigen Messsysteme liefern demnach am gleichen Ort innerhalb der jeweiligen Fehlertoleranzen gleiche Messergebnisse für $\dot{H}^*(10)$ und damit auch gleichzeitig ein starkes Argument für die Verlässlichkeit der

3.3. Neutronenspektrum auf der UFS

Messergebnisse von $\dot{H}^*(10)$.

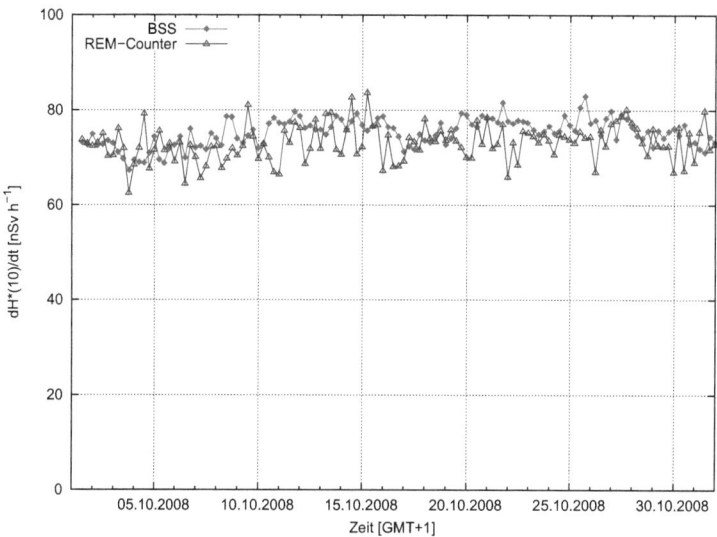

Abbildung 3.22: *Vergleich der 6h-Mittelwerte für die Umgebungs-Äquivalentdosisrate, berechnet aus den mit dem HMGU-BSS gemessenen Neutronenspektren bzw. gemessen mit dem REM-Counter (Oktober 2008, UFS). Als Unsicherheit der einzelnen Messwerte werden für das HMGU-BSS 7.8% und für den REM-Counter 5% abgeschätzt (auf Fehlerbalken wurde zu Gunsten einer klaren Darstellung verzichtet).*

KAPITEL

4

Teilchentransportsimulation in den Energiebereichen der sekundären kosmischen Strahlung mit GEANT4

Zur Simulation der Bestrahlung der ICRP/ICRU-Referenzphantome wurde der Monte-Carlo-Code GEANT4 verwendet. Der Name ist ein Akronym und steht für GEometry ANd Tracking. GEANT4 ist ein auf C++ basierender Werkzeugsatz für die Simulation des Transportes von Teilchen durch Materie [17]. Grundsätzlich hat der User die Möglichkeit, vorprogrammierte Klassen[1] für den Aufbau einer Monte-Carlo-Simulation zu verwenden. Aufgrund des open-source Charakters ist es möglich den Quellcode des gesamten Programms einzusehen und gegebenenfalls für

---

[1] Klasse = abstrakter Oberbegriff für die Beschreibung der gemeinsamen Struktur und des gemeinsamen Verhaltens von Objekten in einem Programm

die eigenen Zwecke zu modifizieren.

4.1 Grundlagen zur Monte Carlo Simulation

Das Verfahren der Monte Carlo Simulation ist aus der Stochastik abgeleitet. Anwendung erfolgt vor allem dann, wenn ein Problem anhand von der Wahrscheinlichkeitstheorie analytisch nur sehr aufwändig oder überhaupt nicht lösbar ist. Die Basis stellt dabei eine große Anzahl von Zufallsexperimenten dar. Ziel ist es, das Problem aus den Ergebnissen der Zufallsexperimente numerisch (stochastisch) zu lösen. Als Rechtfertigung gilt dabei das Gesetz der großen Zahl[2].
Angenommen man hat eine Größe φ (z.B. Streuwinkel) und für φ ist eine Wahrscheinlichkeitsverteilung $p(\varphi)$ im Intervall $[a, b]$ gegeben. Jetzt will man einen zufälligen Wert φ^* bestimmen, welcher der Wahrscheinlichkeitsverteilung p(φ) gehorcht. Dazu wird in einem ersten Schritt die kumulative, auf das Intervall normierte Wahrscheinlichkeit $P(\varphi) \in [0, 1]$ berechnet

$$P(\varphi) = \frac{\int_a^\varphi p(\varphi')d\varphi'}{\int_a^b p(\varphi')d\varphi'}$$

Würfelt man jetzt mittels Zufallszahlengenerator einen Wert für eine reelle Zufallszahl $\delta \in]0, 1]$ dann gilt

$$\delta = P(\varphi(\delta)) = P(\varphi^*) \rightarrow \varphi^* = \varphi(\delta)$$

Wenn man dieses Würfelereignis ausreichend oft wiederholte, würde sich für φ^* eine Verteilung ergeben, die exakt gleich der ursprünglichen Wahrscheinlichkeitsverteilung $p(\varphi)$ wäre.
Was hier für eine kontinuierliche Verteilung gilt, ist auch auf diskrete Verteilungen anwendbar. Die kumulative Verteilung muss dabei ent-

---

[2]Die relative Häufigkeit eines Zufallsereignisses nähert sich immer weiter an seine Wahrscheinlichkeit an, je öfter das Zufallsexperiment durchgeführt wird

sprechend normiert werden und die Integration geht in eine Summation über. Im Detail bedeutet das für eine diskrete Wahrscheinlichkeitsdichte $p_i, i = 1, \ldots, n$ mit den Ereignissen oder Werten E_i

$$P_k = \sum_{i=1}^{k} p_i \quad \text{mit } P_0 = 0 \text{ und } P_n = 1$$

Wie oben kann dann mittels der Zufallszahl $\delta \in]0,1]$ ein Bereich $P_{k-1} \leq \delta < P_k$ ausgewählt werden, welcher eindeutig das Ereignis E_k bestimmt.

4.2 Teilchentransport in Geant4

Die mittlere freie Weglänge λ eines Teilchens für einen gegebenen Prozess ist definiert als der Reziprokwert des makroskopischen Wirkungsquerschnittes dieses Prozesses, wobei die Wirkungsquerschnitte des betrachteten Prozesses von Material und Energie abhängen (vgl. Anhang B). In GEANT4 werden bei der Initialisierung der Simulationsrechnung die Wirkungsquerschnitte aller Atomsorten und Prozesse eingelesen oder berechnet. Es wird dabei – falls vorhanden – auf experimentelle Datensätze zugegriffen (z.B. ENDF/B-VI Datenbank für Neutronen [8]). Sind derartige Datensätze nicht verfügbar, werden die Wirkungsquerschnitte mittels theoretischer Modelle berechnet. Es treten dabei einerseits diskrete Wahrscheinlichkeitsverteilungen bei der Festlegung einzelner Ereignisse (z.B. Auswahl Kollisionspartner) auf. Andererseits werden Ereignisse, die bereits eine bestimmte Verteilungen aufweisen (z.B. Energieverluste, Streuwinkel) mit kontinuierliche Verteilungen beschrieben. Aus den gegebenen (diskreten und kontinuierlichen) Verteilungen wird dann wie in Kapitel 4.1 beschrieben per Zufallsgenerator ein Wert ausgewählt.

Die Bestimmung des Ortes einer Wechselwirkung stellt einen zentralen Prozess in der Simulation des Teilchentransportes dar. Aus den Wirkungsquerschnitten berechnen sich dann die zugehörigen mittleren freien

KAPITEL 4. Teilchentransportsimulation mit Geant4

Weglängen.
Für ein Teilchen mit der Energie E, das sich durch ein heterogenes Medium, bestehend aus k Atomsorten mit dem Anteil n_i ($i = 1, \ldots, k$) bewegt, kann die mittlere freie Weglänge demnach berechnet werden als

$$\lambda(E) = \left(\sum_{i=1}^{k} [n_i \cdot \sigma_i^{total}(Z_i, A_i, E)] \right)^{-1} \qquad \sigma_i^{total} = \sum_j \sigma_{i,j}$$

Hier ist σ_i^{total} der totale Wirkungsquerschnitt, welcher alle möglichen Reaktionsquerschnitte $\sigma_{i,j}$ der Atomsorte i mit der Kernladungszahl Z_i und der Massenzahl A_i aufsummiert. Die Summe über die totalen Wirkungsquerschnitte jeder Atomsorte multipliziert mit dem jeweiligen Anteil n_i ergibt dann den makroskopischen Wirkungsquerschnitt.

Zur Festlegung der Schrittweiten werden in GEANT4 die mittleren freien Weglängen $\lambda_{i,j} = (n_i \sigma_{i,j})^{-1}$ für jeden möglichen Prozess j in einem mehratomigen Medium mit den Atomsorten i berechnet. Die Wahrscheinlichkeit für eine Wechselwirkung des aktuellen Teilchens zwischen l und l+dl entlang seiner Bahn in einem homogenen Medium ist [105]:

$$P(l)dl = \frac{1}{\lambda_{i,j}} e^{-\frac{l}{\lambda_{i,j}}} dl$$

Die Integration über den Pfad l liefert die normierte, kumulative Verteilung aus der mit $\delta \in]0, 1]$ eine Schrittweite gewürfelt werden kann.

$$\delta = P(l) = 1 - e^{-\frac{l}{\lambda_{i,j}}}$$

Die Schrittweite l kann dann als Funktion der $\lambda_{i,j}$ angeschrieben werden

$$l = -\lambda_{i,j} ln \delta$$

wobei hier ausgenutzt wird, dass δ im Intervall]0,1] ebenso verteilt ist, wie ($\delta - 1$). Für alle unter den gegebenen Bedingungen möglichen

4.3. Material und Geometrie

Weglängen $\lambda_{i,j}$ werden per Zufallszahl δ die Schrittweiten $l(\lambda_{i,j})$ gewürfelt. Die kleinste unter diesen Schrittweiten wird ausgewählt und bestimmt damit den Ort und die Art der nächsten Wechselwirkung. Zusätzlich zur Schrittweite wird auch festgestellt, ob das Teilchen eine Volumengrenze kreuzt. Ist die Distanz zur Volumengrenze kleiner als die ermittelte Schrittweite, wird das Teilchen auf die Volumengrenze gesetzt und von dort aus beginnt die Prozedur erneut.

Damit die Simulation hinreichend genau ist, müssen die Schrittweiten so klein gewählt werden, dass die energieabhängigen Wirkungsquerschnitte während dem Schritt an-nähernd konstant bleiben. Kleinere Schrittweiten sind jedoch gleichbedeutend mit er-höhten Computer-Rechenzeiten. In GEANT4 wird deshalb der Kompromiss[3] eingegangen, dass sich die energieabhängige Restreichweite eines Teilchens innerhalb der Schrittweite um nicht mehr als 20% ändern darf [38]. Für Teilchen mit kinetischer Energie $>$ 0.5 MeV ist das akzeptabel, aber bei Energien darunter ergeben sich dadurch sehr kleine Schrittweiten, gleichbedeutend mit erhöhter Rechenzeit. Aus diesem Grund wurde in GEANT4 zusätzlich eine untere Grenze für die Schrittweite eingeführt, wobei der Wert dieser Untergrenze vom User individuell festgelegt werden kann.

4.3 Material und Geometrie

Der geometrische Aufbau einer Simulation in GEANT4 geschieht in der obligatorischen User-Klasse G4UserDetectorConstruction durch Ineinanderschachtelung geometrischer Körper. Die geometrischen Volumina werden dem Programm einzeln beschrieben und dadurch realisiert. Startpunkt ist dabei das sogenannte "Weltvolumen", welches den gesamten Aufbau in sich trägt. Alle weiteren Volumen werden mit definierter Größe und Form innerhalb des Weltvolumens positioniert.

---

[3] Simulationsgenauigkeit vs. Computerrechenzeit

96   KAPITEL 4. Teilchentransportsimulation mit Geant4

In der Natur werden Materialien aus Molekülen aufgebaut, die ihrerseits aus den elementaren Atomen bestehen, die im Periodensystem der Elemente beschrieben werden. Von jedem Atom sind verschiedene Anzahlen an Isotopen[4] bekannt. GEANT4 trägt diesem natürlichen Aufbau durch die 3 Klassen G4Material, G4Element und G4Isotope Rechnung, welche zur Definition der verwendeten Materialien dienen. Jedes G4Material muss die Parameter Name, Dichte, Aggregatzustand, Temperatur und Druck[5] enthalten. Der einfachste Weg in GEANT4 ein Material zu realisieren, ist der Aufruf eines bereits vordefinierten Materials aus der NIST-Datenbank [10]. Eine weitere Möglichkeit ist die Realisierung über die Anzahl der enthaltenen Elemente, wobei diese Elemente zuerst definiert werden müssen. Wenn nicht mit G4Isotope anders angegeben, werden für die definierten Elemente die natürlichen Isotopenhäufigkeiten angenommen[37]. Nach erfolgter Elementdefinition werden dem Material die Elemente unter Angabe des prozentuellen Anteils hinzugefügt. Ein Material in GEANT4 muss nicht ausschließlich aus Elementen bestehen, sondern kann auch aus bereits definierten Materialien aufgebaut werden.

Für den geometrischen Aufbau ist das **LogicalVolume** die Basiseinheit. Es beinhaltet unter anderem Form, Material, Visualisierungsattribute und kann als "empfindlich" gesetzt werden, um beim Durchflug eines Teilchens einen Auslesecode zu aktivieren. Form und Größe des **LogicalVolume** wird durch **SolidVolumes** realisiert. Diese werden entweder mittels vorprogrammierter geometrischer Formen ("CSG" = Constructed Solid Geometry) oder mittels "Boundary Represented Solids" (= BREPS) definiert. Bei den CSG existieren über 20 dieser vorprogrammierten Formen (Quader, Kugel, Zylinder, etc) und zusätzlich kann man sie miteinander kombinieren indem man mittels der Operatio-

---

[4]Nuklide, deren Atomkerne die gleiche Anzahl an Protonen (also gleiche Ordnungszahl), aber eine unterschiedliche Anzahl an Neutronen haben, was zu ungleichen Massenzahlen, aber weitgehend identischem chemischen Verhalten der Isotope desselben Elements führt

[5]Bei Nichtangabe von Temperatur und Druck werden Standardbedingungen ($T = 0°C$, $p = 1\ bar$) angenommen

4.3. Material und Geometrie

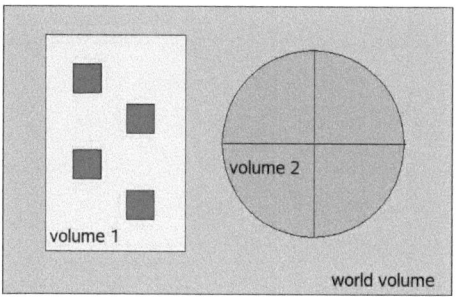

Abbildung 4.1: *Beispiel zu Veranschaulichung der* GEANT4*-Geometrie; Im Bild die 2D-Ansicht eines gelben Quaders und eines blauen Zylinders innerhalb des grauen Weltvolumens. Innerhalb des gelben Quaders sind 4 rote, paramterisierte Tochtervolumina und der blaue Zylinder wird durch 4 Replicas völlig ausgefüllt*

nen Vereinigung, Durchschnitt oder Subtraktion weitere **SolidVolumes** erzeugt. Die BREPS werden über die geometrischen Volumengrenzen beschrieben. Das **LogicalVolume** verwaltet Informationen von **SolidVolumes** und Material unabhängig von der Position des Volumens. Für die Positionierung werden **PhysicalVolumes** als Instanzen der **LogicalVolumes** angelegt und relativ zum Koordinatenursprung des so genannten **MotherVolumes** positioniert. Als **MotherVolume** wird ein **LogicalVolume** angegeben. Das kann eines der nächst grösseren Volumen, oder das Weltvolumen selbst sein, in dem die zu positionierenden Volumina vollständig enthalten sein müssen. Die Tochtervolumen können selbst auch Muttervolumen sein und eigene Tochtervolumina enthalten. Diese Mutter-Tochter-Hierarchie vereinfacht die Bestimmung des Volumens, in dem sich das aktuelle Teilchen befindet. Ausgenommen für das Weltvolumen muss bei der Platzierung immer das jeweilige Muttervolumen angegeben werden. Für **PhysicalVolumes** gibt es mehrere Platzierungstechniken. Bei der einfachen Platzierung wird ein **LogicalVolume** mit einer Rotationsmatrix und einem Translationsvektor (beide relativ zum Muttervolumen) assoziiert. Sollen eine Vielzahl identischer Volumen programmiert und positioniert werden, kann das mittels so genannter **Replicas** realisiert werden. Sollen sich die im Prinzip gleichen Volumen zusätzlich in Material und Größe unterscheiden, dann werden **parameterisedVolumes** verwendet. Abbildung 4.1 veranschaulicht die GEANT4-Geometrie. Für weitere Details siehe [37]. Für die in dieser Arbeit verwendeten "voxelisierten" Geometrie existiert in GEANT4 eine spezielle Form der Parameterisierung, die G4PhantomParameterisation. Ein vordefinierter Kontainer wird durch Voxel[6] komplett aufgefüllt. Jedem Voxel wird dabei ein bestimmtes Material zugewiesen. Durch spezielle Positionierung der einzelnen Voxel können komplizierte Gebilde, deren Formen durch mathematische Funktionen unzureichend beschreibbar sind, im Computerprogramm realisiert werden. Die Formgenauigkeit, also die Auflösung der aufgebauten Gebilde ist dementsprechend von der verwendeten Voxelgröße abhängig. In dieser Arbeit wurden zwei anthropomorphe Phantome - ein weibliches und ein männliches - komplett mit Skelett, inneren Organen und Geweben vollständig mit Hilfe der Voxelgeometrie aufgebaut. Die Voxel mit gleichem Material wurden dabei so zueinander positioniert, dass sie im Endeffekt das zugehörige Organ oder Gewebe bildeten. In GEANT4 ermöglicht die Verwendung der G4PhantomParameterisation eine vereinfachte Navigation. Das Voxel, in dem sich das aktuelle Teilchen befindet, kann durch einfache Arithmetik lokalisieren werden. Dabei wird eine Integer-Division[7] von jeder Ortsdimension des aktuellen Teilchenortsvektors[8] (x,y,z) mit den zugehörige Abmessung des Voxels (xVoxel,yVoxel,zVoxel) durchgeführt. Das sich daraus ergebende Integer-Triplet (nx,ny,nz) definiert die 3-dimensionale

---

[6]Voxel sind volumenbehaftete Pendants zu den flächenbehafteten Pixel; es handelt sich also um identisch große, quaderförmige Volumen mit unterschiedlichen intrinsischen Eigenschaften (z.B. Material).
[7]Bei der Integer-Division wird das Ergebnis nur in ganzen Zahlen also Integer ausgegeben und der Rest nach dem Komma abgeschnitten
[8]Der umhüllende Kontainer ist in diesem Fall das Muttervolumen und sämtliche Voxel sind seine Tochtervolumina

Lage jenes Voxels im Kontainer, in dem sich das aktuelle Teilchen befindet. Das Integer-Triplet wird mit der Gesamtanzahl der Voxel in jeder Dimension (xNo,yNo,zNo) zur Berechnung der so genannten "copyNumber" verwendet.

$$copyNumber = nz \cdot xNo \cdot yNo + nx \cdot yNo + ny$$

Die copyNumber ist die lineare Lokalisierung des jeweiligen Voxels im Speicher des Computers mit deren Hilfe die angrenzenden Nachbar-Voxel rasch identifiziert werden können . Ohne der Vorgehensweise der `G4PhantomParameterisation` müssten bei der Teilchennavigation alle Tochtervolumina des Muttervolumens durchsuchen werden, um das Voxel zu finden, in das das Teilchen bei seinem nächsten Schritt übertritt. Bei der hier verwendeten Voxelanzahl von mehreren Millionen würde das die Rechenzeit unnötig in die Höhe treiben.

4.4 Transportphysik in Geant4

In GEANT4 ist prinzipiell die Simulation aller Arten des Teilchenzoos möglich. Jedem Teilchen stehen abhängig von dessen Energie Prozesswege mit unterschiedlichen Wahrscheinlichkeiten zur Auswahl. Anhand von Zufallszahlen und den beim Simulationsstart eingelesenen oder berechneten Wechselwirkungsquerschnitten wird die Schrittlänge jedes Prozesses abgefragt. Die Kürzeste davon bestimmt den nächsten Wechselwirkungsprozess. Der Prozess wird ausgeführt und das Teilchen die vorgeschlagene Länge, unter Berücksichtigung des zugehörigen Streuwinkels, transportiert. Je nach Prozess werden mittels weiterer Zufallszahlen Energie und Impuls vom Primärteilchen und eventueller Sekundärteilchen nach dem Prozess bestimmt. Es ist dem User überantwortet, die im jeweiligen Energiebereich nötigen Prozesse der in der Simulation verwendeten Teilchen einzuarbeiten. Dies geschieht in der so genannten Physik-Liste. Dazu ist

100 KAPITEL 4. Teilchentransportsimulation mit Geant4

vom User die G4VUserPhysicsList, eine weiteren obligatorische Klasse, im Simulations-Programm zu implementieren. GEANT4 stellt eine Vielzahl an Prozessen für jedes Teilchen und Energiebereich zur Verfügung. Je nach Anforderung an die Simulation werden die Prozesse vom User in seinem Programm realisiert.

4.4.1 Elektromagnetische Wechselwirkungen

In der elektromagnetischen Physik werden Wechselwirkungsprozesse für Photonen und geladene Leptonen definiert. In dieser Simulation wird für die geladenen Teilchen die "Standardliste elektromagnetische Physik" von GEANT4 verwendet. Bei dieser elektromagnetischen Physikliste wird bei den Wechselwirkungsprozessen über die Schalenstruktureffekte der Atome gemittelt. Unterhalb von 1 keV können deshalb keine Details mehr simuliert werden [17]. Für die elektromagnetischen Prozesse wurde die Untergrenze für den Abstand zwischen zwei Wechselwirkungen (vgl. Kap. 4.2) mit 1 mm festgelegt. In jedem Material wird dieser Abstand in eine Teilchenenergie umgerechnet unterhalb derer die "continuous slowing down approximation[9]" verwendet wird. Im Folgenden werden die bei den Simulationen berücksichtigten Prozesse für Photonen, Elektronen, Positronen, positive und negative Myonen aufgezählt. Für Details zur Implementierung der Prozesse in GEANT4 sei auf [38] verwiesen.

Photonen: Verwendete Photonenprozesse sind der photoelektrische Effekt, der Comptoneffekt, die e^-e^+-Paarbildung und die Myon–Antimyon Paarbildung[10]. Die Simulation der einzelnen Prozesse erfolgt unter Verwendung parameterisierter Wirkungsquerschnitte, anhand derer die mittlere freie Weglänge bestimmt wird. Dann wird der Energieübertrag bestimmt, beziehungsweise im Fall der

---

[9]Unterhalb der berechneten Energie gibt das Teilchen seine restliche Energie kontinuierlich auf der verbleibenden Bahn ab
[10]Die Energie-Untergrenze für diesen Prozess liegt bei E ≈ 212 MeV

4.4. Transportphysik in Geant4

Paarbildung die Aufteilung der Photonenenergie auf die beiden Teilchen des Paares. Zum Schluss werden noch die Richtungswinkel der gebildeten Sekundärteilchen und – so noch vorhanden – des Primärphotons bestimmt und in das Koordinatensystem des Weltvolumens transformiert.

Elektronen und Positronen: Für Elektronen und Positronen werden die Prozesse der Ionisation, der Bremsstrahlungserzeugung und der Positron-Elektron Annihilation verwendet. Bei der Ionisation wird auch die Bildung von δ-Elektronen berück-sichtigt. Grundlage für die parameterisierten Wirkungsquerschnitte und Energieverluste aufgrund von Bremsstrahlung sind die Datensätze der "Evaluated Electrons Data Library (EEDL)" [107]. Die Energien der Bremsstrahlungsphotonen werden entsprechend dem Spektrum von Seltzer und Berger [124] bestimmt. Die Wirkungsquerschnitte bei der Positron-Elektron Annihilation werden durch die Formel von Heitler [64] beschrieben.

Myonen: Bei positiven und negativen Myonen werden die Prozesse des Myonen-Zerfalls, der Ionisation, der Bremsstrahlungserzeugung und der Einfang negativer Myonen verwendet. Bei der Ionisation werden neben Bildung von δ-Elektronen auch Korrekturen des Energieverlustes aufgrund des Dichte-Effekts[11] nach [131] und der Schalen-Korrekturterm[12] nach [25] berücksichtigt.

4.4.2 Hadronische Wechselwirkungen

Bei der Simulation von Hadronen ist mit jedem hadronische Prozess ein Datensatz verknüpft, in dem die Wirkungsquerschnitte gespeichert

---

[11] Beim Eintritt hochenergetischer geladener Teilchen wird das Absorbermaterial polarisiert. Dadurch können die Absorberatome nicht mehr als isoliert betrachtet werden, was eine Reduktion des Energieverlustes zur Folge hat.

[12] Bei niederen Energien in leichten Materialien und bei allen Energien in schweren Materialien ist die Wahrscheinlichkeit für Stöße mit Elektronen der inneren Schalen (K, L, etc) vernachlässigbar

102 KAPITEL 4. Teilchentransportsimulation mit Geant4

sind. Diese Wirkungsquerschnitte werden zu Anfang beim Start der gesamten Simulation ermittelt und temporär gespeichert. Zur Ermittlung der Wirkungsquerschnitte eines gegebenen Prozesses bestehen prinzipiell 3 Möglichkeiten. Entweder wird auf parameterisierte Modelle aus dem Geant3-GHEISHA-Paket [52] zugegriffen, oder es werden evaluierte Daten (z. B. ENDF/B-VI für Neutronen) eingelesen, oder die Wirkungsquerschnitte werden anhand theoretischer Modelle (z. B. Bertini-Kaskade) berechnet. Je nach Energiebereich wird eine der 3 Möglichkeiten ausgewählt, wobei evaluierte Daten vorzuziehen sind. Anhand der Wechselwirkungsquerschnitte wird entsprechend der aktuellen Teilchenenergie eine Schrittlänge vorgeschlagen. Im Energiebereich, wo auf theoretische Modelle zugegriffen wird, stehen teilweise aufgrund unterschiedlicher theoretischer Ansätze mehrere Modelle zur Berechnung der Wirkungsquerschnitte zur Auswahl. Die Auswahl verschiedener Modelle für ein und dieselbe Simulation kann zu Unterschieden in den Ergebnissen führen. Es steht in der Verantwortung des Users für die Energiebereiche des anstehenden Simulationsproblems die geeigneten Modelle zu implementieren. Gleich wie bei den elektromagnetischen Prozessen wurde für die hadronischen Prozesse eine Untergrenze von 1 mm für den Abstand zwischen zwei Wechselwirkungen definiert.

Protonen

Im Fall von Protonen wurden Modelle für Ionisationsprozesse, elastische und inelastische Prozesse implementiert. Die GEANT4-Prozessklasse G4hIonisation wurde über den gesamten Energiebereich für die Ionisationsprozesse verwendet. Die elastischen Prozesse wurden mittels der Prozessklasse G4HadronElasticProcess in Verbindung mit dem Modell G4LElastic berücksichtigt. Was die inelastischen Prozesse betrifft, so sind in Tabelle 4.1 die verwendeten Modelle mit den zugehörigen Energiebereichen aufgelistet.

4.4. Transportphysik in Geant4

	Energiebereich	G4Modell
Protonen:	< 65 MeV	G4LEProtonInelastic
Inelastische	65 MeV – 5 GeV	G4CascadeInterface
Prozesse	65 MeV – 5 GeV	G4BinaryCascade
	5 GeV – 30 GeV	G4LEProtonInelastic
	> 30 GeV	G4HEProtonInelastic

Tabelle 4.1: *Bei den Protonen-Transportrechnungen im jeweiligen Energiebereich für inelastische Prozesse verwendete* GEANT4-*Modelle*

Neutronen

Für Neutronen werden elastische und inelastische Wechselwirkungen, sowie Spaltung und Einfangreaktionen berücksichtigt. In den GEANT4 - Datensätzen zur Erstellung der Wirkungsquerschnitte sind im Energiebereich unterhalb 20 MeV die gesammelten evaluierten Wirkungsquerschnittsdaten des ENDF/B-VI Datensatzes von Los Alamos [8] integriert. Oberhalb 20 MeV existieren für Neutronen keine experimentell evaluierten Wirkungsquerschnitte, weshalb auf theoretische Modelle zurück gegriffen werden muss. Unterhalb 4 eV können bei elastischen Streuprozessen molekularen Bindungsenergien nicht mehr vernachlässigt werden und das Zielatom kann nicht mehr als frei angenommen werden. In GEANT4 stehen deshalb für diese Prozesse spezielle Wirkungsquerschnitte für die Materialien Wasser und Polyethylen zur Verfügung. Mit Hilfe dieser Datensätze werden die Anregungswahrscheinlichkeiten der Torsions- und Vibrationsmoden im H_2O - Molekül bzw. der Vibrationsmoden im $(CH_2)_n$ - Molekül berücksichtigt. Die verwendeten Prozesse und zugehörigen Modelle zusammen mit dem jeweiligen Energiebereich sind für Neutronen in Tabelle 4.2 aufgelistet.

Intranukleare Kaskadenmodelle

Für die inelastischen Reaktionen von Protonen und Neutronen im Energiebereich von 65 MeV bis 5 GeV wurden die beiden Kaskadenalgorith-

104 KAPITEL 4. Teilchentransportsimulation mit Geant4

Prozesse	Energiebereich	G4Modell
elastisch	< 4 eV	G4NeutronHPThermalScattering
	< 20 MeV	G4NeutronHPElastic
	> 20 MeV	G4LElastic
inelastisch	< 65 MeV	G4NeutronHPInelastic
	65 MeV – 5 GeV	G4CascadeInterface
	65 MeV – 5 GeV	G4BinaryCascade
	5 GeV - 30 GeV	G4NeutronLEPModel
	> 30 GeV	G4NeutronHEModel
Spaltung	< 20 MeV	G4NeutronHPFission
	> 20 MeV	G4LFission
Einfang	< 20 MeV	G4NeutronHPCapture
	> 20 MeV	G4LCapture

Tabelle 4.2: *Bei den Neutronen-Transportrechnungen verwendete Prozesse mit den zugehörigen* GEANT4 *- Modellen und den jeweiligen Energiebereichen*

men G4CascadeInterface und G4BinaryCascade verwendet (vgl. die Tabellen 4.1 und 4.2). Beide Modelle beinhalten neben einem intranuklearen Kaskadenmodell, ein Pre-Equilibrium -, ein Kernexplosions -, ein Kernspaltungs - und ein Verdampfungs - Modell (Evaporations - Modell). Hauptunterschied der beiden Modelle ist die Simulation der intranuklearen Kaskade.

Das intranukleare Kaskadenmodell wurde erstmals von Serber vorgeschlagen [125]. Er fand heraus, dass der Stoß mit Nukleonen im Kern als gewöhnliche Teilchenkollision behandelt werden kann, wenn die deBroglie-Wellenlänge des einfallenden Teilchens kleiner oder gleich dem mittleren Abstand zwischen den Nukleonen des Zielkerns ist. Ist das der Fall, dann ist die Zeitkonstante des Stoßes klein gegenüber jener der Nukleonenkollisionen im Kern. Diese Bedingungen gelten ab Energien des Primärteilchens von etwa 100 MeV. Beide Modelle beschreiben die Nukleonen als vollständig entartetes Fermi-Gas und die Bindungsenergien der Nukleonen werden mit dem Weizsäckerschen Tröpfchenmodell

4.4. Transportphysik in Geant4

abgeschätzt.

Dem `G4CascadeInterface` - Algorithmus liegt die intranukleare Kaskade von Bertini [28] zu Grunde. Demgemäß wird der eigentliche Stoß mit dem Nukleon und die anschließende Rückkehr des Systems ins thermische Gleichgewicht durch näherungsweises Lösen der Boltzmann Gleichung beschrieben. Die Kaskade beginnt, wenn das einfallende Hadron auf ein Nukleon im Zielkern trifft und Sekundärteilchen entgegen der Bindungsenergie herausgeschlagen werden. Sie endet, wenn alle Teilchen, die energetisch dazu in der Lage sind, das Kernpotential verlassen haben. Im ersten Schritt wird also der Kern durch den Stoß angeregt und die überschüssige Energie sämtlicher Nukleonen wird in der Folge gemäß den weiteren Modellen abgegeben. Es werden also entweder Nukleonen emittiert, bis sich der Kern wieder im Gleichgewicht befindet (Pre-Equilibrium-Modell), der Kern wird vollständig in Protonen und Neutronen zerlegt (Kern-Explosion), der Kern wird unter Minimierung des Potentials in Fragmente zerlegt (Kernspaltung), oder es werden Nukleonen isotrop verdampft, bis die überschüssige Energie einen dem Zielkern spezifischen Wert unterschreitet (Verdampfungs-Modell).

Im Gegensatz dazu wird beim `G4BinaryCascade` - Algorithmus der Transport des einfallenden Teilchens durch den Kern durch numerisches Lösen der Bewegungsgleichung simuliert. Die Kaskade beginnt auch hier mit der ersten Wechselwirkung, setzt sich fort, so lange Sekundärteilchen mit kinetischer Energie über 75 MeV existieren und endet erst, wenn die mittlere kinetische Energie des Kerns unter 15 MeV gefallen ist [38]. Die Abregung des Kerns geschieht mit den gleichen Modellen wie in `G4CascadeInterface`.

In der `G4BinaryCascade` sind also feste Schwellenwerte einprogrammiert, während in der `G4CascadeInterface` individuell berechnet wird, ob die Sekundärteilchen energetisch in der Lage sind, das Kernpotential zu überwinden. Dies ist auch der Hauptunterschied zwischen den beiden Kaskaden-Modellen und die Verwendung der beiden Modelle in den

106 KAPITEL 4. Teilchentransportsimulation mit Geant4

Simulationsrechnungen führte auch zu Unterschieden der Ergebnissen, bei ansonsten gleicher Simulationsanordnung (vgl. dazu Kapitel 4.8 und auch [110]).

Parameterisierte Modelle ab 1 GeV

Es wurden die beiden von GEANT4 zur Verfügung gestellten parameterisierten Modelle für den hochenergetischen Bereich oberhalb 5 GeV der hadronischen Physik verwendet. Das so genannte "Low-Energy"-Modell (LE-Modell) berücksichtigt hadronische Projektile von 1 GeV bis 25 GeV, während das "High-Energy"-Modell (HE-Modell) im Energiebereich von 25 GeV bis 10 TeV gültig ist. Beide Modelle basieren auf den bekannten GHEISHA-Paketen aus GEANT3 [52]. Das einlaufende Hadron kollidiert dabei mit einem Nukleon innerhalb des Kerns und der Endzustand der Wechselwirkung besteht aus einem Rückstoßnukleon, dem gestreuten Primärteilchen und eventuell mehrerer hadronischer Sekundärteilchen. Bei der Bildung der Hadronen wird das Konzept der so genannten Formierungszone berücksichtigt. Die wechselwirkenden Quark-Partonen benötigen eine gewisse Zeit um sich zu realen Teilchen zur formieren (hadronisieren) und haben deshalb eine gewisse abschätzbare Reichweite [38]. Da für alle Teilchen die Möglichkeit besteht, im Kern weitere Wechselwirkungen durchzuführen, kommt es zur Ausbildung einer intranuklearen Kaskade (Details siehe [17] und [38]).

4.4.3 Multiple Scattering

Zur Simulation der Vielfachstreuung ("Multiple Scattering") geladener Teilchen in Materie verwendet GEANT4 ein auf der Lewis-Theorie [92] basierendes "Multiple-Scattering"-Modell (MSC-Modell). Das Model simuliert die Streuung des Teilchens und berechnet zusätzlich eine Korrektur der Weglänge und die seitliche Verschiebung. Wie in Kapitel 4.2 beschrieben, wird vor der Auswahl die kürzeste physikalische Schrittlänge mit der geometrischen Schrittlänge (= aktueller Abstand zur Volumengrenze) verglichen. An diesem Punkt setzt das MSC-Model an. Alle physikalischen Prozesse geben den Vorschlag der Schrittlänge in einer "wahren[13]" Weglänge t an, während der Abstand zur nächsten Volumengrenze einer geometrischen Weglänge[14] z entspricht. Vor dem Vergleich der Schrittlängen wird vom MSC-Algorithmus t in z transformiert. Nach der Schrittlängenauswahl wird die Länge vom MSC-Algorithmus von z wieder nach t transformiert, weil die Berechnungen von Energieverlust und Streuung eine wahre Schrittlänge verlangen. Der MSC-Algorithmus spielt bei der schlussendlichen Ortsverschiebung des Teilchens, also dort wo die mittlere Seitwärtsverschiebung und deren Korrektur bestimmt wird, erneut eine Rolle. Vor der "Verschiebung" des Teilchens an den neuen Ort, werden die geometrischen Grenzen überprüft um abzusichern, dass das Teilchen durch die Korrekturen nicht in ein neues Volumen verschoben wurde. Um die physikalische Richtigkeit der räumlichen Geometrien zu gewährleisten, wurden diverse Vorschriften für die Teilchen-Schritte eingeführt. Innerhalb eines Schrittes dürfen kein Volumengrenzen durchschritten werden, aber Rückstreuung direkt an einer Volumengrenze ist prinzipiell möglich. Eine weitere Vorschrift betrifft das Teilchenverhalten nahe an Volumengrenzen. Die letzte Schrittlänge in einem Volumen darf nur so groß sein wie die mittlere freie Weglänge der elastischen Streuung des Teilchens im gegebenen Material. Mit anderen Worten: nahe an Volumengrenzen ist keine Vielfachstreuung erlaubt.

4.5 Buchhaltung der Ergebnisse

Ziel der Simulation ist es, Informationen über relevante Größen zu erhalten, um diese dann weiter auszuwerten bzw. zu interpretieren. Im

---

[13]wahre Weglänge = Weglänge eines Teilchens aufgrund von physikalischen Wechselwirkungen, wie z.B. Vielfachstreuung

[14]geometrische Weglänge = kürzeste Distanz zwischen den Endpunkten eines Schritts

108 **KAPITEL 4. Teilchentransportsimulation mit Geant4**

speziellen Fall der simulierten Bestrahlung von Voxelphantomen ist das Ziel, die absorbierte Dosis in den verschiedenen Geweben und Organen zu erhalten. Bei Verwendung von GEANT4 gibt es fix vorprogrammierte Klassen, die der User nicht verändern muss und solche, die definitiv vom User (um)programmiert werden. GEANT4-Klassen, die der User im Allgemeinen nicht verändern oder umprogrammieren muss, haben zur leichteren Erkennbarkeit das Kürzel G4 (z.B. G4VSensitiveDetector) voranstehen.

Das GEANT4-Programm wurde mit Hilfe der **SensitiveDetector**-Klasse so geschrieben, dass die bei der simulierten Bestrahlung in jedem Voxel deponierte Dosis ausgegeben und gespeichert wurde. Spezielle Summation über die einzelnen Voxel eines Organs ergeben dann die Gesamtdosis. Für spezielle Organe und Gewebe war es zusätzlich nötig die Teilchenfluenz in den zugehörigen Voxeln auszugeben und für weitere Auswertungen abzuspeichern. Zu diesem Zweck wurde die Klasse **UserSteppingAction** so programmiert, dass die Teilchenfluenz in jedem Voxel des speziellen Organs bzw. Gewebes bei jedem Schritt energieaufgelöst abgefragt wurde. Am Ende der Simulation wurde dann das energieabhängige Teilchenfluenzspektrum des speziellen Organs/Gewebes ausgegeben und gespeichert. Die beiden Klassen **SensitiveDetector** und **UserSteppingAction** und deren Nutzung werden im Folgenden genauer beschrieben.

4.5.1 Die Klasse SensitiveDetector

Jedes G4LogicalVolume kann als "empfindlich" für eine oder mehrere interessierende Größen gesetzt werden. Dies geschieht anhand von Zeigern auf SensitiveDetectors, die ihrerseits Objekte der Basisklasse G4VSensitiveDetector sind. Die Verwaltung aller realisierten SensitiveDetectors geschieht in der Klasse 'G4SDManager. An diese Klasse ist der G4MultiFunctionalDetector angehängt, der alle Scorer in sich vereint. Ein Scorer definiert, welche physikalische Größe während

4.5. Buchhaltung der Ergebnisse

des Teilchentransports gespeichert werden soll. In GEANT4 existieren bereits vorprogrammierte `Scorer` für physikalische Grundgrößen wie Energiedeposition, Dosis, Fluenz, etc., welche direkt verwendet, oder an bestimmte Anforderungen angepasst werden können. Bei der Abfrage von der Dosis und der Fluenz wurden die `Scorer` so verändert, dass auch der statistische Fehler der jeweiligen Größe berechnet wurde.

In GEANT4 ist ein "Hit" eine Momentaufnahme (bzw. ein Speicherauszug) der physikalischen Wechselwirkungen einer Teilchenspur in einer auf "empfindlich" gesetzten Region der Simulationsgeometrie. Informationen des aktuellen Schritts (dem "Step"), wie z.B. Position, Energie, Impuls, Energiedeposition etc. können in diesem Hit gespeichert werden. Der `SensitiveDetector` produziert Hits unter Verwendung der Informationen, die der aktuelle Step liefert. Vom User wird über die `Scorer` definiert, welche Information aus dem Step geholt werden soll. Die Hits können in einer `HitsMap`, einem Objekt der Klasse `G4THitsMap` gespeichert werden. Diese `HitsMap` wird anhand einer IntegerZahl (im Normalfall die copyNumber) dem empfindlichen Volumen zugeordnet. Bei der verwendeten Parameterisierung wird für jeden `Scorer` eine `HitsMap` produziert die so viele Einträge hat, wie Voxelvolumen definiert sind. Am Ende eines Simulationsdurchganges werden die `HitsMaps` ausgelesen. Hier besteht auch die Möglichkeit, aus den Daten weitere Informationen abzuleiten, mathematische Operation durchzuführen oder in einem vorteilhaften Format abzuspeichern. Die Verwendung von `HitsMaps` bietet sich für Größen an, bei denen es nicht auf die Einzelereignisse ankommt, sondern deren Wert am Schluss als Summe der Einzelereignisse ausgeben wird (z.B. absorbierte Dosis). Auf die Einträge kann am Ende des Simulationsdurchganges einzeln zugegriffen werden, was die Verwaltung dieser großen Anzahl an empfindlichen Volumen vereinfacht. Im speziellen Fall des Dosis-`Scorers` wurde bei jedem Step abgefragt, ob das Teilchen eine Energie deponiert hat. Falls ja, wurde mit den bekannten Größen Volumen und Dichte des Voxels, in dem die Energiedeposition

KAPITEL 4. Teilchentransportsimulation mit Geant4

stattgefunden hat, die Voxelmasse berechnet und die deponierte Energie durch diese Voxelmasse dividiert. Die sich daraus ergebene Dosis wurde in der `HitsMap` des betreffenden Voxels gespeichert.

4.5.2 Die Klasse UserSteppingAction

Die Eigenschaften der Klasse `G4UserSteppingAction` können vererbt[15] werden und der User kann seine eigene `SteppingAction` programmieren. Die Klasse wird bei jedem einzelnen Schritt ("Step") des aktuellen Teilchens aufgerufen. Sie ermöglicht den direkten Zugriff auf aktuelle Step-Informationen, die in Abhängigkeit zueinander stehen. Wie bereits am Kapitelanfang beschrieben, wird bei der Bestrahlungssimulation der Voxelphantome in speziellen Organen bzw. Geweben die Teilchenfluenz in Abhängigkeit von der Energie benötigt.
In dieser Arbeit wurden beispielsweise die Photonenfluenz in jenen Knochen bestimmt, die rotes Knochenmark enthalten. Dazu wurde in jedem Step abgefragt um welches Teilchen es sich handelte und in welchem Voxel es sich befand. Stimmten beide Kriterien mit den vorgegebenen (Teilchen = Photon, Gewebe = spezieller Knochen) überein, wurde die aktuelle Teilchenenergie und die Schrittlänge abgefragt. Nach einem zu Simulationsanfang eingelesenen Energiebinning[16] wurde der Schrittlängenwert dem entsprechenden Energiebin zugewiesen in einer für das spezielle Gewebe definierten Matrix zwischengespeichert. Für alle Voxel dieses speziellen Gewebes wurden die Schrittlängen so energieaufgelöst aufsummiert und als Matrix abgespeichert. Am Ende der Simulation wurden die energieaufgelösten Summen der Schrittlängen durch das Gesamtvolumen des speziellen Gewebes dividiert. Das Resultat war das energieaufgelöste Fluenzspektrum in diesem Gewebe.

---

[15] In der objektorientierten Programmierung bedeutet der Begriff "Vererbung" wenn eine Klasse von einer anderen Klasse abgeleitet wird und deren Eigenschaften übernimmt

[16] Aufteilung des Energiespektrums in diskrete Intervalle, wobei jedes Intervall, nach dem englischen Wort für Gefäß als "Bin" bezeichnet wird

4.5. Buchhaltung der Ergebnisse

4.5.3 Ausgabe der Ergebnisse und Abschätzung des relativen Fehler

Am Ende der Simulation müssen noch die HitsMaps und die Matrizen der Schrittlängen ausgelesen werden, um aus den zwischengespeicherten Werten die Erwartungswerte für die interessierenden Größen zu bestimmen. Dies geschieht in der RunAction-Klasse[17], die nach der abgeschlossenen Simulation des letzten Teilchens aufgerufen wird. Die RunAction-Klasse hat Zugriff auf alle HitsMaps der SensitiveDetectors und auf alle Arrays der UserSteppingAction bzw. auf die darin gespeicherten Werte. Was die Dosis betrifft, wird der Dosis-Erwartungswert $\langle D \rangle$ von jedem Voxel ausgegeben. $\langle D \rangle$ berechnet sich aus den aufsummierten Einzeldosiswerten, die in der zugehörigen HitsMap zwischengespeichert wurden. Der Erwartungswert der Fluenz $\langle \Phi \rangle$ berechnet sich aus den energieaufgelösten Summen der Einzelschrittlängen (also die energieaufgelösten Erwartungswerte der Schrittlängen), die in den Matrizen gespeichert sind. Diese werden ausgelesen und durch das jeweilige zugehörige Gesamtvolumen dividiert, was der Fluenz in diesen Volumen entspricht. Vor der Ausgabe und der Speicherung werden sowohl $\langle D \rangle$, als auch $\langle \Phi \rangle$ auf die Anzahl der Primärteilchen N normiert.

Neben der Berechnung der Erwartungswerte müssen auch deren Fehler abgeschätzt werden. Zu diesem Zweck wurden bei jeder Berechnung einer Einzeldosis, oder bei der Abfrage einer Schrittlänge auch gleichzeitig die Quadrate dieser Einzelwerte berechnet und abgespeichert. Diese Quadrate wurden in der Folge gleich wie die eigentlichen Größen behandelt. Wie oben beschrieben werden am Ende der Simulation die Erwartungswerte und deren Quadrate berechnet. Aus diesen Werten lässt sich der relative Fehler für die Dosis ΔD_{rel} bzw. die Fluenz $\Delta \Phi_{\text{rel}}$ berechnen. Unter der Annahme, dass R_i eine der Einzelgrößen sei und R_i^2 dessen Quadrat darstellt, ergeben sich die Formeln für den Erwartungswert, dessen Quadrat

---

[17]Diese Klasse bekommt ihre Eigenschaften von der GEANT4-Klasse G4UserRunAction vererbt

und den relativen Fehler folgendermaßen:

$$\langle R \rangle = \frac{1}{N} \sum_{i=1}^{N} R_i, \quad \langle R^2 \rangle = \frac{1}{N} \sum_{i=1}^{N} R_i^2 \implies \Delta R_{rel} = \sqrt{\frac{\langle R^2 \rangle - \langle R \rangle^2}{\langle R \rangle^2}}$$

Sowohl die Erwartungswerte von Voxeldosis und Fluenzspektrum, als auch deren relative Fehler werden für die weitere Auswertung abgespeichert. Die Fehler aller aus diesen Datensätzen bestimmten Größen können dann mit Gauß'scher Fehlerfortpflanzung berechnet werden.

4.6 Primärteilchen und Zufallszahlen

In der Klasse G4VUserPrimaryGeneratorAction werden Teilchenart, Ort, Energie und Impuls der einstrahlenden Primärteilchen definiert. G4VUserPrimaryGeneratorAction kann man sich sozusagen als Kanone der gewünschten Teilchenstrahlung vorstellen. Im Fall der Simulationen in der vorliegenden Arbeit wird stets die gesamte simulierte Geometrie von einer definierten Richtung her mit monoenergetischen Teilchen bestrahlt. Teilchenart, Impuls (= Richtung) und Energie werden direkt vorgegeben. Die zufällig ausgewählten Startpunkte der Primärteilchen befinden sich gleichverteilt auf einer definierten Einstrahlfläche außerhalb der zu bestrahlenden Simulationsgeometrie. Angenommen die Einstrahlfläche liegt in der xy-Ebene, dann ist z konstant und x und y müssen anhand von Zufallszahlen bestimmt werden. In diese Arbeit werden Einstrahlflächen verwendet, die eine Rechteckfläche, eine Kreisfläch, oder eine Kugeloberfläche darstellen. Im Fall eines Rechtecks sind x und y um -0.5 verschobene Randomzahlen ($\delta, \eta \in [0, 1]$), die mit den Abmessungen des Strahlquerschnittes (a = Länge, b = Breite) multipliziert werden. Falls der Strahl nicht zentral liegt, werden die Koordinaten im

4.6. Primärteilchen und Zufallszahlen

Anschluss in der jeweiligen Richtung verschoben.

$$x = (\delta - 0.5) \cdot a \qquad x = x - x_{Verschiebung}$$

$$y = (\eta - 0.5) \cdot b \qquad y = y - y_{Verschiebung}$$

Im Fall eines Kreises werden die Polarkoordinaten Radius (r) und Winkel (φ) mit Zufallszahlen ($\delta, \eta \in [0,1]$) bestimmt ($r = Gesamtradius$ und $\varphi = 2\pi \cdot \eta$). Die kartesischen Koordinaten werden dann mittels Sinus und Cosinus berechnet.

$$x = \sqrt{\delta} \cdot r \cdot cos(\varphi)$$

$$y = \sqrt{\delta} \cdot r \cdot sin(\varphi)$$

Ähnliches gilt für den Fall einer Kugeloberfläche (für isotrope Bestrahlung; vgl. Kap. 6). Die kartesischen Koordinaten (x, y, z) werden mittels konstantem Radius ($R = const$) und den durch Zufallszahlen ($\delta, \eta \in [0,1]$) bestimmten sphärischen Winkeln ($0 < \vartheta < \pi$, $0 < \varphi < 2\pi$) berechnet. Es gilt dabei

$$R = const \qquad \varphi = \delta \cdot 2\pi \qquad \vartheta = arcos(1 - 2 \cdot \eta)$$

und

$$x = R \cdot cos(\varphi)sin(\vartheta) \quad y = R \cdot sin(\varphi)sin(\vartheta) \qquad z = R \cdot cos(\vartheta)$$

Die Voxelphantome wurden in dieser Arbeit generell entweder von vorne, d.h. von anterior nach posterior (AP) oder isotrop (ISO) bestrahlt. Die AP-Bestrahlung weist prinzipiell eine viereckige Einstrahlfläche auf, welche das gesamte Phantom abdeckt. Um Rechenzeit zu sparen, wurden die AP-Flächenprojektionen der Phantome eingelesen und mittels

114   KAPITEL 4. Teilchentransportsimulation mit Geant4

einer Abfrage wurden ausgehend von der rechteckigen Einstrahlfläche jene Startpunkte, die außerhalb der Phantomkontur lagen, verworfen. Der einfallende Primärfluss bei AP-Bestrahlung ist demnach die Anzahl der Primärteilchen dividiert durch die frontale Projektionsfläche des jeweiligen Voxelphantoms. Abbildung 4.2 zeigt den Beschuss der beiden Voxelphantome von AP. Einerseits wird das weibliche Phantom mit $1 \cdot 10^5$ Teilchengeschichten, andererseits das männliche Phantom mit $5 \cdot 10^5$ Teilchengeschichten simuliert bestrahlt. Deutlich erkennbar sind die Konturen der beiden Voxelphantome und die Gleichverteilung der eingestrahlten Teilchengeschichten. Während bei $1 \cdot 10^5$ Teilchengeschichten noch viel Weiss zu erkennen ist, was gleichbedeutend mit nicht getroffener Voxelphantomoberfläche ist, überwiegen bei $5 \cdot 10^5$ Teilchengeschichten die getroffenen Flächen.

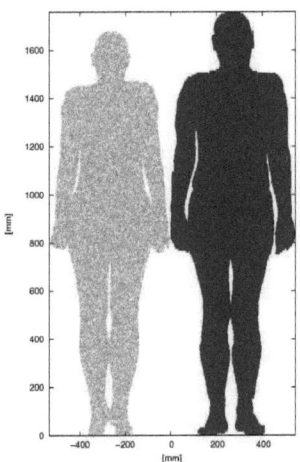

Abbildung 4.2: *Verteilung der Primärteilchen beim Einschuss von AP. Deutlich erkennbar die Konturen der Voxelphantome; links das weibliche Phantom in rot mit 10^5 Teilchengeschichten und rechts das männlichen Phantom in blau mit $5 \cdot 10^5$ Teilchengeschichten.*

Dass der verwendete Zufallszahlengenerator viele Millionen Zufallszahlen von guter Qualität liefert, ist essentiell für die gesamte Monte-Carlo-Simulation. GEANT4 verwendet hierfür das HEPRandom-Modul der CL-HEP Bibliothek [37] wobei mehrere unterschiedliche Random Generatorwerke in dieses Modul implementiert wurden und zur Verfügung stehen. Für alle Monte-Carlo Rechnungen in dieser Arbeit wurden die GEANT4-Standardeinstellungen beibehalten. Es handelt sich dabei um das *HepJamesRandom* Generatorwerk, einen Pseudo-Zufallszahlengenerator, der auf dem Algorithmus von James [83] basiert und laut den Entwicklern nichtperiodische und unkorrelierte Zufallszahlen liefert [17]. Als Keimzahl ("seed") für die Initialisierung des Generators beim Start einer Rechnung wurde die Computerzeit abgefragt und damit automatisch eine Unabhängigkeit der einzelnen Rechendurchläufe erzielt.

4.7 ICRP/ICRU-Voxelphantome

In dieser Arbeit wurden zur Berechnung der Dosiskonversionskoeffizienten für Organdosen und der effektiven Dosis die von der ICRP in der Publikation 110 [77] beschriebenen Referenz Voxelphantome ("Adult Reference Computational Phantoms") verwendet. Diese Referenz Voxelphantome wurden von Zankl et al. [140] anhand von Daten aus Computer-Tomographien (CT) realer Personen entwickelt. Die Hounsfield-Einheiten der CT-Schnitte wurden dabei in 140 Organ-Identifikationsnummer, den sogenannten "Organ-IDs" umgewandelt. Jedes Voxel im Phantom besitzt eine Organ-ID und alle Voxel mit gleicher Organ-ID bauen das jeweilige Organ oder Gewebe auf. Die 140 Organe/Gewebe sind aus 53 Materialien aufgebaut, welche ihrerseits aus maximal 13 Elementen bestehen. Der jeweilige prozentuale Anteil jedes der 13 Elemente in einem bestimmten Material ist eindeutig definiert.

Beide, das männliche und das weibliche Referenz-Voxelphantom aus Publikation ICRP 110 [77] wurden im Zuge dieser Arbeit in die GEANT4-Simulation implementiert. Die Voxeldimensionen sind 1.775 x 1.775 x

116 **KAPITEL 4. Teilchentransportsimulation mit Geant4**

4.84 mm^3 für das weibliche bzw. 2.13714 x 2.13714 x 8 mm^3 für das männliche Phantom. Wie schon in Kapitel 4.3 beschrieben, wird die Klasse G4PhantomParameterisation für den Aufbau der Voxelgeometrie verwendet. Der gesamte Voxel-Datensatz bildet einen aus Voxel aufgebauten quaderförmigen Kontainer in dem sich das jeweilige Referenz-Voxelphantom befindet. Abmessungen des Kontainers sind beim weiblichen Phantom mit 299 Voxel in x-Richtung, 137 Voxel in y-Richtung und 346 Voxel in z-Richtung. Für das männliche Phantom sind es 254 Voxel in x-Richtung, 127 Voxel in y-Richtung und 220 Voxel in z-Richtung. Das ergibt eine gesamte Voxelanzahl von 14,173,198 für das weibliche bzw. 7,096,760 für das männliche Phantom. Sämtliche Voxel, die das jeweilige Referenz-Voxelphantom umgeben, haben Vakuum als Material (Organ-ID = 0). Die Anzahl von Voxel im Kontainer, die nicht mit Vacuum gefüllt sind (organID $\neq$ 0) und damit das reine Phantom darstellen, belaufen sich auf 3,886,020 für das weibliche bzw. 1,946,375 Voxel für das männliche Phantom. Eine Auflistung der Organe/Gewebe beider Phantome befindet sich im Anhang in den Tabellen C.2 und C.3.

4.7.1 Datenausgabe der Simulationsrechnungen

Zur Bestimmung der Dosiskonversionskoeffizienten aus der mit GEANT4 simulierten Bestrahlung wurde ein Dosis-**Scorer** (vgl. Kapitel 4.5) verwendet. Am Ende der Bestrahlungssimulation wurde für die verwendete Primärenergie die in jedem Voxel aufgrund der Bestrahlung deponierte Dosis und deren Quadrat zusammen mit der Identifikationsnummer (Materialnummer) und CopyNumber des betreffenden Voxels als Rohdatensatz ausgegeben. Für jede Kombination aus Phantom, Bestrahlungssimulation, Teilchen und Primärenergie wurde ein derartiger Rohdatensatz erzeugt. Spezifisch für Phantom, Teilchen und Bestrahlungsgeometrie wurden aus den Rohdaten energieaufgelöst die Dosiskonversionskoeffizienten berechnet. Dabei wurde die dokumentierte Voxeldosis

4.7. ICRP/ICRU-Voxelphantome

Organ/Gewebe	segmentierte Regionsnamen	Organ-ID
Colon	aufsteigende Kolonwand, rechte Querkolonwand, linke Querkolonwand, absteigende Kolonwand, Sigmoidwand, Rektumwand	76, 78, 80, 82, 84, 86
Lunge	Lungenblut links, Lungengewebe links, Lungenblut rechts, Lungengewebe rechts	96, 97, 98, 99
Magen	Magenwand	72
Brust	Fettgewebe linke Brust, Drüsengewebe linke Brust, Fettgewebe rechte Brust, Drüsengewebe rechte Brust	62, 63, 64, 65
Gonaden	linkes Ovar, rechtes Ovar bzw. linker Hoden, rechter Hoden	111, 112 bzw. 129, 130
Harnblase	Harnblasenwand	137
Oesophagus	Oesophagus	110
Leber	Leber	95
Schilddrüse	Schilddrüse	132
Gehirn	Gehirn	61
Speicheldrüsen	linke Speicheldrüse, rechte Speicheldrüse	120, 121
Haut	Haut-Kopf, Haut-Rumpf, Haut-Arme, Haut-Beine	122, 123, 124, 125

Tabelle 4.3: Auflistung der für die Berechnung der effektiven Dosis benötigten Organe/Gewebe zusammen mit deren Regionsnamen und den zugehörigen Organ-Identifikationsnummern im Voxelphantom (Restgewebe siehe Tabelle 4.4)

mit der zugehörigen Voxelmasse multipliziert, die sich daraus ergebenden Energiedepositionen für alle Voxel desselben Organs/Gewebes T aufsummiert und dann die Summe durch die Gesamtmasse des jeweilgen Organs/Gewebes dividiert. Die zugehörige Fehlerrechnung wurde wie in Kapitel 4.5.2 beschrieben durchgeführt.

$$D_T = \frac{A}{N} \left(\frac{1}{m_T} \cdot \sum_i (m_{T,Voxel} \cdot D_{i,T,Voxel}) \right)$$

Dabei entspricht m_T der Gesamtmasse des Organs von Interesse. $D_{i,T,Voxel}$ ist die durch einen Prozess i im Voxel dieses Organs deponierte Dosis und

118 KAPITEL 4. Teilchentransportsimulation mit Geant4

Organ/Gewebe	segmentierte Regionsnamen	Organ-ID
Restgewebe		
Nebennieren	linke Nebenniere, rechte Nebenniere	1, 2
Atemwegsregion	anterior-nasale Atemwegsregion, posterior-nasale Atemwegsregion	3, 4
Gallenblase	Gallenblasenwand	70
Herz	Herzwand, Herzblut	87, 88
Nieren	linker Nierenkortex, linkes Nierenmark, linkes Nierenbecken, rechter Nierenkortex, rechtes Nierenmark, rechtes Nierenbecken	89, 90, 91, 92, 93, 94
Lymphknoten (LK)	LK obere Atemwege, LK thorakale Atemwege, LK Kopf, LK Rumpf, LK Arme, LK Beine	100, 101, 102, 103, 104, 105
Muskeln	Muskeln-Kopf, Muskeln-Rumpf, Muskeln-Arme, Muskeln-Beine	106, 107, 108, 109
Mundschleimhaut	Mundschleimhaut von Zunge, Lippen und Wangen	5, 6
Pankreas	Pankreas	113
Prostata/Uterus	Prostata/Uterus	115/139
Dünndarm	Dünndarmwand	74
Milz	Milz	127
Thymus	Thymus	131

Tabelle 4.4: Organe/Gewebe, die für die Berechnung der effektiven Dosis im Restgewebe zusammengefasst werden. Auflistung zusammen mit den Regionsnamen und den zugehörigen Organ-Identifikationsnummern im Voxelphantom

$m_{T,Voxel}$ ist die Masse der Voxel dieses Organs. Über die Organ-ID (vgl. Tab. 4.3 und Tab. 4.4) wird jedes Voxel einem bestimmten Organ zugeordnet. Die sich daraus ergebende Organ-Energiedosis (kurz: Organdosis) wurde schlussendlich noch auf die verursachende Teilchenfluenz ($\Phi = N/A$ mit N = Teilchenanzahl und A = Einstrahlfläche) normiert. Dieses Procedere wurde für alle Organe (vgl. Tabelle A.2), die zur Berechnung der effektiven Dosis nach ICRP103 [76] nötig sind, durchgeführt. Viele der nötigen Organe bzw. Gewebe bestehen in den Voxelphantomen aus mehreren segmentierten Regionen (z.B. linke und rechte

Speicheldrüse; vgl. 4.3). In diesen Fällen wird über alle Voxel summiert, die mittels der Organ-ID als Bestandteile der Organregionen identifiziert werden.

4.8 Validierung der Geant4-Simulationsrechnungen

Auf der Homepage[18] von GEANT4 ist der Validierung ein eigener großer Bereich gewidmet. Darin wird ein Großteil der von den einzelnen Kollaborationsgruppen durchgeführten Tests und Validierungen beschrieben und deren Ergebnisse präsentiert. Einen Überblick dazu bieten unter anderem [17] und [19]. Vor dem Start der Simulationsrechnungen dieser Arbeit, wurde eine so genannte User-Validierung durchgeführt. Das heißt, dass die Hauptelemente des mit GEANT4 aufgebauten Programms, also Geometrie der Voxelphantome, Einstrahlungsgeometrie und Physikliste, überprüft wurden, um deren Richtigkeit vor Beginn der eigentlichen Simulationsrechnungen zu garantieren.

Sämtliche Berechnungen der in dieser Arbeit präsentierten Ergebnisse wurden mit der GEANT4-Version 8.2 durchgeführt. Ein Großteil der Simulationen wurden auf einem PC mit einem Intel Pentium 4 Prozessor (3 GHz) mit einem Linux Betriebssystem (openSUSE 10.3) gerechnet. Nach den Test- und Validierungsrechnungen wurden die weiteren Rechnungen auf der Rechenmatrix (ebenfalls Linux-Betriebssystem und GEANT4-Version 8.2) des HMGU durchgeführt. Die ersten Ergebnisse der Rechenmatrix wurden mit Ergebnissen vom eigenen Rechencomputer verglichen und die Abweichungen befanden sich alle innerhalb der Fehlertoleranz, woraus geschlossen wurde, dass auch die Rechenmatrix des HMGU verlässliche Ergebnisse liefert.

---

[18]http://geant4.web.cern.ch

4.8.1 Programmierte Geometrien der Simulation

Die Richtigkeit der Einstrahlgeometrie und der Phantomgeometrie lässt sich durch graphische Ausgaben aus dem verwendeten Simulationsprogramm überprüfen.

Einstrahlgeometrie: In Kapitel 4.6 wurde bereits die Einstrahlgeometrie und die zugehörigen Zufallszahlen beschrieben. Abbildung 4.2 ist eine graphische Darstellung der Abschusspositionen der Teilchen bei Beschuss von AP. Es zeigt sich eindeutig, dass die Konturen der simulierten Teilchenbestrahlung mit den Abmessungen der Referenz-Voxelphantome übereinstimmen. Zusätzlich erkennt man aus der Abbildung, dass die zufällig ausgewählten Einstrahlpositionen der Teilchen über das jeweilige Voxelphantom gleichverteilt sind, da sich keine Akkumulationen, also hellere und dunklere Flecken in den Konturen zeigen. Gleiches gilt auch für die fünf weiteren senkrechten Einstrahlgeometrien (PA, rechts LAT, links LAT, TOP und BOTTOM), die ebenfalls einprogrammiert wurden und für weitere Berechnungen bereit stehen. Auf die isotrope Einstrahlgeometrie und deren Validierung wird in Kapitel 6 gesondert eingegangen.

Geometrie der verwendeten Phantome: Zur Darstellung der Simulationsgeometrien wurde das Graphikprogramm "OpenGL" [11] verwendet. Beim Einlesen der Voxelphantom-Daten erhält jedes Voxel aufgrund der Zuordnung zu einem Organ/Gewebe einen genauen Ort im jeweiligen Voxelphantom. Sollte die Einleseroutine fehlerhaft programmiert sein, würde sich das auf alle Voxel auswirken und bei der graphischen Ausgabe würde kein sinnvolles Bild zustande kommen. Gleiches gilt für die Bonner Kugeln, deren Detektoren und Schalen stets um ein Zentrum aufgebaut werden. Abbildung 4.3 zeigt in diesem Zusammenhang einige Beispiele der

4.8. Geant4-Validierung

Geometrien, wie sie beim Start des Simulationsprogrammes aufgebaut wurden. In 4.3a ist das männliche Referenz-Voxelphantom frontal innerhalb des erwähnten Kontainers dargestellt. Vergleich mit Abbildung 4.2 zeigt eine Übereinstimmung der Phantomkonturen. Abbildung 4.3b zeigt einen Querschnitt durch das männliche Referenz-Voxelphantom mit eindeutig erkennbaren inneren Organen (Leber (braun), beide Nieren (rot), Magenwand (grün), Muskel-, Haut- und Fettgewebe (beige), Knochen (weiss), etc.). In Abbildung 4.3c ist eine, der zu Validierungszwecken ebenfalls in GEANT4 einprogrammierten Bonner Kugeln dargestellt. Es handelt sich dabei um eine 9 Inch-Kugel mit zusätzlicher Bleieinlage (vgl. Kap. 3.1.1), hier in weiss dargestellt. Die PE-Schale ist rot und der ^3He-Detektor im Zentrum ist grün (Detektorschale) und blau (^3He-Gas) abgebildet. Alle Kugelgeometrien sind dabei um das gleiche Zentrum angeordnet.

4.8.2 Elektromagnetische Physik

Die in GEANT4 implementierte Physik von geladenen Teilchen und von Photonen wurde von den GEANT4-Kollaborationsgruppen intensiv überprüft. Aus den umfassenden Informationen der GEANT4-Homepage geht hervor, dass wichtige physikalische Größen wie z.B. Bremsvermögen, Energiedeposition, Streuwinkel, Transmission etc. aller für diese Arbeit wichtigen geladenen Teilchen und Photonen getestet und großteils mit experimentellen Daten überprüft wurden (siehe z.B. [21, 60, 84]).
Im höherenergetischen Bereich können elektromagnetische Prozesse theoretisch beschrieben werden. Bei niedrigen Energien ($< 1\ MeV$) wird es allerdings nötig, die Wellenfunktion jedes Atoms zu beschreiben, weshalb die theoretischen Werte hier großteils nicht mehr ausreichend genau sind. GEANT4 greift dazu auf validierte Datenbanken zu, die bei Initialisierung einer Simulationsrechnung parameterisiert werden. Zur User-

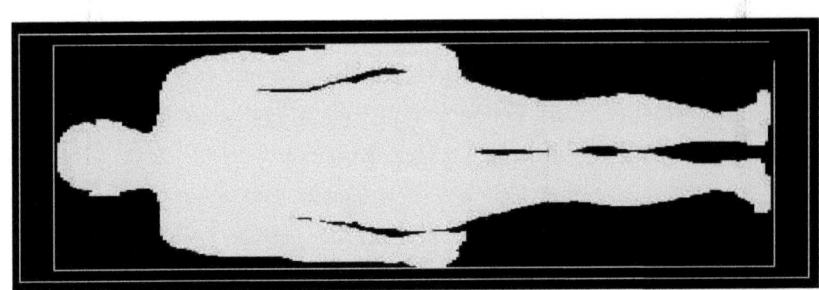

(a) Männliches Voxelphantom frontal

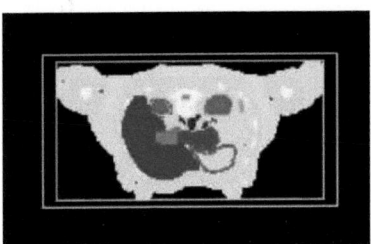

(b) Querschnitt männliches Phantom

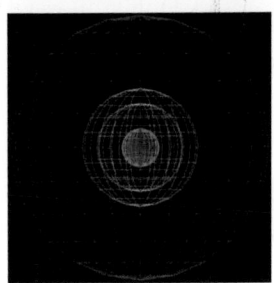

(c) Simulation einer Bonner Kugel mit Pb

Abbildung 4.3: *Exemplarische graphishe Darstellung einiger in* GEANT4 *einprogrammierten Simulationsgeometrien: (a) zeigt die Frontale und (b) einen Querschnitt (mit Leber (braun), beide Nieren (rot), Magenwand (grün) etc.) des männlichen Referenz-Voxelphantoms; (c) zeigt die Simulationsgeometrie einer der Bonner Kugeln (9 Inch) mit Blei-Einlage (PE-Schale (rot), PB-Schale (weiss), Detektorschale (grün) und ^{3}He-Gas (blau); vgl. Kap. 3.1.1)*

4.8. Geant4-Validierung

Validierung der für die Bestrahlungssimulationen dieser Arbeit einprogrammierten Physikliste geladener Teilchen und Photonen (vgl. Kapitel 4.4), wurde zu Beginn der Simulation das Massenbremsvermögen bzw. das Massenenergieabsorptionsvermögen in einigen, der in der Simulation der Voxelphantome verwendeten Materialien (Fettgewebe, Muskelgewebe, kortikaler Knochen, Lunge, Haut und Blut) ausgegeben und mit veröffentlichten Referenzdaten verglichen.

Photonen

Für die Überprüfung der Photonen-Wechselwirkungen wurden die Massenschwächungs-koeffizienten (vgl. Anhang B.1) der ausgewählten Materialien im Energiebereich von 10 keV bis 10 GeV (10 Punkte pro Dekade) ausgegeben. Diese Daten wurden mit Referenzdaten aus dem Datensatz des "National Institute of Standards and Technology (NIST)" [10] verglichen. Exemplarisch sind in Abbildung 4.4 die beiden Datensätze im Vergleich für Fettgewebe dargestellt. Neben den totalen Massenschwächungskoeffizienten sind auch die jeweiligen Anteile der Photonen-Hauptprozesse Comptoneffekt, Photoeffekt und Paarbildung (vgl. Anhang B.1) abgebildet. Über den gesamten angegebenen Energiebereich zeigt sich eine hervorragende Übereinstimmung

Elektronen, Müonen und Protonen

Für die geladenen Teilchen wurden die Massenbremsvermögen des GEANT4-Simulation für die ausgewählten Materialien ausgegeben.

Betateilchen: Die Werte der Massenbremsvermögen für Elektronen und Positronen aus der GEANT4-Simulation in den ausgewählten Materialien wurden mit Referenzdaten aus dem NIST-Datensatz [10] verglichen. Ausgegeben wurden die Werte im Energiebereich von 10 keV bis 10 GeV an 10 Energiepunkten pro Dekade. Für alle ausgewählten Materialien ergaben sich über einen weiten Energiebe-

124   KAPITEL 4. Teilchentransportsimulation mit Geant4

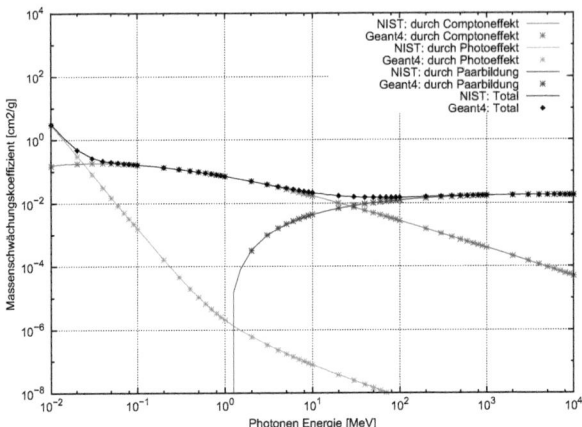

Abbildung 4.4: *Vergleich der aus* GEANT4 *stammenden Massenschwächungskoeffizienten von Photonen in Fettgewebe (Punkte) mit Werten aus dem NIST-Referenzdatensatz [10] für das gleiche Material (durchzogene Linien); angegeben sind die totalen Massenschwächungskoeffizienten sowie die Anteile der Photonen-Hauptprozesse: Comptoneffekt, Photoeffekt und Paarbildung*

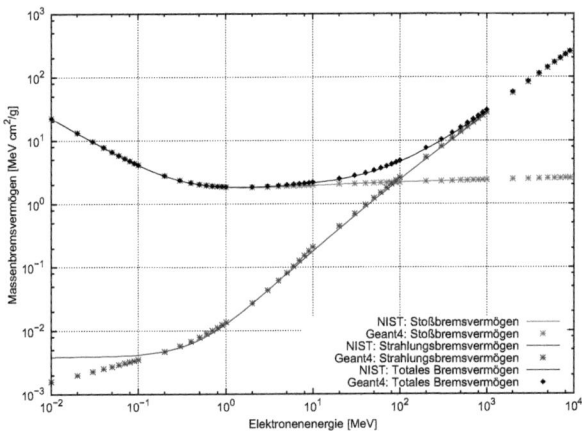

Abbildung 4.5: *Vergleich des aus* GEANT4 *stammenden Massenbremsvermögens von Elektronen in Blut (Punkte) mit Werten aus dem NIST-Referenzdatensatz [10] (Linien); dargestellt sind das totalen Massenbremsvermögen sowie die jeweiligen Anteile Stoßbremsvermögen und Strahlungsbremsvermögen*

4.8. Geant4-Validierung

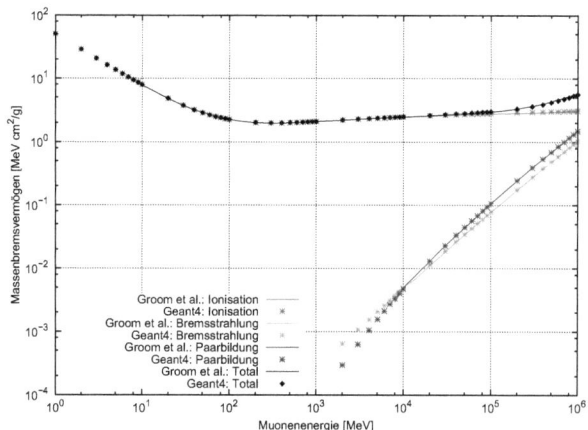

Abbildung 4.6: *Vergleich des aus* GEANT4 *stammenden Massenbremsvermögens von negativen Myonen in Muskelgewebe (Punkte) mit Werten von Groom et al. [59] (Linien); dargestellt sind das totalen Massenbremsvermögen sowie die jeweiligen Anteile durch die myonischen Prozesse der Ionisation, der Bremsstrahlung und der Paarbildung*

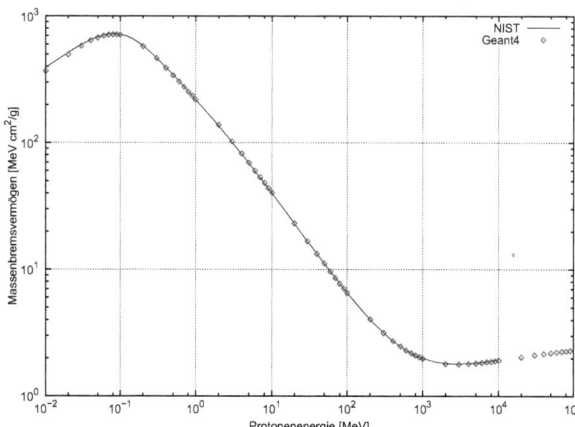

Abbildung 4.7: *Vergleich des aus* GEANT4 *stammenden totalen Massenbremsvermögens von Protonen in kortikalem Knochen (Punkte) mit Werten aus dem NIST-Referenzdatensatz [10] (Linien)*

reich hervorragende Übereinstimmungen mit den NIST-Daten. Lediglich im niederenergetischen Bereich unterhalb etwa 200 keV wies das Strahlungsbremsvermögens von GEANT4 relativ zu den NIST-Daten niedrigere Werte auf. Allerdings ist das Strahlungsbremsvermögen in diesem Energiebereich um mehr als 3 Größenordnungen kleiner als das Stoßbremsvermögen, weshalb diese Abweichung für die Simulationen dieser Arbeit vernachlässigbar ist. Oberhalb von 1 GeV finden sich in der NIST-Datensatz für Elektronen keine Werte mehr. Die GEANT4-Werte im Energiebereich oberhalb 1 GeV weisen aber eindeutig erkennbaren einen extrapolativen Charakter auf. Abbildung 4.5 zeigt exemplarisch die GEANT4-Werte des Massenbremsvermögens (Stoß- und Strahlungsbremsvermögen und totales Bremsvermögen) in Blut im Vergleich zu den Werten der NIST-Datenbank.

Müonen: Die Werte der Massenbremsvermögen für positive und negative Müonen aus der GEANT4-Simulation in den ausgewählten Materialien wurden mit veröffentlich-ten Werten von Groom et al. [59] verglichen. Betrachtet wurden das totale Bremsvermögen sowie dessen Anteile durch die müonischen Prozesse Ionisation, Bremsstrahlung und Paarbildung. Ausgegeben wurden diese Werte im Energiebereich von 1 MeV bis 1 TeV an 10 Energiepunkten pro Dekade. Die Werte der Bremsvermögen für positive und negative Müonen sind im betrachteten Energiebereich annähernd gleich. Für alle ausgewählten Materialien ergaben sich über den Energiebereich hervorragende Übereinstimmungen der GEANT4-Werte mit den Vergleichsdaten. Für den Energiebereich unterhalb 10 MeV geben Groom et al. keine Werte mehr an, aber die GEANT4-Werte in diesem Bereich haben eindeutig erkennbar einen extrapolativen Charakter. In Abbildung 4.6 sind exemplarisch die GEANT4-Werte des totalen Massenbremsvermögens sowie dessen Anteile für

4.8. Geant4-Validierung

negative Müonen in Muskelgewebe im Vergleich zu den Daten von Groom et al. [59] dargestellt.

Protonen: Das totale Bremsvermögen für Protonen in den ausgewählten Materialien aus der GEANT4-Simulation wurde mit den Referenzwerten aus der NIST-Datenbank [10] verglichen. Betrachtet wurden Werte im Energiebereich von 1 MeV bis 1 TeV an 10 Energiepunkten pro Dekade. Für alle ausgewählten Materialien ergaben sich über den gesamten Energiebereich beste Übereinstimmungen. Oberhalb 10 GeV liefert die NIST-Datenbank keine Werte mehr, aber die GEANT4-Werte weisen erneut eindeutig extrapolativen Charakter auf. In Abbildung 4.7 sind exemplarisch die GEANT4-Werte des totalen Massenbremsvermögens für Protonen in kortikalem Knochen im Vergleich zu den NIST-Werten dargestellt.

Die Ergebnisse zeigen, dass GEANT4 in Verbindung mit der verwendeten Physikliste aktuelle und richtige Werte des Bremsvermögens geladener Teilchen liefert.

4.8.3 Neutronenphysik

Hauptanwendungsgebiet von GEANT4 war ursprünglich die hochenergetische Hadronenphysik in Hinblick auf den LHC und weitere Beschleuniger am CERN [89, 69]. GEANT4-Anwendungen im Bereich niederenergetischer Neutronen, wurden erst seit etwa 2001 vorangetrieben und dementsprechend wenig Informationen ist über niederenergetische Neutronentransportrechnungen mit GEANT4 vorhanden.

Am HMGU durchgeführte Verifikationsrechnungen

Im Zuge der Arbeit am Helmholtz Zentrum München hat S. Garny für ihre Dissertation umfassende Verifikationsrechnungen mit GEANT4 für niederenergetische Neutronen durchgeführt [54]. Sie verwendete dazu eine nahezu identische Physiklist, wie sie auch in dieser Arbeit für die Simulationsrechnungen verwendet wurde (vgl. Kapitel 4.4). Ihre Verifikationsrechnungen waren zweigeteilt. In einem ersten Teil wurde die Umgebungs-Äquivalentdosis $H^*(10)$ mit GEANT4 berechnet und mit veröffentlichten Werten verglichen. Als Vergleichsdaten dienten die im ICRU-Bericht 57 [80] veröffentlichten Daten, sowie die von Leuthold et al. [91] mit MCNP berechneten Werte. Die berechneten GEANT4-Werte zeigten dabei eine gute Übereinstimmung mit den veröffentlichten Werten. Damit wurde gezeigt, dass GEANT4 im Bereich niederenergetischer Neutronen richtige Werte liefert.

Im zweiten Teil wurden von Garny et al. die Responsefunktionen eines Bonner Vielkugelspektrometers (vgl. Kapitel 3.1.1) berechnet [56]. Als Detektor für thermische Neutronen wurde dabei die Aktivierung einer im Zentrum jeder Kugel platzierten Goldfolie verwendet. In der GEANT4-Simulation wurden die Neutronenflüsse in der Goldfolie berechnet. Für einige der Detektor/Schalen-Kombinationen wurden auch Berechnungen des Neutronenflusses mit MCNP durchgeführt. Die Vergleiche der Flussergebnisse dieser beiden MC-Codes ergaben ausgezeichnete Übereinstimmungen.

Verifikationsrechnungen dieser Arbeit

Aufgrund der experimentellen Arbeit mit dem HMGU-BSS (vgl. Kap. 3.1.1) lag die Idee nahe, die Detektor/Schalen-Kombinationen des HMGU-BSS mit GEANT4 zu simulieren, unter Verwendung der in Kapitel 4.4 beschriebenen Physikliste die zugehörige Responsefunktion zu berechnen und mit den veröffentlichten Werten der MCNP-Rechnungen [95, 97] zu vergleichen. Der ^3He-Detektor wurde dabei als Kugel mit einem Innendurchmesser von 32 mm, umgeben von einer 0.5 mm dicken Schale aus Stahl (Dichte $\rho = 7.85 gcm^{-3}$) simuliert. Der ^3He-Gasdruck be-

4.8. Geant4-Validierung

trug 172 kPa bei 293°K. Für die umgebende Polyethylen-Schale ($\rho = 0.95 gcm^{-3}$) wurde einerseits ein Durchmesser von 6 Inch und 9 Inch (1 Inch = 2.56 cm) gewählt. Zusätzlich wurde noch eine Detektor/Schalen-Kombination mit einem Durchmesser von 9 Inch simuliert, in deren PE-Schale zwischen 5 Inch und 7 Inch eine 1 Inch dicke Blei-Schale ($\rho = 11.3 gcm^{-3}$) eingebettet war (vgl. Abb. 4.3c).

Mares et al. [95, 97] haben bei den Berechnungen der Responsefunktionen mit MCNP die nach der Energie aufgelöste Neutronenfluenz im Detektor ausgeben lassen, mit den zugehörigen ^{3}He – Wechselwirkungsquerschnitten gefaltet und die daraus resultierende Response auf die einfallende Neutronenfluenz normiert. Bei den GEANT4-Verifikationsrechnungen dieser Arbeit wurden mit Scorer-Klassen (vgl. Kapitel 4.5.1) die Summe aus der Anzahl der Sekundärprotonen aus der Reaktion $^3He(n,p)^3H$ und der Anzahl der elastischen Reaktionen der Neutronen mit dem ^3He auf die einfallende Neutronenfluenz normiert. Die Bestrahlungssimulation wurde für jede der angegebenen Detektor/Schalen-Kombination für 20 verschiedene Primärenergien im Energiebereich von 10 meV bis 10 GeV durchgeführt. Es wurden zwischen 2 und 6 Millionen Neutronengeschichten gerechnet. Die Varianz ergibt sich aus dem Kehrwert der Wurzel der gezählten Ereignisse (Poisson-Statistik). Für die Responsefunktionen ergeben sich dadurch Unsicherheiten (ein σ Standardabweichung) unterhalb 5%. Die Ergebnisse dieser Simulationen für 6 Inch Durchmesser bzw. für 9 Inch Durchmesser (mit und ohne Blei) sind in den Abbildungen 4.8 bzw. 4.9 dargestellt. Der Vergleich zeigt gute Übereinstimmungen über weite Energiebereiche und grundsätzlich zeigen die Ergebnisse beider Codes den gleichen Verlauf. Die Abweichungen der GEANT4-Werte von den MCNP-Werten befinden sich unterhalb etwa 20 MeV im Bereich von ±5%, was für unterschiedliche Codes absolut akzeptabel ist.

Im Energiebereich unterhalb 20 MeV greifen beide Codes auf die Neutronenwechselwirkungsquerschnitte der ENDF-B Datenbank von Los Alamos [8] zu. Im Energiebereich darüber existieren keine experimentellen Wirkungsquerschnitte mehr. Deshalb greifen die MC-Codes auf theoretische Modelle zurück, um die zugehörigen Wirkungsquerschnitte herzuleiten. Die in den verschiedenen Codes verwendeten theoretischen Modelle unterscheiden sich in der Regel voneinander, weshalb hier auch unterschiedliche Werte zu erwarten sind. Für die normalen Detektor/Schalen-Kombinationen mit 6 Inch und 9 Inch Durchmesser kann man bereits die Unterschiede im Energiebereich oberhalb 20 MeV erkennen. Besonders deutlich wird das bei der mit Blei verstärkten Detektor/Schalen-Kombinationen mit 9 Inch Durchmesser. Durch zusätzliche (n,xn') – Reaktionen in der Bleischicht erhöht sich die Response kontinuierlich im höherenergetischen Bereich. Im Vergleich zu den MCNP-Werten zeigen die GEANT4-Ergebnisse zwar den gleichen Verlauf, aber höhere Responsewerte, was hauptsächlich auf die Unterschiedlichkeit der theoretischen Modelle zur Querschnittsberechnung zurück zu führen ist. Da in diesem Bereich keine experimentellen Daten zur Verfügung stehen, kann auch nicht ausgesagt werden, welches der Modelle "richtiger" ist, solange die theoretischen Hintergründe physikalisch sinnvoll belegt sind.

4.8.4 Fazit

Anhand einiger User-Validierungen wurde die Verlässlichkeit der mit GEANT4 durchgeführten Transportrechnungen unter Verwendung der in Kapitel 4.4 beschriebenen Physikliste überprüft. Die Übereinstimmungen der GEANT4-Werte mit veröffentlichten Daten sind sehr zufriedenstellen, weshalb davon ausgegangen werden kann, dass GEANT4 für die Simulationsrechnungen dieser Arbeit verlässliche Werte geliefert hat. Es wurde außerdem festgestellt, dass sich bei der hadronischen Physik im Energiebereich oberhalb 20 MeV zwischen verschiedenen MC-Codes Unterschiede in den Ausgabewerten aufgrund der verwendeten theoretischen Modelle zur Berechnung der jeweiligen Wirkungsquerschnitte einstellen.

4.8. Geant4-Validierung

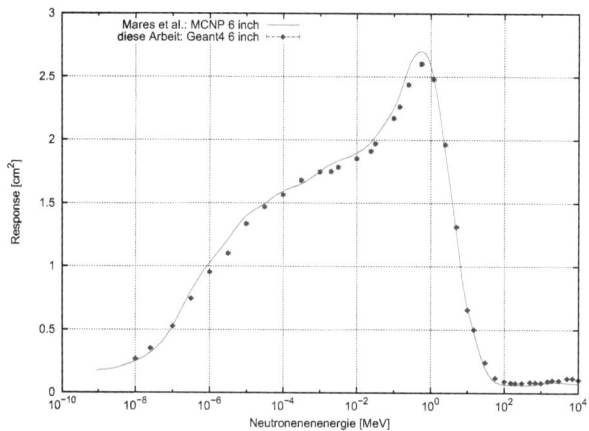

Abbildung 4.8: *Responsefunktionen der Detektor/Schalen-Kombination mit 6 inch Durchmesser; Vergleich der Werte aus der* GEANT4-*Simulationsrechnung dieser Arbeit mit MCNP-Berechnungen [97, 95] (log-lin-Darstellung)*

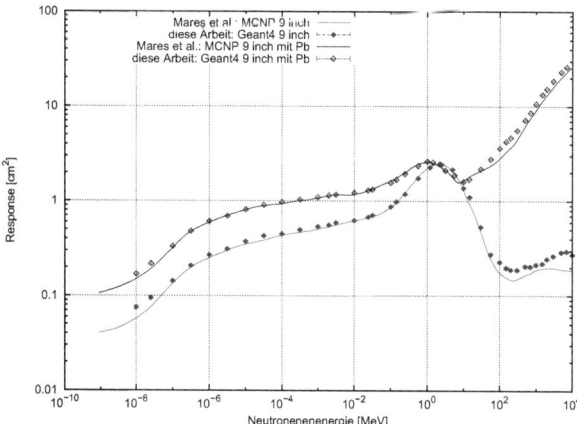

Abbildung 4.9: *Responsefunktionen der normalen Detektor/Schalen-Kombination und der mit Blei verstärkten Detektor/Schalen-Kombination mit jeweils 9 inch Durchmesser; Vergleich der Werte aus der* GEANT4-*Simulationsrechnung dieser Arbeit mit MCNP-Berechnungen [97, 95] (log-log-Darstellung)*

Diese Erkenntnis spielt auch bei den Ergebnissen zu den Dosiskonversionskoeffizienten von Neutronen (vgl. Kapitel 5.5) und Protonen (vgl. Kapitel 5.4) eine wichtige Rolle.

KAPITEL

5

Dosiskonversionskoeffizienten für den Referenz-Menschen für die kosmische Strahlung Bestrahlungsgeometrie: anterior nach posterior

Für die in dieser Arbeit durchgeführten Berechnung der Dosiskonversionskoeffizienten (DKK) für die Teilchen und Energiebereiche der sekundären kosmischen Strahlung wurden die neuen ICRP/ICRU-Referenz-Voxelphantome [77] erstmals in Verbindung mit dem am CERN entwickelten Monte Carlo Code GEANT4 verwendet. Wie schon in Kapitel 4 beschrieben, lässt GEANT4 dem User bei der Programmierung einer

134 KAPITEL 5. DKK Ergebnisse für AP-Bestrahlung

Simulation sehr viele Freiheiten offen. Das birgt auch ein gewisses Risiko für eine fehlerhafte Programmierung vor allem was den physikalischen Teil der Simulation betrifft. Auch nach der Validierung der Simulationsprogrammierung (vgl. Kapitel 4.8), war stets Vorsicht geboten und eine ständige Überprüfung der Resultate auf physikalische Sinnhaftigkeit nötig. Änderungen der Simulationsprogrammierung hatten im Normalfall eine komplette Neuberechnung sämtlicher vor der Änderung durchgeführter Simulationsrechnungen zur Folge. Anhand der leicht zu verstehenden AP-Bestrahlungsgeometrie konnte der Verlauf der Organ-DKK mit der Energie physikalisch nachvollzogen werden und damit die Richtigkeit der Rechnungen aller Teilchen festgestellt werden. Im vorliegenden Kapitel werden die Ergebnisse der AP-Bestrahlung aller Teilchen physikalisch diskutiert und die Ergebnisse dieser Arbeit mit den Werten von Veröffentlichungen der letzten Jahrzehnte bzw. mit den Werten aus ICRP 74 [74] bzw. ICRU 57 [80] verglichen. Die Vergleichsdaten wurden teilweise noch mit den bisher empfohlenen Strahlungs- und Gewebewichtungsfaktoren [72] und mit anderen Phantomen gerechnet. Bezüglich Monte Carlo Codes sei noch einmal darauf hingewiesen, dass diese Arbeit die erste ist, in der derartige DKK mit GEANT4 berechnet wurden.

Die Energiedosis in einem Organ oder Gewebe wurde berechnet, indem die gesamte, im jeweiligen Organ bzw. Gewebe deponierte Energie durch die Gesamtmasse des Organs bzw. Gewebes dividiert wurde. Die Bestrahlungssimulation wurde mit dem jeweiligen, geschlechter-spezifischen Referenz-Voxelphantom, einzeln durchgeführt. Aus den Organdosen wurden mittels Strahlungswichtungsfaktoren die Organ-Äquivalentdosen H_T berechnet (vgl. Kap. 2.4). Diese wurden über die Geschlechter gemittelt und im Anschluss anhand von Gewebewichtungsfaktoren wurde die effektive Dosis berechnet (vgl. Anhang A.2). Die Ergebniswerte der DKK dieser Arbeit stellen die auf die Einstrahlungsfluenz normierten Organ-

Organtiefen Organ/Gewebe	weibliches Phantom			männliches Phantom		
	Min [cm]	Mittel [cm]	Max [cm]	Min [cm]	Mittel [cm]	Max [cm]
Magenwand	2.3	6.1	12.6	2.6	7.4	15.2
Brust	0.2	0.3	4.4	0.2	0.3	2.4
Lunge	1.4	1.6	17.8	1.9	1.6	19.7
Rotes Knochenmark	0.7	9.1	19.4	0.6	10.2	21.8
Haut	0.0	0.8	20.4	0.0	0.9	23.5
Gehirn	1.2	9.2	18.6	1.5	10.2	20.3
Leber	1.4	7.2	16.0	1.9	9.3	19.9
Schilddruese	1.1	2.2	3.7	0.9	2.5	4.3
Harnblasenwand	0.7	4.2	8.3	3.0	6.7	11.1
Uterus	5.5	8.4	12.4	-	-	-
Prostata	-	-	-	6.8	8.5	10.5

Tabelle 5.1: *Gerundete Tiefenwerte (relativ zur Körperfront) verschiedener Organe/Gewebe im jeweiligen Voxelphantom [77]*

Energiedosen und effektive Dosis der jeweiligen Teilchenstrahlung dar. Sie bilden damit einen direkten Zusammenhang zwischen der Fluenz als messbarer Größe und den nicht direkt messbaren Größen Organ-Energiedosis und effektiver Dosis.

Um die Varianz der zu berechnenden Dosiskonversionskoeffizienten niedrig zu halten, wurden bei jeder Bestrahlungssimulation die Voxelphantome mit 5 bis 15 Millionen simulierten Teilchen (so genannte "Teilchen-Geschichten") "bestrahlt". Der statistische Fehler der berechneten mittleren absorbierten Organ/Gewebe-Dosis ist abhängig von der primären Teilchenenergie, vom verwendeten Phantom, sowie von der Position und dem Volumen der einzelnen Organe/Gewebe im Phantom. Die Genauigkeit der für die DKK erzielten Werte wird zusätzlich durch Unsicherheiten der physikalischen Eingabeparameter (z.B. Wirkungsquerschnitte) und durch Abweichungen der im Teilchentransportprogramm einprogrammierten Physik zur in der Realität wirklich stattfindenden Physik begrenzt. Das Ausmaß dieser zusätzlichen Unsicherheiten wird in [80]

136 KAPITEL 5. DKK Ergebnisse für AP-Bestrahlung

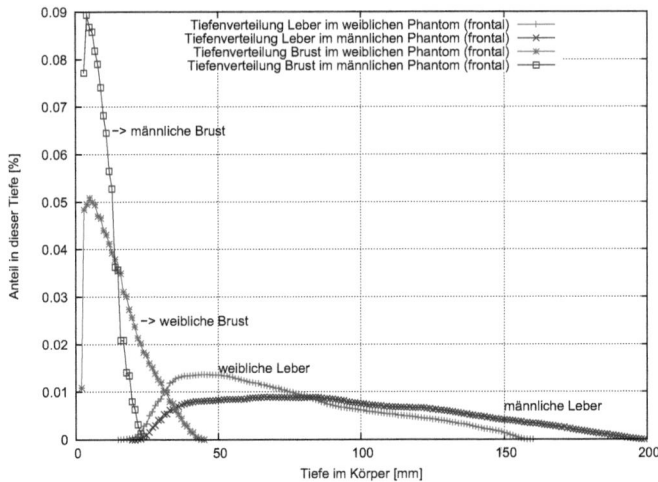

Abbildung 5.1: *Vergleich der Organtiefenverteilungen von Brust und Leber in den beiden Voxelphantomen [77]*

diskutiert und darin auf $< 15\%$ abgeschätzt. Es spricht auch dafür, dass die hier berechneten DKK mit bereits veröffentlichten Koeffizienten, die mit einem anderen, unabhängigen Monte-Carlo Code berechnet wurden, im Allgemeinen sehr gut übereinstimmten. Wo nicht entsprechend formuliert, beziehen sich in diesem Kapitel alle Energieangaben auf die primären Einstrahlenergien der betreffenden Teilchenstrahlung. Unterschiede der verschiedenen Organ-DKK bei (simulierter) Bestrahlung ergeben sich bei allen Teilchenarten zwangsläufig bei Verwendung unterschiedlicher anthropomorpher Phantome. Hier ist vor allem die Tiefe der Organe im Phantom entscheidend. In Tabelle 5.1 sind einige Organe/Gewebe zusammen mit ihren Tiefen (Abstand zur Körperfront) in den beiden verwendeten ICRP-Referenz-Voxelphantom aufgelistet. Es zeigt sich, dass sich gleiche Organe in den beiden Phantomen in ihrer Ausdehnung und Tiefe voneinander unterscheiden. In Abbildung 5.1 sind die Organtiefenverteilungen von Leber und Brust in beiden Phantomen aufgetragen, um die Unterschiede exemplarisch zu verdeutlichen. Die männliche Brust ist wesentlich dünner und hat eine geringere Tiefe als die weibliche Brust. Anders verhält es sich bei der Leber: die männliche Leber beginnt erst in einer größeren Tiefe (vgl. auch Tab. 5.1), reicht aber wesentlich weiter in das Phantom hinein. Für die Unterschiede im Vergleich der Organ-DKK der beiden Phantome untereinander, sind die auftretenden unterschiedlichen Organtiefen die Hauptursache.

5.1 Photonen

Weil der Strahlenwichtungsfaktor ω_R für Photonen gleich 1 ist (vgl. Tabelle A.1), sind die mittleren absorbierten Organ/Gewebe-Dosen numerisch gleich den zugehörigen Äquivalentdosen. Bei der externen Bestrahlungssimulation mit Photonen wurden beide Voxelphantome mit 10 Millionen Photonen-Geschichten von anterior nach posterior (AP) einer parallelen Ganzkörperbestrahlung ausgesetzt. Die DKK wurden im Energiebereich von 10 keV bis 10 GeV an 38 Energiepunkten berechnet. Bei Photonenenergien oberhalb 30 keV liegt die Varianz der erhaltenen DKK-Werte für große Organe/Gewebe unterhalb 3%. Für kleine Organe wie z.B. Nebennieren und Prostata treten bei 30 keV Varianzen von bis zu 10% auf. Unterhalb 30 keV nehmen die Varianzen der kleinen Organe in Einzelfällen Maximalwerte von bis zu 96% an, weil hier nur sehr wenige Energiedepositionsereignisse stattgefunden haben. Allerdings nimmt in diesen Energiebereichen die Dosis nur noch sehr geringe Werte an. Für große, ausgedehnte Gewebe wie Haut, Muskeln und rotes Knochenmark treten Varianzmaxima von 2% unterhalb 30 keV und 0.3% oberhalb 30 keV auf.

Die Rechenzeiten für AP waren vom bestrahlten Phantom und von der Energie abhängig. Für das männliche Phantom waren generell kürzere Rechenzeiten ausreichend, als für das weibliche Phantom (weniger Voxel). Mit ansteigender Photonenenergie stiegen auch die Rechenzeiten an. Kürzeste Rechenzeit waren 1.3 Stunden bei 10 keV und männlichem

138 KAPITEL 5. DKK Ergebnisse für AP-Bestrahlung

Phantom. Längste Rechenzeit waren 10.2 Stunden bei 10 GeV und weiblichem Phantom (alle Simulationen mit 10 Millionen Teilchengeschichten).

5.1.1 Präsentation und Vergleich der Organ-DKK im weiblichen Voxelphantom

In Abbildung 5.2 sind exemplarisch die Organ-DKK von Magen, Lunge, rotem Knochenmark, Brust und Haut des weiblichen Phantoms bei Photonenbestrahlung von AP dargestellt. In der Abbildung 5.3 darunter ist der totale Massenschwächungskoeffizient μ_{total} für Photonen in Wasser (= gewebeähnliches Material) zusammen mit den Beiträgen der wichtigsten Einzelprozesse dargestellt. Der Verlauf der Organ-DKK lässt sich mit dem Verlauf der einzelnen Massenschwächungskoeffizienten (μ_{Photo}, $\mu_{Compton}$, μ_{Paar}) leicht nachvollziehen (vgl. Anhang B.1). Im Energiebereich bis ca. 50 keV überwiegt der Photoeffekt. Je nach Tiefe des Organs/Gewebes brauchen die Photonen eine bestimmte Energie, um einzudringen und hauptsächlich über die gebildeten Sekundärelektronen Energie zu deponieren. Die Haut als oberflächlichstes Gewebe erhält bereits bei 10 keV Energie eine hohe Dosis. Für die Brust als nächst tiefer liegendes Gewebe benötigen die Photonen bereits etwas mehr Energie um einzudringen. Deshalb steigen die DKK für die Brust zwischen 10 und 20 keV mit der Energie an. Da μ_{Photo} mit steigender Energie ($\propto E^{-3}$) fällt, gehen die DKK für Haut und Brust von 20 bis 50 keV wieder zurück. Bei noch tiefer liegenden Organen/Geweben wie Lunge, Magen und rotem Knochenmark benötigen die Photonen höhere Energien um diese zu erreichen, weshalb in diesem Energiebereich ein Dosisanstieg zu beobachten ist. Im Energiebereich von etwa 50 keV bis etwa 50 MeV ist der Comptoneffekt der wahrscheinlichste Prozess. Mit steigender Energie können die Photonen tiefer in das Phantom eindringen und es werden dabei mehr Sekundärelektronen gebildet, was zu einem Dosisanstieg

5.1. Photonen

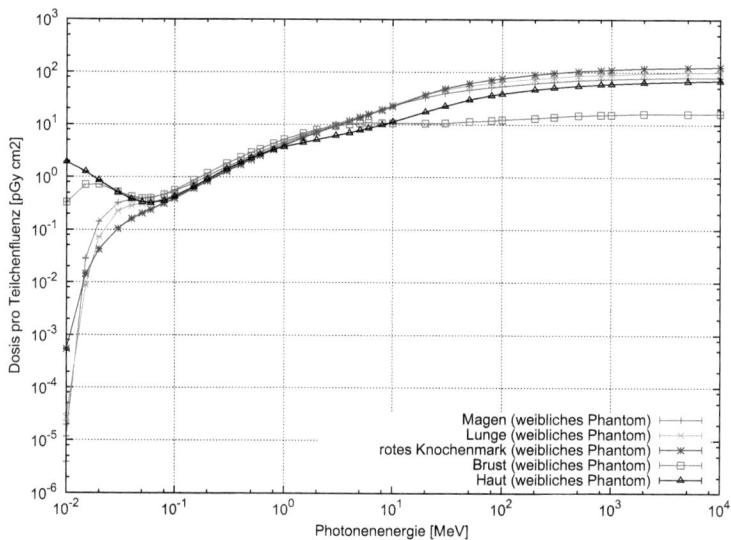

Abbildung 5.2: *Organ-DKK für Magenwand, Lunge, rotes Knochenmark, Brust und Haut des weiblichen Phantoms bei Photonenbestrahlung von AP*

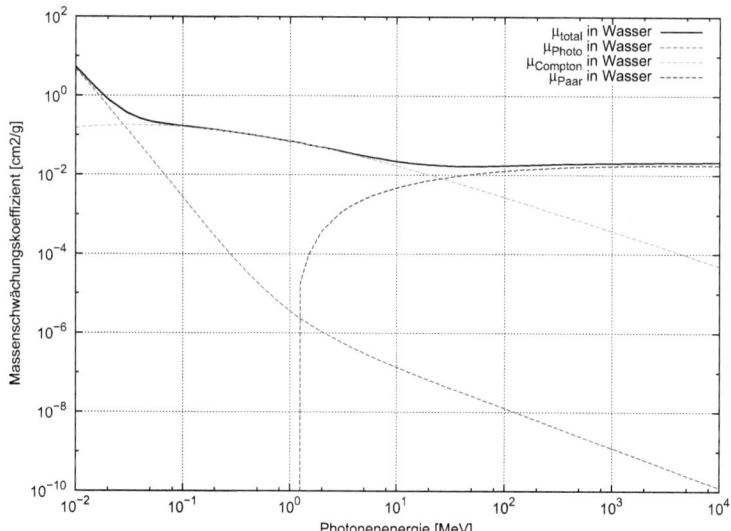

Abbildung 5.3: *Totaler Massenschwächungskoeffizient μ_{total} und dessen Anteile μ_{Photo}, $\mu_{Compton}$ und μ_{Paar} für Photonen in Wasser [10]*

in allen Organen führt. Eine weitere Änderung von μ_{total} tritt bei ca. 50 MeV auf. Ab dieser Energie dominiert der Prozess der Paarbildung. Zu höheren Energien hin ändert sich der μ_{total} dann kaum noch. Gleiches ist auch bei den Organ-DKK zu beobachten und es bildet sich bei höheren Energien eine Art Dosisplateau. Bei welcher Energie dieses Plateau anfängt, ist wieder von der Tiefe des Organs im Phantom abhängig. Bei AP weist das Brustgewebe eine Maximaltiefe von 4.4 cm (vgl. Tabelle 5.1; weibliches Phantom) auf und dementsprechend bildet sich das Plateau dieses Gewebes als erstes aus. Es lässt sich bei den DKK der Brust auch entsprechend des Verlaufs von μ_{total} ein leichter Rückgang der Dosis zwischen 10 MeV und 50 MeV beobachten. Die Photonen sind inzwischen schon so durchdringend, dass sie jede Tiefe der Brust erreichen, weshalb der weitere Verlauf der Brust-DKK entsprechend dem von μ_{total} von Photonen in Brustgewebe entspricht, welcher quasi gleich dem von Wasser (Abb. 5.3) ist. Die maximale Tiefe eines Organs/Gewebes im Phantom spielt eine wichtige Rolle ab wann es zur Ausbildung des Plateaus kommt. Je tiefer das Organ, desto höher muss die Energie sein, bis die Photonen das gesamte Organ erreichen, und bis zu dieser Energie kann die Dosis noch ansteigen. Laut Tabelle 5.1 hat die Lunge im weiblichen Phantom eine höhere Maximaltiefe als der Magen. Deshalb kommt es bei der Lunge zur Plateaubildung erst bei etwas höheren Energien und dementsprechend zu einer höheren Dosis relativ zum Magen. Die höchste Dosis im Energiebereich über 50 MeV weist das rote Knochenmark auf, welches ja ein im Skelett verteiltes Gewebe darstellt. Mit einer maximalen Tiefe im weiblichen Phantom von 19.4 cm (entspricht dem roten Knochenmark in den Schulterblättern) ist das nach obiger Argumentation auch zu erwarten. Zusätzlich liegt das rote Knochenmark im Knochen eingebettet (vgl. Kap. 2.4.3 und Anhang A.4), umhüllt von einer kortikalen Knochenschicht, welche im Vergleich zu den restlichen Körpermaterialien eine deutlich höhere Dichte aufweist und damit eine zusätzliche Abschirmung bedeutet. Damit diese von den Photonen

5.1. Photonen

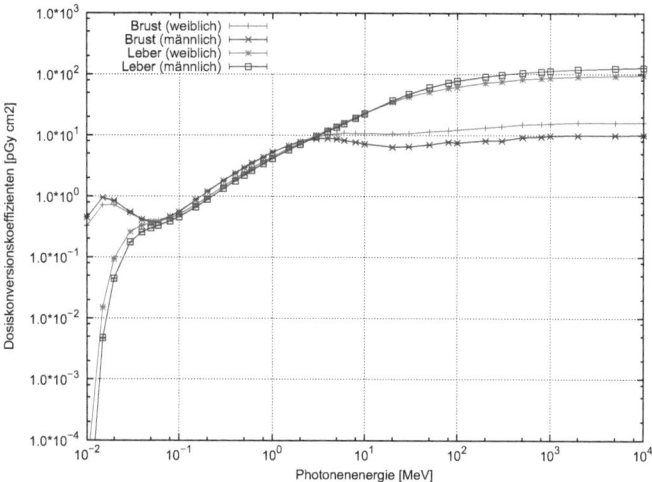

Abbildung 5.4: *Organ-DKK für die Leber und die Brust für beide Voxelphantom bei Photonenbestrahlung von AP im Vergleich*

durchdrungen werden kann, müssen sie auch eine höhere Energie haben. Der anhand der Beispiel-Organe besprochene Verlauf der Photonen-DKK ist bei allen anderen Organen entsprechend der Organtiefe ähnlich zu beobachten.

5.1.2 Organ-DKKs der beiden Voxelphantome im Vergleich

Zur Veranschaulichung der Unterschiede der Organ-DKKs der beiden Voxelphantome sind in der Abbildung 5.4 die Organ-DKKs von Leber und Brust beider Voxelphantome graphisch dargestellt. Die Brust von beiden Phantomen beginnt etwa in einer Tiefe von 2 mm. Die männliche Brust weist jedoch in gleicher mittlerer Tiefe eine wesentlich höhere Tiefenverteilung auf (vgl. Abbildung 5.1). Das bedeutet, dass in gleicher Tiefe mehr Brustgewebe Dosis appliziert bekommen kann. Deshalb weist die männliche Brust auch zu Anfang bei kleineren Energien eine etwas höhere Dosis auf. Im Energiebereich des Comptoneffektes sind beide Brust-DKK gleich. Weil die männliche Brust eine geringere Tiefe als die weibliche hat (vgl. Tabelle 5.1), setzt das oben angesprochene Dosis-Plateau bei niedrigeren Energien ein, als bei der weiblichen Brust, was gleichbedeutend mit etwas niedrigerer Dosis im hochenergetischen Bereich ist.

Ähnliche Unterschiede treten auch bei tiefer liegenden Organen wie der Leber auf. Die Leber im weiblichen Voxelphantom beginnt in geringerer Tiefe, hat zu Beginn eine höhere Tiefenverteilung als die Leber im männlichen Phantom und endet auch in einer geringeren Tiefe. Diese Eigenschaften lassen sich auch gut durch Vergleich der Leber-DKK beider Voxelphantome ablesen. Die Dosis in der weiblichen Leber steigt früher, also bei niedrigeren Energien an. Im mittleren Energiebereich nähern sich die DKK an, bis sie quasi gleich sind. Weil die weibliche Leber in geringeren Phantomtiefen zu Ende ist, tritt hier bei niedrigen Energien bereits die Plateauphase ein, während in der männlichen Leber in diesen Tiefen noch zusätzlich Dosis appliziert wird. Das erklärt die höhere Dosis in der männlichen Leber im höherenergetischen Bereich.

5.1.3 Vergleich mit Werten aus der Literatur

Für Photonen-DKK für AP-Bestrahlung existieren in der Literatur einige Vergleichsdaten, wobei die Berechnungen mit den unterschiedlichsten Phantomen und Monte-Carlo Codes durchgeführt wurden. In Tabelle 5.2 sind jene Publikation aufgelistet, mit denen die Werte für Photonen dieser Arbeit verglichen werden. Zusätzlich sind auch die verwendeten Monte-Carlo Programme und Phantome angegeben. In den Abbildungen 5.5, 5.6 und 5.7 werden beispielhaft die Organ-DKK für Photonen von Lunge, Magen und rotem Knochenmark mit den Literaturwerten verglichen. Abweichungen treten hauptsächlich aufgrund der Verwendung unterschiedlicher Phantome und verschiedener Monte-Carlo Codes auf.

5.1. Photonen

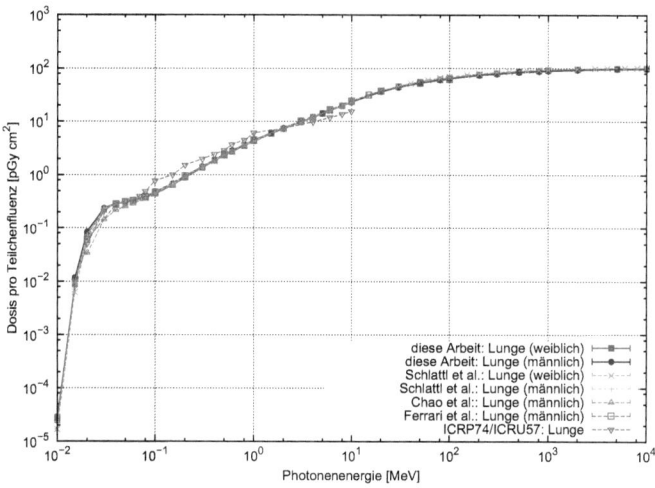

Abbildung 5.5: *Organ-DKK für die Lunge bei Photonenbestrahlung von AP beider Voxelphantome im Vergleich mit Werten von ICRP74 [74], Schattl et al. [121] und [120], Ferrari et al. [51] und Chao et al. [33]*

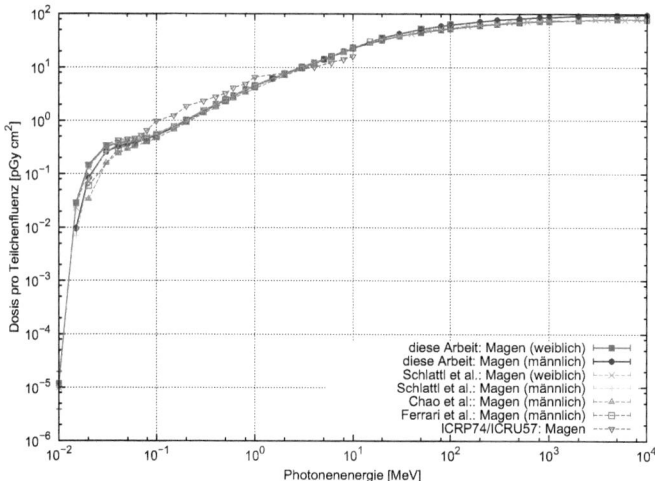

Abbildung 5.6: *Organ-DKK für den Magen bei Photonenbestrahlung von AP beider Voxelphantome im Vergleich mit Werten von ICRP74 [74], Schattl et al. [121] und [120], Ferrari et al. [51] und Chao et al. [33]*

144 KAPITEL 5. DKK Ergebnisse für AP-Bestrahlung

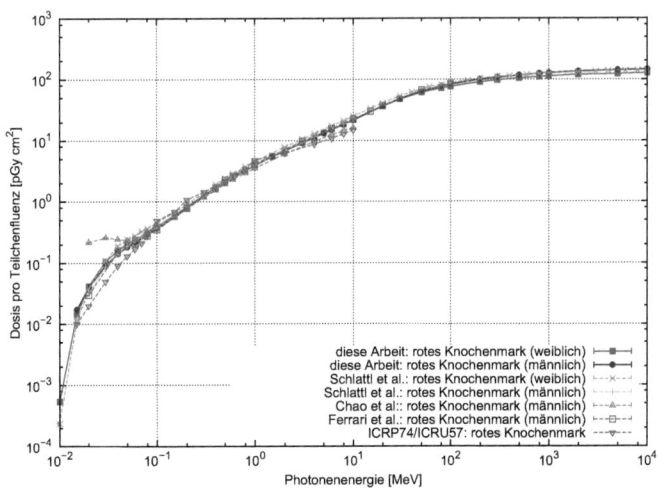

Abbildung 5.7: *Organ-DKK für rotes Knochenmark bei Photonenbestrahlung von AP beider Voxelphantome im Vergleich mit Werten von ICRP74 [74], Schattl et al. [121] und [120], Ferrari et al. [51] und Chao et al. [33]*

Publikation	MC-Code	Phantom	DKK Organe	DKK eff. Dosis
Schlattl et al. [121], [120]	EGS4nrc	ICRP-Voxelphantome (m/w)	✓	✓
Ferrari et al. [51]	MCNPX	NORMAN-05	✓	
Ferrari et al. [46]	FLUKA	Hermaphrodit		✓
Chao et al. [33]	EGS4-VLSI	VIP-Man	✓	✓
ICRP74/ICRU57 [74], [80]	mehrere	mathematisch	✓	✓

Tabelle 5.2: *Literaturauflistung von DKK-Berechnungen für Photonenbestrahlung und Angabe der verwendeten Monte-Carlo-Codes sowie der Phantome*

5.1. Photonen

Mögliche Gründe für weitere Unterschiede liegen in der Weiterentwicklung der Monte-Carlo Codes und auch Aktualisierung der verwendeten Wirkungsquerschnitte. Die Übereinstimmungen sind jedoch generell sehr zufriedenstellend.

Schlattl et al. führten die Berechnungen mit dem Monte-Carlo Code "EGS4nrc" [86] und den beiden Voxelphantomen "Rex" und "Regina" durch. Diese beiden Voxelphantome stellen die Vorgänger der ICRP-Referenz-Voxelphantome dar und stimmen von den Körperdimensionen exakt mit diesen überein. Einziger Unterschied ist, dass bei Rex und Regina statt 53 Materialien nur 30 definiert sind [121]. Die Werte der Organ-DKK von Schlattl et al. sind für einen Vergleich ideal, weil bei annähernd gleichen Voxelphantomen eventuell auftretende Unterschiede nur auf die verschiedenen Monte-Carlo Codes zurück zu führen sind. Die Übereinstimmungen der hier gezeigten Werte ist bemerkenswert, wie auch bei allen anderen Organen. Neben den durchgeführten User-Validierungen (siehe Kapitel 4.8) sind die Übereinstimmung der Geant4-Berechnungen mit unabhängig durchgeführten Rechnungen unter Verwendung eines anderen Monte-Carlo Codes eine weitere Verifizierung für die Richtigkeit der Simulationsrechnungen mit GEANT4.

Chao et al. [33] berechneten DKK für Photonen unter Verwendung des EGS4-VLSI Codes und des "VIP-Man Anatomical Models" [139]. Der VIP-Man ist im Vergleich zu dem männlichen Referenz Voxelphantom der ICRP größer und stämmiger, was zu extrem niedrigen DKK vor allem im niederenergetischen Bereich (< 50 keV) führt. Einzig auffällig ist die deutliche Abweichung bei der Dosis im roten Knochenmark. Grund dafür ist, dass bei der Dosisberechnung im roten Knochenmark keine Unterscheidungen zwischen trabekulärem und kortikalem Knochen gemacht wurden (vgl. Kapitel 2.4.3 und Anhang A.4), worauf in der Publikation auch explizit hingewiesen wird.

Die DKK aus ICRP74 basieren auf den Rechnungen mehrerer Arbeitsgruppen, die unterschiedliche Monte-Carlo Codes und auch unterschied-

146   KAPITEL 5. DKK Ergebnisse für AP-Bestrahlung

liche Phantome verwendeten. Vergleicht man die GEANT4-Werte mit den ICRP-Werten, dann zeigt sich eine prinzipielle Übereinstimmung im Verlauf der beiden Datensätze. Zur Erklärung der deutlich sichtbaren Abweichungen zwischen den beiden Datensätzen sei daran erinnert, dass sich die jeweils verwendeten Phantome deutlich voneinander unterscheiden. Die Dimensionen der Organe und Gewebe stimmen zwar überein (Referenzwerte aus [75]), aber die Lage der Organe im Körper und der Körper selbst sind doch sehr unterschiedlich. Zankl et al. [142] haben in diesem Zusammenhang eine umfassende Studie durchgeführt, in der die DKK mehrerer Voxelphantome mit den DKK der mathematischen Phantome ADAM und EVA [87] verglichen wurden[1]. Dadurch konnte auf die anatomischen Unstimmigkeiten, die den mathematischen Modellen innewohnen, rückgeschlossen werden (Details siehe [121]).

5.1.4 Effektive Dosis

Aus den Organdosen wurde wie beschrieben (Kap. 2.4 und Anhang A.2) die effektive Dosis berechnet. In Abbildung 5.8 sind die DKK der effektiven Dosis bei Photonenbestrahlung (AP) zusammen mit den publizierten Daten der ICRP [74], Ferrari et al. [46], Chao et al. [33] und Schlattl et al. [121] aufgetragen. Der relative Fehler der effektiven Dosiswerte wurde mittels der Fehlerfortpflanzung berechnet und beträgt maximal 4.3%. Wie erwartet zeigt sich eine bemerkenswert gute Übereinstimmung mit den Werten von Schlattl et al. Unterschiede zu den Daten von ICRP, Ferrari et al. und Chao et al. sind einerseits auf die Unterschiede bei den einzelnen Organ-DKK zurück zu führen, die aus den oben genannten Gründen zustande kommen. Ein weiterer Punkt ist, dass die Empfehlungen der ICRP zur Berechnung der effektiven Dosis seit ICRP60 [72] (d.h. Strahlunsgwichtungsfaktoren, Gewebewichtungs-

---

[1]Die DKK-Datensätze der mathematischen Phantome ADAM und EVA wurden von Zankl et al. berechnet [143] und sind unter anderem Grundlage der DKK für Photonen in ICRP74

5.1. Photonen

faktoren und Organe, die zur Berechnung herangezogen werden; vgl. Kapitel A.2) geändert wurden, was naturgemäß zu unterschiedlichen Ergebnissen führt. Die Ursache für die Abweichung der Daten von Ferrari et al. im Energiebereich oberhalb 10 MeV ist noch unklar, da hier die DKK der einzelnen Organe zur Ursachenforschung nicht zur Verfügung standen. Wahrscheinlich ist, dass ein oder mehrere Organe mit einem hohen Gewebewichtungsfaktor relativ zu den Daten dieser Arbeit zu höheren Werten hin abweichen.

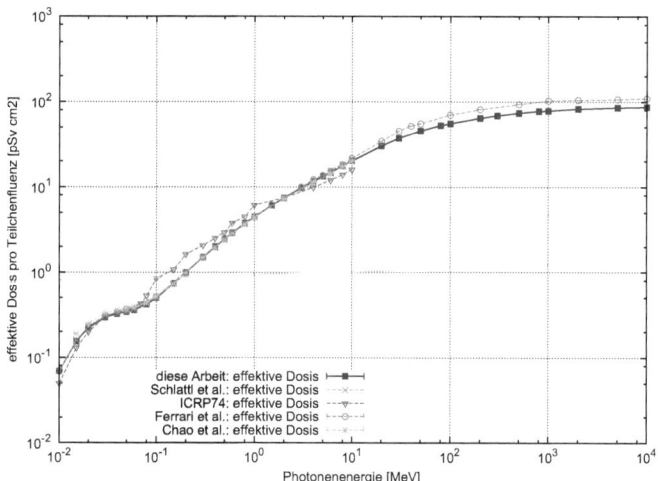

Abbildung 5.8: *DKK für die effektive Dosis bei Photonenbestrahlung von AP im Vergleich mit Daten der ICRP [74], Schattl et al. [121], Ferrari et al. [46] und Chao et al. [33]*

5.1.5 Veröffentlichung der Photonen-Daten in der ICRP Publikation 110

Die ICRP hat im März 2007 in ihrer Publikation 103 [76] angekündigt, auf medizinisch tomographischen Bildern basierende, männliche und weibliche Voxelphantome als Referenz Computerphantome für ihre Berechnungen im Strahlenschutz zu verwenden. Damit sollen die verschiedenen, bis dato verwendeten mathematischen Phantome ersetzt werden. 2009 wurde die Publikation 110 der ICRP [77] veröffentlicht, in der die Entwicklungen, die technischen Daten und die geplanten Verwendungen der beiden Referenz-Voxelphantome beschrieben werden. Die Referenz-Voxelphantome wurden im Oktober 2008 von der ICRU übernommen. Zusätzlich zu den technischen Beschreibungen der Referenz Voxelphantome sind in Anhang H der ICRP Publikation 110 Dosiskonversionskoeffizienten ausgewählter Organe und der effektiven Dosis für die externe Bestrahlung mit Photonen aufgeführt. Bei den ausgewählten Organen handelt es sich um jene, welche mit einem hohen Gewebewichtungsfaktor zur effektiven Dosis beitragen, nämlich Lunge, Magen, Colon und Brust. Die in dieser Arbeit mit GEANT4 berechneten Dosiskonversionskoeffizienten dieser Organe und der effektiven Dosis wurden mit in diesen Report aufgenommen. Sie sind zusammen mit Berechnungen anderer Monte Carlo Codes (MCNPX [137, 65] und EGSnrc [86]), sowie den jeweils zugehörigen Konversionskoeffizienten aus ICRP Report 74 [74] bzw. ICRU Report 57 [80] dort graphisch illustriert.

5.2 Elektronen und Positronen

Der Strahlungswichtungsfaktor für Elektronen und Positronen ist 1 (vgl. Tabelle A.1). Im Energiebereich von 10 keV bis 10 GeV wurde an 32 Energiepunkten mit jeweils 10 Millionen Elektronen-Geschichten simuliert von AP bestrahlt. Die Reichweiten von Elektronen im Energiebereich unterhalb 1 MeV sind gering (z.B. bei 100 keV, 500 keV und 1 MeV sind die berechneten Reichweiten in Wasser 140 μm, 1.7 mm und 4.3 mm [134]). Dementsprechend hoch sind die Unsicherheiten der DKK-Werte in diesem Energiebereich, vor allem für kleine, tief im Phantom liegende Organe wie Nebennieren und Uterus bzw. Prostata. Ab einer Energie von 200 keV treten in diesen beiden Organen erste Energiedepo-

5.2. Elektronen und Positronen

sitionen auf, mit einer Varianz von fast 100%. Bei größeren Organe wie Lunge, Magen und Leber kommt es im Energiebereich unterhalb 50 keV ebenfalls zu maximalen Varianzen von über 95%. Bei den großen Organen werden die Varianzen ab etwa 600 keV akzeptabel (d. h. unterhalb 4%), bei den kleineren Organe erst ab Energien von etwa 3 MeV. In die Berechnung der effektiven Dosis gehen die kleineren Organe durch eine Mittelung über das so genannte Restgewebe ein (vgl. Kapitel A.2). Die Varianzen für das Restgewebes werden ab etwa 800 keV akzeptabel. Zusammenfassend sind die DKK-Werte kleiner Organe unterhalb 4 MeV und großer Organe unterhalb 600 keV nur als Richtwerte anzusehen. Allerdings sind die Dosen in diesem Energiebereich auch so niedrig, dass sie vernachlässigt werden können. Sobald die Elektronen genug Energie haben, um in die jeweiligen Organe einzudringen, reduzieren sich die Varianzen auf unter 1%.

Anders verhalten sich die Varianzen bei den Positronen. Als Antiteilchen der Elektronen haben sie zwar ähnliche Reichweiten, jedoch annihilieren sie nach ihrer Abbremsung mit atomaren Elektronen des Absorbers. Bei jedem Annihilationsprozess entstehen zwei 511 keV Photonen, welche ihrerseits weiter in das Phantom eindringen und Energie deponieren können. Die großen Organe (Lunge, Magen, Leber, ...) zeigen deshalb bereits bei 10 keV maximale Varianzen unterhalb 1% und auch die kleinen Organe (Nebennieren, Gonaden,...) weisen hier maximale Varianzen von unter 2% auf.

Die Rechenzeiten waren abhängig vom bestrahlten Phantom und von der Elektronen- bzw. Positronen-Energie. Wegen des Prozesses der Annihilation und der dabei entstehenden Photonen, welche dann im Simulationsprozess weiter verfolgt werden, benötigte die Simulation der Bestrahlung mit Positronen mehr Rechenzeit als die mit Elektronen. Weil das männliche Phantom weniger Voxel enthält, brauchte der Computer bei dessen Bestrahlung generell kürzere Rechenzeiten. Mit ansteigender Primärenergie stiegen auch die Rechenzeiten an. Die kürzeste Rechen-

150 KAPITEL 5. DKK Ergebnisse für AP-Bestrahlung

zeit betrug 2 Stunden für Elektronen und 5.9 Stunden für Positronen bei 10 keV und männlichem Phantom. Die längste Rechenzeit betrug 26.1 Stunden für Elektronen und 25.2 Stunden für Positronen bei 10 GeV und weiblichem Phantom (alle Simulationen mit 10 Millionen Teilchengeschichten).

5.2.1 Präsentation und Vergleich der Organ-DKK im weiblichen Voxelphantom

In den Abbildungen 5.9 und 5.10 sind exemplarisch die Organ-DKK des weiblichen Phantoms für Elektronen von Magen, Lunge, Brust, Haut und rotem Knochenmark bei AP-Bestrahlung aufgetragen. Die beiden Abbildungen unterscheiden sich nur insofern, als die Ordinate im ersten Bild logarithmisch und im zweiten Bild linear aufgetragen ist. In Abbildung 5.11 ist die Reichweite von Elektronen in Wasser gegen die kinetische Energie dargestellt [10]. Zusätzlich sind in diesem Bild auch mit Pfeilen die minimalen und maximalen Tiefen (weibliches Phantom) von Brust, Lunge, Magen und rotem Knochenmark (Abk.: RBM = "Red Bone Marrow") gekennzeichnet. Die Pfeile zeigen an, bei welcher kinetischen Primärenergie die Elektronen diese Tiefen erreichen. Die Verläufe der Organ-DKK sind abhängig von der Tiefe, in der das Organ im Voxelphantom liegt.

Oberflächliche Gewebe: Brust und Haut (weibliches Phantom)

Elektronen haben bei 500 keV Energie in Wasser eine Reichweite von etwa 1.7 mm, können also ab dieser Energie die Haut[2] durchdringen. Unterhalb von 500 keV treten deshalb nennenswerte Dosiswerte nur für die Haut auf. Es sei hier darauf hingewiesen, dass die Haut an ihrer Oberfläche eine etwa 70 μm dicke Schicht hat, die unempfindlich gegenüber

---

[2] Die Dicke der Haut beim weiblichen Voxelphantom entspricht der Abmessung eines Voxels; d.h. bei AP-Bestrahlung des weiblichen Phantoms einer Dicke von 1.775 mm

5.2. Elektronen und Positronen 151

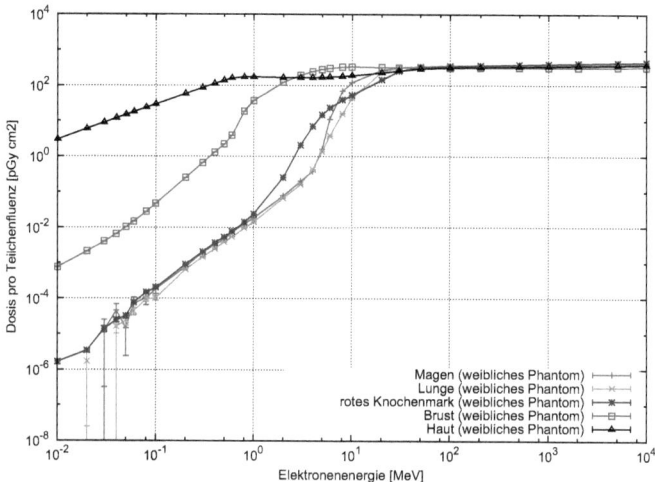

Abbildung 5.9: *Organ-DKK für Magenwand, Lunge, rotes Knochenmark, Brust und Haut des weiblichen Phantoms bei Elektronenbestrahlung von AP (Ordinate in logarithmischer Darstellung)*

Strahlung ist. Diese Schicht wurde bei der Berechnung der Haut-DKK in dieser Arbeit nicht berücksichtigt. Katagiri et al. [85] haben Korrekturfaktoren für die Hautdosis anhand des MIRD-5 Phantoms [129] berechnet, um die Absorption von Elektronen in dieser Schicht zu quantifizieren. Bei 200 keV beträgt der Korrekturfaktor bereits 0.886 und nähert sich mit steigender Energie der 1. Bei 100 keV ist der Korrekturfaktor allerdings noch 0.394 und unterhalb 70 keV beträgt die Reichweite der Elektronen maximal 70μm. Die Haut-Dosis in dieser Arbeit wird also in niederenergetischen Bereich (E < 300 keV) mit abnehmender Energie zunehmend überschätzt. Mit steigender Energie nimmt die Reichweite der Elektronen zu und Dosis kann auch in tieferen Lagen des Voxelphantoms deponiert werden, was zu dem beobachteten Dosisanstieg in der Haut (und in allen anderen Organen/Geweben) führt. Bei etwa 800 keV tritt bei der Hautdosis ein lokales Maximum auf. Bei dieser Energie haben Elektronen eine Eindringtiefe von ca. 3 mm (vgl.

152 KAPITEL 5. DKK Ergebnisse für AP-Bestrahlung

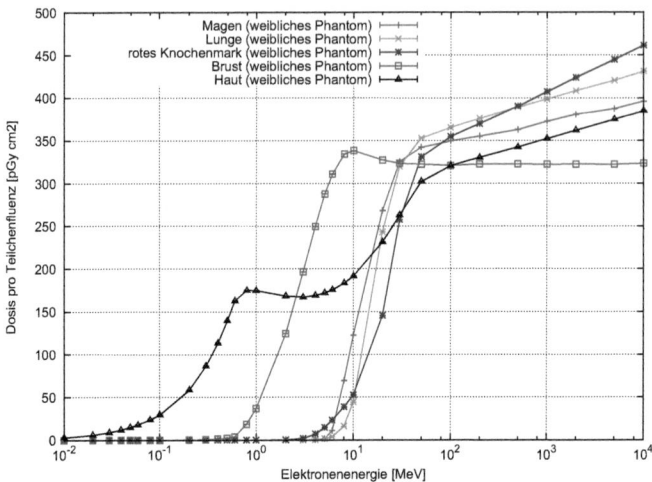

Abbildung 5.10: *Organ-DKK für Magenwand, Lunge, rotes Knochenmark, Brust und Haut des weiblichen Phantoms bei Elektronenbestrahlung von AP (Ordinate in linearer Darstellung)*

Abbildung 5.11). Bei AP-Bestrahlung wird bei noch höheren Energien ein Großteil der Haut durchdrungen und ein Dosisrückgang ist die Folge (Elektronen-Bremsvermögen ist rückläufig in diesem Energiebereich). Bei weiter ansteigender Energie erreichen die Elektronen das Hautgewebe an der Rückseite des Phantoms und ein weiterer Dosisanstieg ist die Folge. Die maximale Tiefe der Haut (d.h. die maximale Dicke des Phantoms) liegt bei 20.4 cm (vgl. Tabelle 5.1). Um diese Tiefe zu erreichen benötigen die Elektronen eine Energie von ca. 50 MeV (vgl. Abbildung 5.11). Oberhalb dieses Energiebereichs wird das Strahlungsbremsvermögen immer dominanter. Weitere Dosisanstiege bei noch höheren Energien sind durch Bremsstrahlungserzeugung, Lorentzkontraktion und Dichteeffekte zu erklären (vgl. Anhang B.3).

Ein ähnlicher Verlauf ist bei der Brust zu beobachten. Das Brustgewebe beginnt in 2 mm Tiefe. Die zu dieser Reichweite gehörige Energie ($\approx$ 600 keV) lässt sich aus Abbildung 5.11 ablesen. Bei dieser Energie beginnt

5.2. Elektronen und Positronen

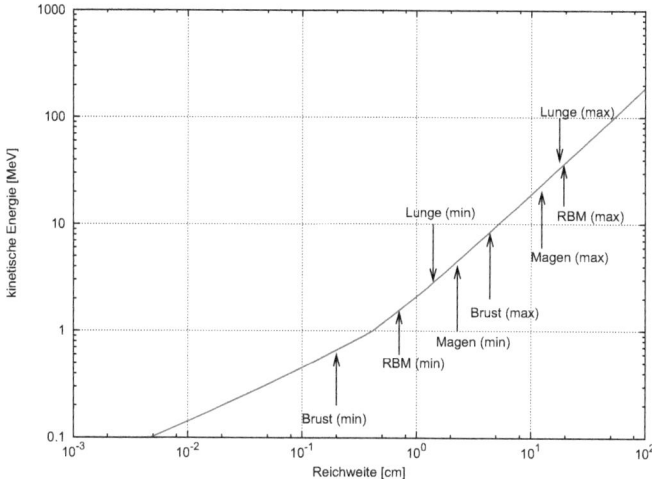

Abbildung 5.11: *Reichweite von Elektronen in Wasser als Funktion der kinetischen Energie der einfallenden Elektronen; Zusätzlich angegeben sind die minimalen und maximalen Tiefen von Brust, Magen, Lunge und rotem Knochenmark (RBM = "Red Bone Marrow") mit Pfeilen, bei welcher Energie die Elektronen diese Tiefen erreichen [10]*

auch die DKK der Brust anzusteigen. Auch hier tritt ein lokales Maximum bei etwa 10 MeV auf. Bei dieser Energie haben die Elektronen eine Reichweite von etwa 4.5 cm, was mit der maximalen Tiefe der Brust im Voxelphantom übereinstimmt. Bei weiter steigenden Energien kommt es zu einem kurzen Dosisrückgang, bis sich ein Dosisplateau einstellt. Im Bereich des Plateaus ist die Geschwindigkeit der Elektronen nahezu Lichtgeschwindigkeit. Damit bleibt auch die Zeit für eine Stoßwechselwirkung konstant, was einer konstanten Energiedeposition pro Weglänge gleichkommt.

Tieferliegende Organe: Magen, Lunge, rotes Knochenmark (weibliches Phantom)

Die DKK tiefer liegender Organe haben prinzipiell den gleichen Verlauf. Sobald die Elektronen genug Energie haben, um das Organ zu erreichen, steigt die Dosis steil mit der Energie an, bis die Elektronen die Rückwand der Organe erreicht. Beginnt ein Organ/Gewebe in einer geringeren Tiefe wie z.B. bei rotem Knochenmark (0.7 cm Tiefe) im Gegensatz zu Magen (2.3 cm Tiefe), so beginnt der Dosisanstieg bei geringeren Energien. Dass bei Stoßbremsung die Dichte der Organe auch eine Rolle spielt[3], ist deutlich beim Vergleich von Magen[4] und Lunge[5] zu erkennen. Obwohl die Lunge eine geringere Tiefe im Phantom hat als der Magen, steigt die Magendosis aufgrund der höheren Dichte früher an. Die Lunge reicht jedoch wesentlich tiefer ins Phantom hinein, weshalb die Lungendosis die Magendosis bei höheren Energien dann wieder "überholt". Sobald das rückwärtige Ende eines Organs von den Elektronen erreicht wird, flacht der Dosisanstieg ab und geht in eine geringere Steigung über. Das geschieht im Energiebereich zwischen 50 MeV und 100 MeV. Das ist auch der Bereich, ab dem der Prozess der Bremsstrahlung zu dominieren beginnt. Je tiefer ein Organ im Phantom endet (relativ zur Einstrahlung), desto höher ist die Dosis in diesem Bereich. Der weitere Dosisanstieg ist einerseits durch den Anstieg des Bremsvermögens erklärt. Tiefer liegende Organe erhalten zusätzlich Dosis durch Sekundärteilchen, die bereits in geringeren Tiefen durch Wechselwirkungen gebildet wurden, weil in diesem Energiebereich hauptsächlich in Vorwärtsrichtung gestreut wird (Aufbaueffekt). Der Dosisverlauf für das roten Knochenmark läßt sich dadurch erklären, dass es sich hier um ein in bestimmten Skelett-Teilen verteiltes Gewebe handelt. Es ist einerseits in fast jeder Tiefe des Phan-

---

[3]Das Stoßbremsvermögen von Elektronen ist direkt proportional zur Dichte des Absorbers
[4]Dichte der Magenwand: $\rho = 1.03\text{g}/\text{cm}^3$
[5]Dichte der Lunge: Lungengewebe $\rightarrow \rho_{\text{Gewebe}} = 0.385\text{g}/\text{cm}^3$, Lungenblut $\rightarrow \rho_{\text{Blut}} = 1.06\text{g}/\text{cm}^3$ und Lungenluft $\rightarrow \rho_{\text{Luft}} = 0.001293\text{g}/\text{cm}^3$

5.2. Elektronen und Positronen

toms anzutreffen und wird andererseits von einer mineralischen Knochenschicht mit hoher Dichte abgeschirmt.

5.2.2 Organ-DKKs der beiden Voxelphantome im Vergleich

Die Abbildungen 5.12 und 5.13 zeigen die DKK der Brust und der Leber für beide Voxelphantome. Die Dosis der Brust steigt aufgrund ihrer oberflächennahen Lage wesentlich früher an, als die der tiefer liegenden Leber. Da die weibliche Brust etwa die 20-fache Masse der männlichen Brust hat (vgl. Tabelle C.2 und Tabelle C.3 im Anhang), steigt die Dosis der männlichen Brust (bei gleicher Energiedeposition) wesentlich rascher an und hat auch ein höheres Maximum, welches aufgrund der geringeren Tiefe bei niedrigeren Energien erreicht wird. Die geringere Tiefe ist auch der Grund für eine geringere Höhe des bei höheren Energien folgenden Dosisplateaus. Grundsätzlich erhält die männliche Brust relativ zur weiblichen Brust eine höhere Dosis bei geringeren Energien und eine geringfügig niedrigere Dosis bei höheren Energien.

Aufgrund der geringeren Tiefe beginnt und endet der Dosisanstieg der weiblichen Leber bei geringeren Energien. Der Massenunterschied zwischen den beiden Lebern der Voxelphantome ($\approx$ 25%) ist bei weitem nicht so ausgeprägt wie bei der Brust. Trotzdem ist ein erkennbar steilerer Dosisanstieg der weiblichen Leber zu erkennen. Grundsätzlich erhält die weibliche Leber bei geringen Energien eine höhere Dosis als die männliche Leber. Bei 100 MeV sind die Dosiswerte etwa gleich. Im Energiebereich darüber erhält die männliche Leber eine höhere Dosis, weil sie tiefer in das Phantom reicht. Dieser examplarische Vergleich läßt sich auf alle weiteren Organe übertragen. Eine geringere Masse bedeutet einen steileren Anstieg der Dosis. Eine geringere Tiefe bedeutet einen Dosisanstieg bei geringeren Energien. Weiter in die Tiefe reichende Organe erhalten im höherenergetischen Bereich auch mehr Dosis.

156 KAPITEL 5. DKK Ergebnisse für AP-Bestrahlung

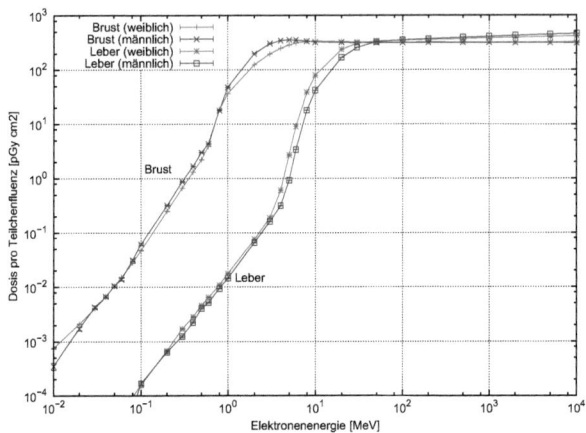

Abbildung 5.12: *Organ-DKK von Leber und Brust beider Phantome bei Elektronenbestrahlung von AP (Ordinate in logarithmischer Darstellung)*

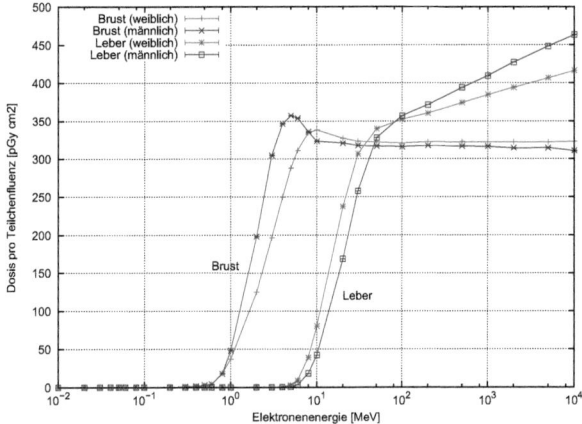

Abbildung 5.13: *Organ-DKK von Leber und Brust beider Phantome bei Elektronenbestrahlung von AP (Ordinate in linearer Darstellung)*

5.2. Elektronen und Positronen

5.2.3 Vergleich der DKK von Elektronen und Positronen

Die Bremsvermögen und Reichweiten von Elektronen und Positronen sind – ausgenommen bei niedrigen Energien – praktisch gleich. Man kann deshalb erwarten, dass bei beiden Teilchen die DKK gleicher Organe in gleichen Phantomen praktisch den gleichen Verlauf zeigen. Abbildung 5.14 zeigt die DKK von Magen, Lunge, rotem Knochenmark, Brust und Haut des weiblichen Voxelphantoms bei Positronenbestrahlung von AP. Vergleicht man diese Graphen mit denen für Elektronen (Abbildung 5.10), so stimmen wie erwartet die Verläufe großteils überein. Einziger Unterschied ist, dass im niederenergetischen Bereich vor dem (tiefenabhängigen) Dosisanstieg die Dosiswerte bei Positronenbestrahlung konstant höher sind als bei Elektronenbestrahlung. In Abbildung 5.15 sind exemplarisch die Magen-DKK beider Phantome für Elektronen- und Positronenbestrahlung logarithmisch aufgetragen. Grund für die konstant höhere Dosis bei Positronenbestrahlung mit sehr niedrigen Energien vor dem eigentlichen Dosisanstieg ist der Annihilationsprozess von Positronen mit gebundenen Absorberelektronen (vgl. Anhang B.3). Bei diesem Prozess werden zwei 511 keV Photonen gebildet (auch Vernichtungsstrahlung genannt), die ihrerseits im Körper Wechselwirkungen durchführen können und damit zur Dosis beitragen. Vergleicht man die DKK-Werte aller Organe bei 500 keV Photonenbestrahlung, so ergeben sich überall Werte von etwas über 2 pGy · cm^2 (vgl. z.B. Abbildung 5.2). Dies stimmt genau mit den konstanten DKK-Werten aller Organe bei Positronenbestrahlung im Energiebereich vor dem eigentlichen Dosisanstieg überein. Das bedeutet, das in diesem Energiebereich die Dosis im Wesentlichen durch die 511 keV Vernichtungsstrahlung bzw. deren Sekundärteilchen verursacht wird. Sobald die Positronen genug Energie und damit auch die Reichweite haben, um die jeweiligen Organe direkt zu treffen, ist der gleiche Verlauf wie bei den Elektronen zu beobachten,

KAPITEL 5. DKK Ergebnisse für AP-Bestrahlung

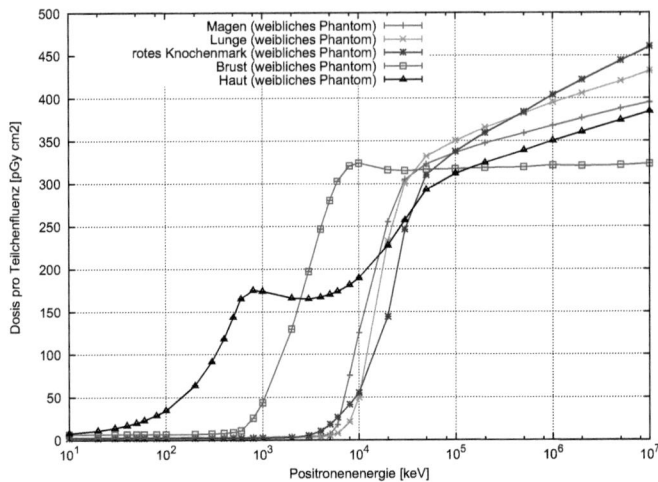

Abbildung 5.14: *Organ-DKK für Magenwand, Lunge, rotes Knochenmark, Brust und Haut des weiblichen Phantoms bei Positronenbestrahlung von AP (Ordinate in linearer Darstellung)*

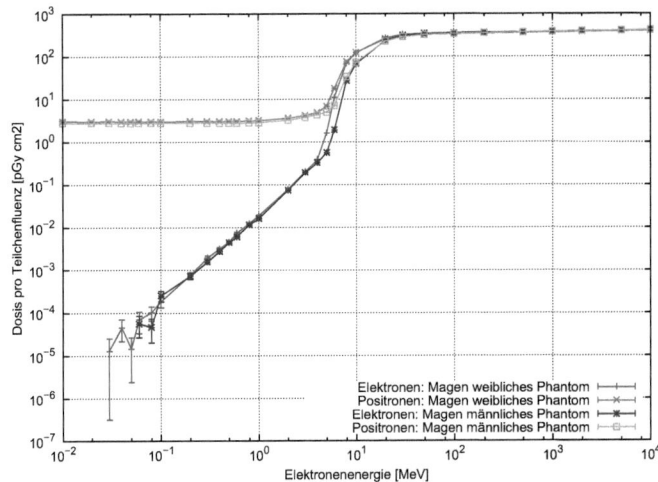

Abbildung 5.15: *Organ-DKK für Magenwand beider Voxelphantome bei Bestrahlung mit Elektronen und mit Positronen von AP (Ordinate in logarithmischer Darstellung)*

5.2. Elektronen und Positronen

Publikation	MC-Code	Phantom	DKK Organe	DKK eff. Dosis
Schlattl et al. [120]	EGS4nrc	ICRP-Voxelphantome (m/w)	✓	
Ferrari et al. [47]	FLUKA	Hermaphrodit	✓	✓
Chao et al. [34]	EGS4-VLSI	VIP-Man	✓	
Katagiri et al. [85]	EGS4	MIRD-5	✓	✓
Schultz et al. [123]	??	ADAM	✓	

Tabelle 5.3: *Literaturauflistung von DKK-Berechnungen für Elektronenbestrahlung und Angabe der verwendeten Monte-Carlo-Codes sowie der Phantome*

mit gleichen Eigenschaften, was Tiefe und Masse der jeweiligen Organe betrifft.

5.2.4 Vergleich mit Werten aus der Literatur

Die Abbildungen 5.16, 5.17 und 5.18 zeigen die in dieser Arbeit für Elektronenbestrahlung berechneten DKK von Lunge, Magen und rotem Knochenmark beider Phantome im Vergleich mit Literaturwerten. Für Elektronen existieren einige Berechnungen der Organ-DKK mit verschiedenen Monte Carlo Codes und Phantomen. Als Vergleichsdaten wurden die Publikation von Chao et al. [34], Katagiri et al. [85], Ferrari et al. [47], Schultz et al. [123] sowie die bis dato unveröffentlichten Werte von Schlattl [120] verwendet (vgl. Tabelle 5.3). Die Übereinstimmung der Daten ist generell sehr zufriedenstellend. Vor allem im hochenergetischen Bereich, bei Energien von etwa 20 MeV und darüber, stimmen alle Datensätze, die in diesem Energiebereich Werte haben, hervorragend überein. Die Ursachen für die beobachteten Unterschiede im Energiebereich unterhalb 20 MeV liegen hauptsächlich in der Verwendung unterschiedlicher Monte- Carlo Codes und Phantome, was zu unterschiedlichen Organtiefen und damit verschobenen DKK führt.

KAPITEL 5. DKK Ergebnisse für AP-Bestrahlung

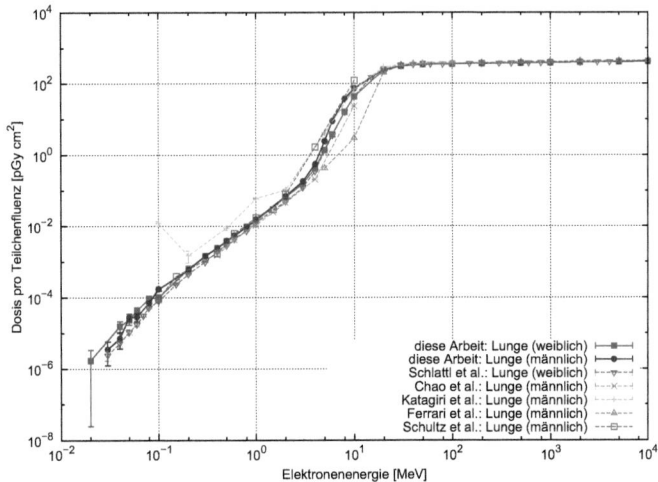

Abbildung 5.16: *DKK von der Lunge beider Voxelphantome bei Bestrahlung mit Elektronen im Vergleich mit Literaturwerten von Chao et al. [34], Katagiri et al. [85], Ferrari ett al. [47], Schultz et al. [123] sowie bis jetzt unveröffentlichte Werte von Schlattl et al. [120]*

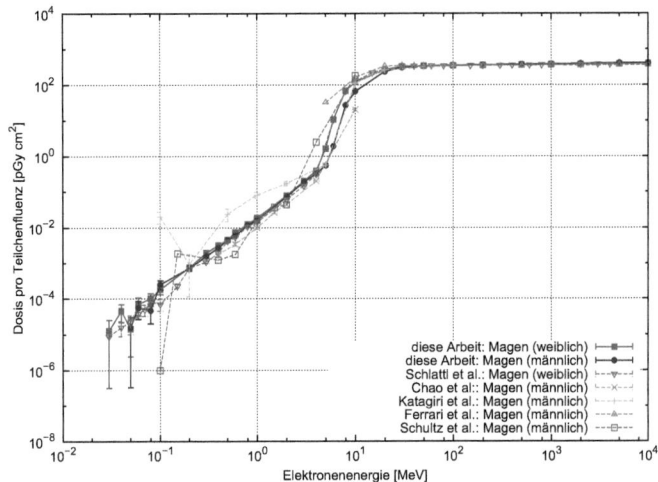

Abbildung 5.17: *DKK vom Magen beider Voxelphantome bei Bestrahlung mit Elektronen im Vergleich mit Literaturwerten von Chao et al. [34], Katagiri et al. [85], Ferrari et al. [47], Schultz et al. [123] sowie bis jetzt unveröffentlichte Werte von Schlattl et al. [120]*

5.2. Elektronen und Positronen 161

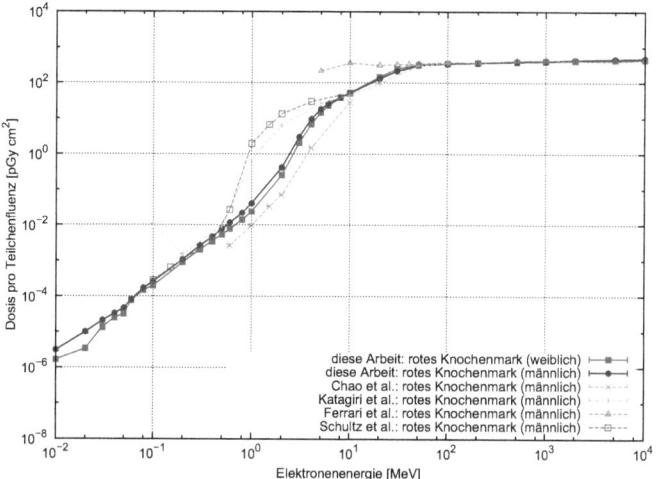

Abbildung 5.18: DKK vom roten Knochenmark beider Voxelphantome bei Bestrahlung mit Elektronen im Vergleich mit Literaturwerten von Chao et al. (ref), Katagiri et al. [85], Ferrari et al. [47] und Schultz et al. [123]

Mit den DKK-Werten von Schlattl et al. ergeben sich bemerkenswert gute Überein-stimmungen. Dies gilt nicht nur für die beiden hier gezeigten Organe Magen und Lunge, sondern für alle Organe. Schlattl et al. führten die Berechnungen für Elektronenbestrahlung mit dem Monte Carlo Code EGS4nrc [86] und dem Voxelphantom "Regina" durch. Dieses Voxelphantom stellt den Vorgänger des weiblichen ICRP-Referenz-Voxelphantoms dar und stimmt von den Körperdimensionen exakt mit diesem überein. Einziger Unterschied ist, dass bei "Regina" statt 53 Materialien nur 30 definiert sind [121]. Die ausgezeichneten Übereinstimmungen mit den im Rahmen dieser Arbeit durchgeführten Rechnungen (anderer Code, gleiches Phantom) können als Validierung der GEANT4 - Rechnungen für Elektronen gewertet werden.
Die DKK von Lunge und Magen von Katagiri et al. stimmen im Energiebereich von 3 MeV und darüber sehr gut mit den DKK-Werten dieser

Arbeit überein. Im Energiebereich unterhalb 3 MeV treten Abweichungen auf, für die keine Erklärung gefunden wurde. Vor allem der plötzliche Anstieg bei 100 keV um etwa eine Größenordnung hat keine physikalisch erklärbaren Hintergründe. Es wird angenommen, dass es sich hier eventuell um einen Fehler in der Programmierung des Codes handelt. Die Werte unterhalb 3 MeV werden deshalb nicht weiter in die Vergleiche einbezogen.

Die DKK-Berechnungen von Ferrari et al. wurden im Energiebereich von 5 MeV bis 10 GeV durchgeführt. Der Vergleich mit dessen Ergebnissen ergaben sehr gute Überein-stimmungen. Gleiches gilt für die Ergebnisse von Chao et al. und Schultz et al., wobei die Berechnungen hier lediglich bis zu einer Maximalenergie von 10 MeV durchgeführt wurden.

Bei den DKK vom roten Knochenmark treten erwartungsgemäß bei allen Vergleichsdaten größere Abweichungen bis zu einem Faktor 100 auf, da neben den genannten Gründen die Dosis für das rote Knochenmark je nach Phantom auf unterschiedliche Art und Weise bestimmt wird. Es hat den Anschein, dass die DKK-Werte von rotem Knochenmark dieser Arbeit eine Art Mittelwerte aller Vergleichsdaten darstellen. Es sollte des Weiteren noch erwähnt werden, dass selbst im niederenergetischen Bereich ($E < 500keV$), also dem Bereich mit sehr großen Unsicherheiten der berechneten Werte, die Datensätze (mit Ausnahme der Ergebnisse von Katagiri et al.) trotzdem gute Übereinstimmungen zeigen.

5.2.5 Effektive Dosis

Mit den Werten der Organ-DKK wurde wie in Kapitel A.2 beschrieben die effektive Dosis bei Bestrahlung mit Elektronen und Positronen berechnet. Die Varianzen wurden mit Fehlerfortpflanzung berechnet und betragen maximal 2.3%. Die Ergebnisse sind in Abbildung 5.19 graphisch dargestellt. Erwartungsgemäß unterscheiden sich die DKK für die effektive Dosis bei Bestrahlung mit Elektronen von jenen bei Positro-

5.2. Elektronen und Positronen

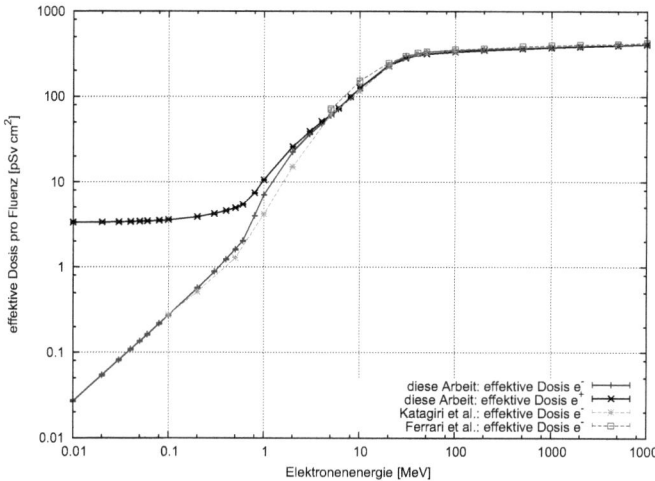

Abbildung 5.19: *Effektive Dosis für Bestrahlung mit e^- und e^+ im Vergleich mit Literaturwerten von Ferrari et al. [47] und Katagiri et al. [85]*

nenbestrahlung nur im niederenergetischen Bereich unterhalb 1 MeV stark voneinander. Aufgrund der Annihilationsprozesse sind die einzelnen Organ-Dosen bei Positronenbestrahlung wesentlich höher als jene bei Elektronenbestrahlung. Ab 4 MeV sind die effektiven Dosen für beide Teilchenarten dann bis 10 GeV innerhalb der Fehlertoleranzen gleich. Gute Übereinstimmungen zeigen auch die Vergleiche mit den Literaturwerten von Katagiri et al. [85] und Ferrari et al. [47], hier vor allem im Energiebereich > 10 MeV, obwohl beide Vergleichsliteraturen die effektive Dosis nach den Empfehlungen von ICRP60 [72] berechnet haben. Wie schon angesprochen, sind die Dosisanstiege im Energiebereich zwischen 500 keV und 10 MeV sehr empfindlich gegenüber den Organparametern Größe, Masse und Tiefe im jeweiligen Phantom. Hauptgrund der beobachteten Abweichungen bei den Werten der effektiven Dosis dürfte – neben der nach ICRP103 [76] durchgeführten Berechnung – die Verwendung verschiedener Phantome bei den in [47] und [85] beschriebenen Dosisberechnungen sein. Es sei noch einmal darauf hingewiesen, dass kei-

164   **KAPITEL 5. DKK Ergebnisse für AP-Bestrahlung**

ne Dosiskorrektur bei der Hautdosis durchgeführt wurde. Deshalb wird die Hautdosis im Bereich E < 300keV überschätzt. Dies ist deshalb von Bedeutung, da bis etwa 1 MeV der Hauptbeitrag zur effektiven Dosis bei Elektronenbestrahlung durch die Hautdosis gegeben ist. Konsequenterweise wird in diesem Energiebereich also auch die effektive Dosis überschätzt. In Hinblick auf die kosmischen Strahlung und die durch den Elektronenanteil verursachte Dosis sind diese Überschätzungen, die sich ohnehin in einem sehr niedrigen Bereich befinden, zu vernachlässigen.

5.3 Müonen

Das Müon ist ein Elementarteilchen aus der Klasse der Leptonen. Es hat negative Ladung, eine deutlich höhere Masse als das Elektron ($m_\mu \sim 207 \cdot m_e$) und unterliegt der elektroschwachen Wechselwirkung. Das Antiteilchen des Müons ist das positive Müon, oder Antimüon. Das freie Müon ist instabil und zerfällt mit einer mittleren Lebensdauer $\tau \sim 2.2\ \mu s$ in ein Müonneutrino, ein Antielektronenneutrino und ein Elektron. Analog zerfällt das Antimüon, nur dass jeweils die Antiteilchen der vorgenannten Teilchen entstehen.

$$\mu^- \rightarrow e^- + \nu_\mu + \bar{\nu}_e$$

$$\mu^+ \rightarrow e^+ + \bar{\nu}_\mu + \nu_e$$

Wegen seiner negativen Ladung kann ein Müon auch an einen Atomkern gebunden werden. Aufgrund seiner hohen Masse sind die zugehörigen Radien wesentlich kleiner und das Müon stärker gebunden als ein Elektron. Üblicherweise gehen Müonen schon kurz nach dem Einfang in den müonischen 1s-Zustand über und können dort, entsprechend einem K-Einfang durch ein Proton zu einem Neutron und Neutrinos reagieren. In Materie erfolgt die Energiedeposition durch elektromagnetische Wech-

5.3. Müonen

selwirkungen, hauptsächlich Ionisationen und geringe Anteile Paarbildung und Bremsstrahlung, wobei die beiden letztgenannten Prozesse mit steigender Energie größere Bedeutung erlangen. Beschrieben wird die Energiedeposition durch die Bethe-Bloch-Formel, mit der Werte für das totale Bremsvermögen in verschiedenen Materialien berechnet werden können. Nennenswerte Beiträge zur Energiedeposition durch Kernreaktionen treten erst ab Energien um 10 TeV und darüber auf und werden deshalb in dieser Arbeit nicht weiter behandelt.

Der Strahlungswichtungsfaktor für Müonen ist 1 (vgl. Tabelle A.1). Damit sind die Organ-Äquivalentdosen numerisch gleich den zugehörigen berechneten mittleren Organ-Energiedosen. Für jede Müonenart und jedes Voxelphantom wurden für 39 verschiedene Primärenergien im Energiebereich von 1 MeV bis 1 TeV jeweils 10 Millionen Müonen-Geschichten für Bestrahlung von AP gerechnet. Die Varianzen der berechneten Werte liegen unterhalb 1%.

Für negative Müonen benötigte der Computer im Energiebereich unterhalb 100 MeV längere Rechenzeiten als für positive Müonen, weil für negative Müonen zusätzlich Einfangreaktionen mit den daraus resultierenden Sekundärteilchen simuliert wurden. Die Berechnungen für das weibliche Voxelphantom brauchten auch mehr Zeit als für das männliche Voxelphantom, was durch die dreifache Voxelanzahl im weiblichen Phantom zu erklären ist. Mit steigenden Energien stiegen die Rechenzeiten zuerst an, hatten bei etwa 30 MeV ein Maximum und sanken dann wieder. Maximale Rechenzeiten waren für negative Müonen mit 30 MeV Energie und weiblichen Voxelphantom etwa 42 Stunden, minimale Rechenzeiten für positive Müonen mit 100 MeV Energie und männlichen Phantom etwa 6 Stunden.

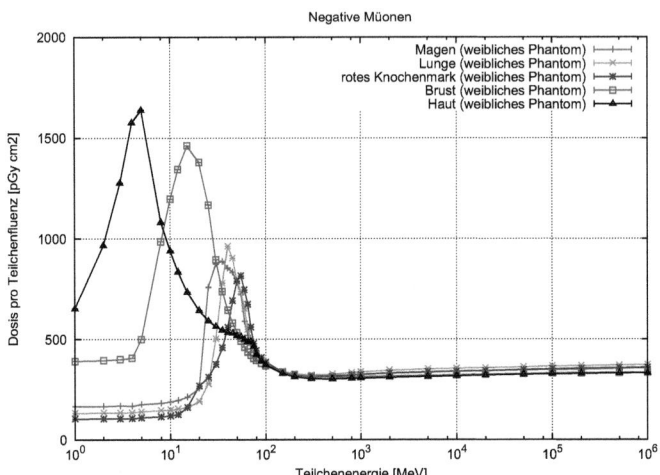

Abbildung 5.20: *Organ-DKK für Magenwand, Lunge, rotes Knochenmark, Brust und Haut des weiblichen Phantoms bei negativer Müonenbestrahlung von AP*

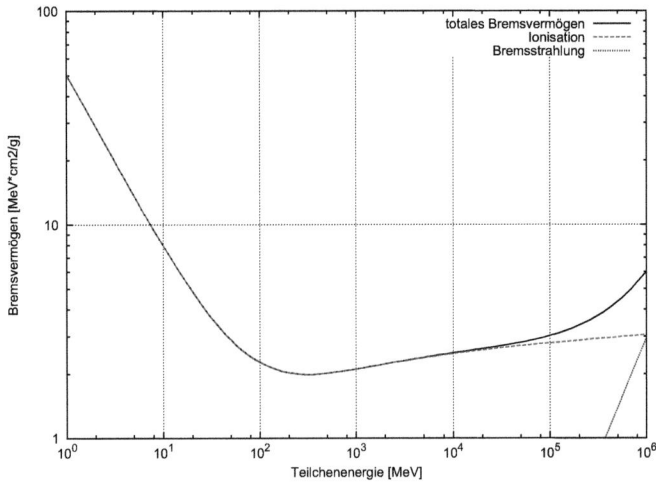

Abbildung 5.21: *Bremsvermögen für Müonen in Wasser im Energiebereich von 10 MeV bis 1 TeV [59]*

5.3.1 Präsentation und Vergleich der Organ-DKK im weiblichen Voxelphantom

In Abbildung 5.20 sind exemplarisch die Organ-DKK des weiblichen Phantoms für Müonen von Haut, Brust, Magen, Lunge und rotem Knochenmark dargestellt. Darunter, in Abbildung 5.21, ist das totale Bremsvermögen für Müonen in Wasser zusammen mit den Beiträgen der Einzelprozesse im Energiebereich von 10 MeV bis 1 TeV aufgetragen [59]. Am Bremsvermögen ist deutlich zu erkennen, dass bis etwa 100 MeV die Energieverluste durch Ionisationen den Hauptanteil ausmachen und weitere Prozesse wie Bremsstrahlung, Paarbildung[6] und nukleare Wechselwirkungen erst im TeV-Bereich an Bedeutung gewinnen. Hauptprozesse beim Energieverlust im Material sind also Stöße mit Elektronen als Hauptstoßpartner. Das Müon verliert dabei kontinuierlich an Energie. Mit sinkender Energie steigt das Bremsvermögen an, was die Anzahl der Ionisationen pro Wegstrecke gegen Ende der Teilchenbahn ansteigen läßt. Diese für geladene Teilchen charakteristische Ionisierungstiefenkurven werden Bragg-Kurven[7] genannt. Das sich aus der Überlagerung der Ionisierungsanstiege vieler Teilchen am Ende der Teilchenbahnen gebildete Maximum wird dementsprechend als "Bragg-Peak" bezeichnet [88]. Solange es zur Ausbildung eines Bragg-Peaks innerhalb des Organs kommt, steigt die Dosis in einem Organ/Gewebe mit der Energie an. Ist dies nicht mehr der Fall, dann sinkt die Dosis gleich wie das Bremsvermögen auf ein Minimum bei etwa 300 MeV. Eine weitere wichtige Müoneneigenschaft ist deren hohe Durchdringungsfähigkeit. Für den Energiebereich von 10 MeV bis 1 TeV sind in Abbildung 5.22 die Reichweiten von Müonen in Wasser für die "continuous slowing down approximation (CSDA)" aufgetragen [59]. Exemplarisch sind auch die Organ/Gewebe-Tiefen von Brust

---

[6]Bei Energien im TeV-Bereich und darüber ist es dem Müon möglich, im Coulombfeld eines Atomkerns ein Positron-Elektron Paar zu bilden (über das virtuelle Austauschphoton)

[7]**Sir William Henry Bragg**(1862-1942): englischer Physiker; 1915 Physik-Nobelpreis für die Erforschung von Kristallstrukturen mittels Röntgenspektroskopie

168 KAPITEL 5. DKK Ergebnisse für AP-Bestrahlung

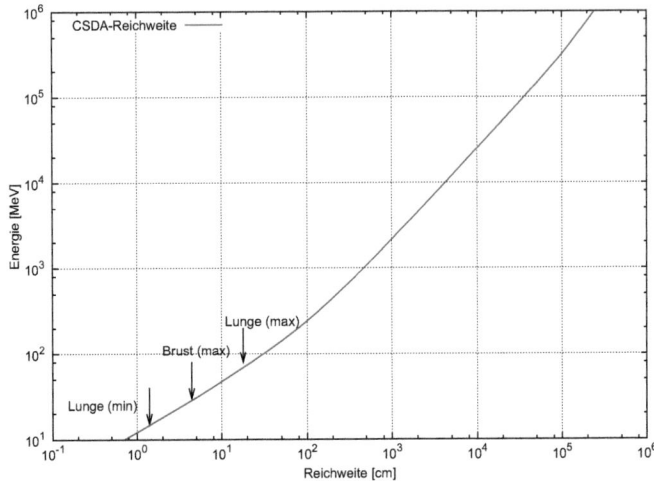

Abbildung 5.22: *Reichweite von Müonen für "continuous slowing down approximation (CSDA)" in Wasser als Funktion der Teilchenenergie (10 MeV - 1 TeV) [59]. Exemplarisch sind die Organ/Gewebe-Tiefen von Brust und Lunge im weiblichen Voxelphantom gekennzeichnet*

und Lunge mit Pfeilen gekennzeichnet. Müonen mit 100 MeV Energie können den menschlichen Körper also bereits durchdringen. Es ist auch deutlich in Abbildung 5.20 zu erkennen, dass der wesentliche Teil der Energiedeposition auf den Energiebereich bis etwa 100 MeV beschränkt ist. Prinzipiell ist der Dosisverlauf für alle Organe gleich. Ausgenommen des oberflächlichen Hautgewebes weisen alle Organe/Gewebe bei niedrigen Energien eine konstante Dosis auf. Die Müonen haben hier noch nicht genug Reichweite, und die Dosis wird hauptsächlich durch Sekundärelektronen aus dem Müonenzerfall verursacht. Diese Elektronen erhalten beim Zerfall genug Energie, um auch tiefer in das Voxelphantom eindringen und dort Energie deponieren zu können. Die konstante Anfangsdosis ist für die tieferliegenden Organe annähernd gleich. Vergleicht man diese Dosis mit den Organ-DKK für Elektronen aus dieser Arbeit, dann entspricht sie einer AP-Elektronenbestrahlung mit etwa 20 MeV

5.3. Müonen

Primärenergie. Wie man beim Vergleich der Organ-DKK von Müonen mit Antimüonen noch sehen wird, ist die konstante Anfangsdosis für Antimüonen leicht höher. Beim Antimüonen-Zerfall entsteht neben den zwei Neutrinos ein Positron. Zusätzlich zur Energiedeposition tritt damit auch Positron-Elektron Annihilation auf, was zur Bildung von Photonen-Vernichtungsstrahlung führt, die eine zusätzliche Dosis deponiert. Für das oberflächliche Hautgewebe steigt die Dosis steil bis zu einem Maximum bei etwa 5 MeV an, was einer Reichweite der Müonen von etwa 2 mm im Voxelphantom entspricht. Dann sinkt die Hautdosis rasch ab, doch bei etwa 70 MeV wird erneut mehr Dosis deponiert. Bei 70 MeV haben Müonen eine Reichweite von ca. 21 cm (vgl. Abb. 5.22) und erreichen damit bei AP-Bestrahlung die Rückseite des Voxelphantoms, wo wieder mehr Hautgewebe vorhanden ist, welches Dosis aufnehmen kann. Das Brustgewebe liegt direkt unter der Haut und es ist zu erkennen, dass etwa gleichzeitig mit Erreichen des Dosismaximums der Haut, die Dosis in der Brust anfängt, anzusteigen. Je tiefer die Organe/Gewebe im Voxelphantom liegen, desto höher ist die Energie, bei der der Dosisanstieg einsetzt. Die Organ/Gewebe-Tiefen sind anhand der DKK-Verläufe allerdings nicht mehr so deutlich zu erkennen, wie bei den Elektronen (vgl. Kapitel 5.2). Aufgrund der wesentlich höheren Masse relativ zu den Elektronen bewegen sich die Müonen ziemlich geradlinig durch das Gewebe. Aus diesem Grund spielt die Dichte des Absorbers eine wesentlich größere Rolle. In Absorbern mit geringerer Dichte (z.B. Lunge) treten weniger Ionisationen und damit weniger Sekundärelektronen auf, als in Absorbern mit höherer Dichte (z.B. Magenwand). Aufgrund des Dichteunterschiedes[8] steigt die Dosis in der Lunge erst bei etwas höheren Energien an, als die Dosis im Magen, obwohl die Lunge in geringerer Tiefe beginnt als der Magen (vgl. Tabelle 5.1). Da die Lunge aber ein wesentlich

---

[8]Dichte der Magenwand: $\rho = 1.03 \text{g/cm}^3$
Dichte der Lunge: Lungengewebe $\rightarrow \rho_{\text{Gewebe}} = 0.385 \text{g/cm}^3$, Lungenblut $\rightarrow \rho_{\text{Blut}} = 1.06 \text{g/cm}^3$ und Lungenluft $\rightarrow \rho_{\text{Luft}} = 0.001293 \text{g/cm}^3$

größeres Volumen (bei geringerer Dichte) im Vergleich zum Magen hat, ist ihr Dosismaximum einerseits etwas höher und liegt bei etwas höheren Energien. Da das rote Knochenmark über das ganze Skelett verteilte ist, läßt sich der Verlauf nicht direkt den Gewebetiefen zuordnen. Fakt ist, dass es von einer Schicht hoher Dichte (kortikaler Knochen; vgl. Abbildung 2.12) umgeben ist, welche die Müonen erst durchdringen müssen, um Energie zu deponieren. Der bei etwa 15 MeV beginnende Anstieg der Dosis im roten Knochenmark kann durch die Energiedeposition im roten Knochenmark des Brustbeins erklärt werden. Das Dosismaximum vom roten Knochenmark liegt etwa im Bereich 70 MeV, was auf die hohen Anteile von rotem Knochenmark in den tiefer im Körper liegenden Knochen Kreuzbein und Brustwirbelsäule zurück zu führen ist. Ab etwa 100 MeV sind keine groben Dosisveränderungen mehr zu beobachten. Ab dieser Energie besitzen die Müonen eine Reichweite, welche die Dicke des Voxelphantoms in AP-Richtung überschreitet. Alle Organe/Gewebe erhalten ab dieser Energie etwa die gleich Dosis.

5.3.2 Organ-DKKs der beiden Voxelphantome im Vergleich

Abbildung 5.23 zeigt die Organ-DKK von Leber und Brust beider Voxelphantome bei AP-Bestrahlung mit negativen Müonen. Deutlich erkennbar für beide Organe ist der charakteristische Dosisverlauf. Bei der Brust beginnt der Dosisanstieg für beide Voxelphantome etwa bei der gleichen Energie, weil das Brustgewebe in beiden Voxelphantomen in einer Tiefe von etwa 2 mm beginnt (vgl. Tab. 5.1). Die männliche Brust hat im Vergleich zur weiblichen Brust weniger Masse und reicht weniger weit in das Voxelphantom zurück (vgl. Abb. 5.1). Das sind die Gründe für den steileren Dosisanstieg der männlichen Brust und des höheren Maximums, das bei niedrigerer Energie auftritt als bei der weiblichen Brust. Sobald die Reichweite der Müonen die maximale Tiefe der Brust

5.3. Müonen

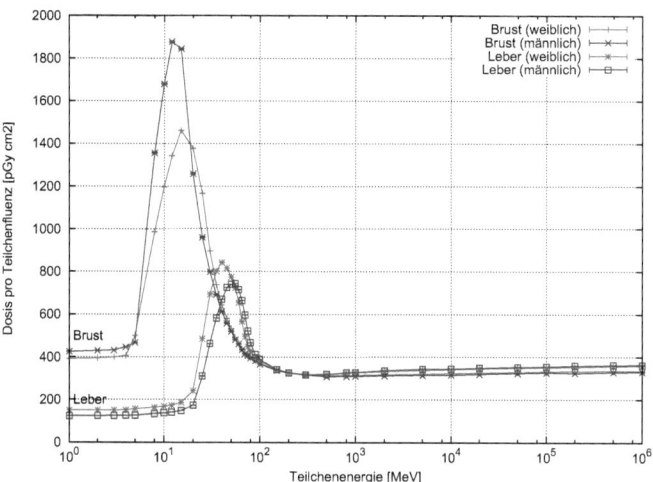

Abbildung 5.23: *Organ-DKK von Leber und Brust beider Phantome bei Müonenbestrahlung von AP*

überschreitet, beginnt der steile Dosisabfall, welcher bei der weiblichen Brust aufgrund der größeren maximalen Tiefe erst bei etwas höheren Energien einsetzt. Die Brust-DKK beider Voxelphantome nähern sich mit steigenden Energien einander an und ab etwa 100 MeV gehen sie mit gleichen Dosiswerten in den, für die höherenergetischen Müonen charakteristischen, quasi-konstanten Dosisverlauf über.

Ähnliche Unterschiede treten aus den gleichen Gründen auch bei tiefer liegenden Organen wie der Leber auf. Im weiblichen Voxelphantom beginnt die Leber in geringerer Tiefe als die Leber im männlichen Phantom, endet auch in einer geringeren Tiefe. Der Dosisanstieg der weiblichen Leber beginnt bei niedrigeren Energien, das Dosismaximum wird früher erreicht und auch der Dosisabstieg setzt bei niedrigeren Energien als bei der männlichen Leber ein. Das höhere Dosismaximum und der kleine Dosisunterschied im Dosisplateau bei Energien unterhalb 10 MeV der weiblichen Leber ist durch die geringere Masse (bei gleicher mittlerer Energiedeposition) zu erklären.

172 **KAPITEL 5. DKK Ergebnisse für AP-Bestrahlung**

Es ergeben sich aus dem Vergleich gleicher Organe in den verschiedenen Voxelphantomen bei AP-Bestrahlung mit Müonen folgende allgemeine Eigenschaften:

1. eine geringere Tiefe des Organs im Voxelphantom bedeutet einen Dosisanstieg bei niedrigeren Energien

2. eine geringere Organmasse bedeutet ein höheres Dosismaximum

3. reicht das Organ tiefer in das Phantom, verschiebt sich das Dosismaximum und dementsprechend auch der Dosisabfall zu höheren Energien hin

Im Energiebereich von 100 MeV und darüber unterscheiden sich die Dosen gleicher Organe nicht mehr nennenswert voneinander.

5.3.3 Vergleich der DKK von Müonen und Antimüonen

Weil die Bremsvermögen von Müonen und von Antimüonen annähernd gleich sind, ist zu erwarten, dass die DKK der beiden Teilchenstrahlungen auch annähernd gleiche Verläufe zeigen. In Abbildung 5.24 sind zur Veranschaulichung exemplarisch die DKK vom Magen des weiblichen Voxelphantoms für Müonen und Antimyonen dargestellt. Im Großen und Ganzen wird die Erwartung bestätigt und die Verläufe sind annähernd gleich. Eine genauere Betrachtung zeigt aber, dass bei Energien unterhalb ca. 70 MeV die Dosiswerte für positive Müonen etwas höher als die Werte der negativen Müonen sind. Zwei Gründe sind für diese Dosiserhöhung verantwortlich. Einerseits zerfallen Antimüonen in ein Positron und zwei Neutrinos. Nach erfolgter Abbremsung annihiliert das Positron mit einem Elektron und zwei 511 keV Vernichtungsphotonen werden gebildet, die ihrerseits zusätzlich Energie deponieren können. Andererseits haben Barkas et al. [26] bei Experimenten am Bevatron festgestellt, dass Müonen bei niederen Energien ($E < 1 MeV$) eine größere Reichweite und

5.3. Müonen

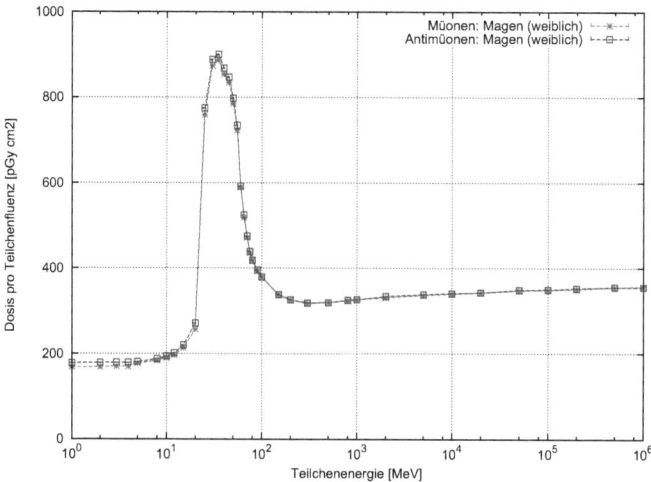

Abbildung 5.24: *Organ-DKK für Magenwand bei Bestrahlung des weiblichen Voxelphantoms mit Müonen und mit Antimyonen von AP*

damit ein geringeres Bremsvermögen als Antimüonen haben[9]. Dies bedeutet, dass ein Müon einen Teil seiner Energie im nächst tieferliegenden Organ deponiert, während das Antimüon bei gleicher Primärenergie bereits gestoppt wurde. Im Mittel bedeutet das im niederenergetischen Bereich eine höhere Dosis bei Bestrahlung mit Antimüonen. Je höher die Energien werden, desto durchdringender werden beide Müonenarten und desto weniger fallen diese Wechselwirkungsunterschiede bei der Energiedeposition ins Gewicht. Daher nehmen die Dosiswerte beider Teilchen im höherenergetischen Bereich ($E > 70\ MeV$) innerhalb der Fehlertoleranz gleiche Werte an.

---

[9]Dieser so genannte Barkas-Effekt kommt aufgrund des Polarisierungseinflusses niederenergetischer geladener Teilchen auf die Elektronenverteilung im Material zustande. Mit sinkender Energie sinkt auch die Geschwindigkeit der Müonen. Nähert sich die Müonengeschwindigkeit der Geschwindigkeiten der Hüllenelektronen, dann ist die Elektronenverteilung für die Müonen nicht mehr statisch, wie von Bethe und Bloch angenommen. Die Elektronendichten, die von den geladenen Teilchen "gesehen" werden, steigen für positiv geladene und sinken für negativ geladene Teilchen.

5.3.4 Effektive Dosis und Vergleich mit Werten aus der Literatur

2007 haben Cheng et al. [35] mit MCNPX [137] die mittlere absorbierte Dosis berechnet, die ein Embryo im Mutterleib erhält, wenn die Mutter mit monoenergetischen Müonen bestrahlt wird. Die Berechnungen wurden für Embryos bzw. Foeten in verschiedenen Stadien der Schwangerschaft (8 Wochen bzw. 3 Monate, 6 Monate, 9 Monate) durchgeführt. Im 3. Schwangerschaftsmonat hat der Fötus durchschnittlich eine Größe von ca. 9 cm. Rein von der Lage und der Größe sind die DKK des 3 Monate alten Embryos mit den berechneten Uterus-DKK dieser Arbeit vergleichbar (Abb. 5.25). Die angegeben Werte der Fötus-DKK stimmen bis etwa 1 GeV, auch was die Lage des Maximums betrifft, sehr gut mit den Werten der Uterus-DKK überein. Oberhalb 1 GeV haben die Fötus-DKK allgemein höhere Werte. Um die Richtigkeit ihres Programm-Aufbaus zu überprüfen, haben Chen et al. die Organ-DKK des Mutterphantoms in der 8. Schwangerschaftswoche mit den Daten von Ferrari et al. [48] verglichen und geben gute Übereinstimmungen an. Wie noch gezeigt wird, stimmen die Ergebnisse dieser Arbeit auch sehr gut mit den publizierten Werten von Ferrari et al. überein. Allerdings zeigen die Organ-DKK von Ferrari et al. auch keinen derartigen Anstieg oberhalb einer Energie von 1 GeV. Ferrari et al. [48] haben mit dem Monte Carlo Code "FLUKA" [44] unter Verwendung eines mathematischen, hermaphroditen Phantoms die DKK für Müonen im Energiebereich von 1 MeV bis 10 TeV berechnet, wobei allerdings lediglich die Daten für die effektive Dosis publiziert wurden. Zu den einzelnen Organ-DKK werden zwar Graphen gezeigt, aber die genauen Werte werden nicht aufgeführt. Vergleiche der in dieser Arbeit mit GEANT4 berechneten Organ-DKK mit den aus den Graphen abgeschätzen Werten zeigen aber sehr gute Übereinstimmungen. Leider sind in Ferrari et al. für den eigentlich interessanten Energiebereich zwischen 10 MeV und 100 MeV für AP lediglich für vier Energien Werte

5.3. Müonen

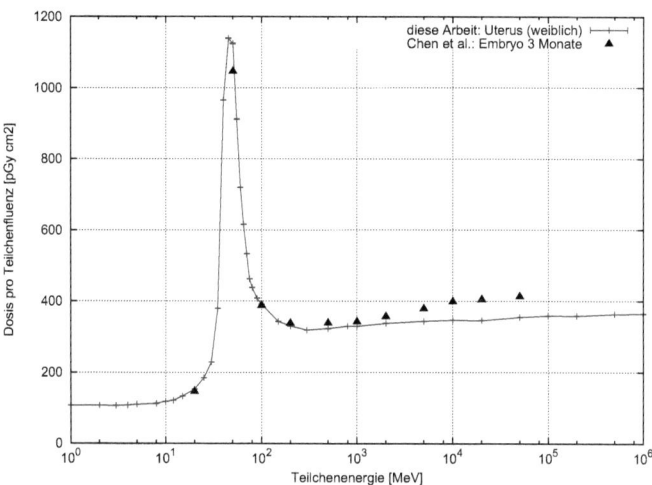

Abbildung 5.25: *Vergleich der DKK vom Uterus mit den DKK eines 3 Monate alten Embryos im Mutterleib [35] bei AP-Bestrahlung mit Müonen*

der effektiven Dosis angegeben.

Mit den Werten der mit GEANT4 berechneten Organ-DKK wurde wie in Kapitel 2.4 (vgl. auch Anhang A.2) beschrieben die effektive Dosis bei Bestrahlung mit Müonen und Antimüonen berechnet. Die Varianzen wurden mit Fehlerfortpflanzung berechnet und betragen für die einzelnen Datenpunkte weniger als 1%. Die Abbildung 5.26 zeigt, dass die effektive Dosis mit der Energie ansteigt, solange es zur Ausbildung von Bragg-Peaks innerhalb des Voxelphantoms kommt (bis E $\approx$ 50MeV). Sobald das nicht mehr der Fall ist, sinkt die effektive Dosis gleich wie das Bremsvermögen bis zu einem Minimum bei E $\approx$ 300 MeV, um dann weitgehend konstante Dosiswerte anzunehmen. Erwartungsgemäß treten nur minimale Unterschiede zwischen den effektiven Dosiswerten bei Bestrahlung mit Müonen und jenen bei Bestrahlung mit Antimüonen im Energiebereich unterhalb 70 MeV auf. In Abbildung 5.26 sind die DKK der effektiven Dosis für μ^- und μ^+ zusammen mit den Vergleichsdaten

176 KAPITEL 5. DKK Ergebnisse für AP-Bestrahlung

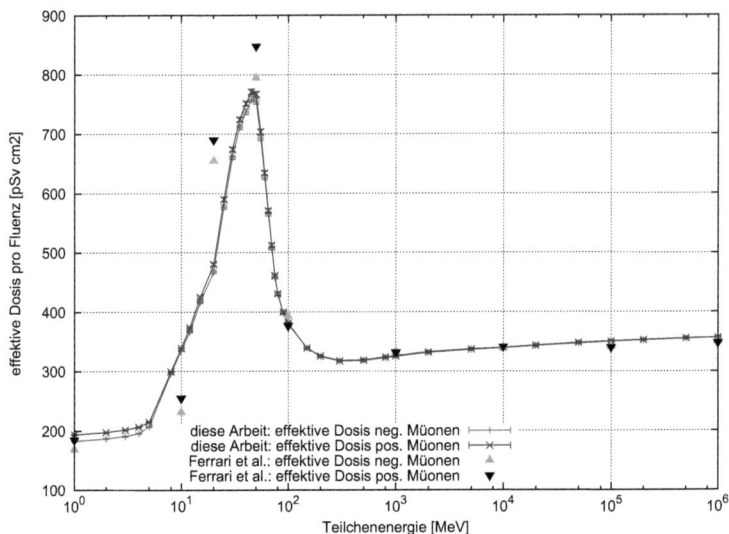

Abbildung 5.26: *Effektive Dosis für AP-Bestrahlung mit μ^- und μ^+ im Vergleich mit Literaturwerten von Ferrari et al. [48]*

von Ferrari et al. [48] dargestellt, wobei die Übereinstimmungen zufriedenstellend sind. Die Dosisverläufe beider Datensätze sind prinzipiell gleich. Gründe für die Unterschiede, die hauptsächlich im interessanten Energiebereich (10 MeV - 100 MeV) auftreten, sind sicherlich die Verwendung unterschiedlicher Phantome. Das bedeutet eventuell auch unterschiedliche Organtiefen, was in diesem Bereich die beschrieben Auswirkungen auf die DKK-Verläufe bewirken würde. Weitere Gründe sind unterschiedliche Monte Carlo-Codes und, dass Ferrari et al. die effektive Dosis nach den Empfehlungen in ICRP 60 [72] berechnet hat, in dieser Arbeit jedoch die Empfehlungen aus ICRP 103 [76] angewendet wurden. Die Dosisanstiege erfolgen im annähernd gleichen Energiebereich. Gleiches gilt für die Dosismaxima. Auch bei Ferrari et al. sind die Dosiswerte für Antimüonen im Energiebereich unterhalb 100 MeV etwas höher als die Dosiswerte für Müonen.

5.4 Protonen

Bei der Bestrahlungssimulation mit Protonen von AP wurden für jedes Voxelphantom zwischen 2 und 5 Millionen Protonen-Geschichten für 24 verschiedene Primärenergien im Energiebereich von 10 MeV bis 1 TeV gerechnet. Die Unsicherheiten der erhaltenen DKK-Werte für große Organe/Gewebe liegen bei 10 MeV bei maximale 11% und ab 20 MeV unterhalb 4%. Für kleine Organe (z.B. Nebennieren, Prostata) können die Varianzen bei niedrigen Primärenergien Maximalwerte bis 72% annehmen. Allerdings sind die Dosiswerte dazu auch vernachlässigbar klein. Sobald die Protonen genügend Reichweite haben, um die jeweiligen Organe/Gewebe direkt zu treffen, sinkt die Varianz rasch auf unter 1%. Der Mittelwert über das Restgewebe hat ab einer Energie von 30 MeV Varianzen kleiner als 1%. Bei den Speicheldrüsen und den Keimdrüsen (Gonaden) ist das ab 40 MeV der Fall.

5.4.1 Organ-DKK im weiblichen Voxelphantom und Vergleich der Organ-DKK beider Voxelphantome

In Abbildung 5.27 sind exemplarisch die Organ-DKK des weiblichen Phantoms für Protonen von Haut, Brust, Magen, Lunge und rotem Knochenmark dargestellt. Protonen zählen zu den schweren, geladenen Teilchen, welche ihre Energie beim Durchgang durch Materie hauptsächlich durch Ionisierung und Anregung der Atome im Material verlieren. Hauptstoßpartner dabei sind die wesentlich leichteren Hüllenelektronen, weshalb die Protonen bei jedem dieser Prozesse nur wenig Energie übertragen ("continuous slowing down"; vgl. Anhang B.4). Das ist auch der Grund, weshalb Protonen und andere schwere, geladene Teilchen einen nahezu geraden Weg im Material aufweisen und ihre Bahnlängen mit den Reichweiten im Material annähernd übereinstimmen. In Abbildung 5.28 ist das totale Bremsvermögen für Protonen in Wasser zusammen mit

KAPITEL 5. DKK Ergebnisse für AP-Bestrahlung

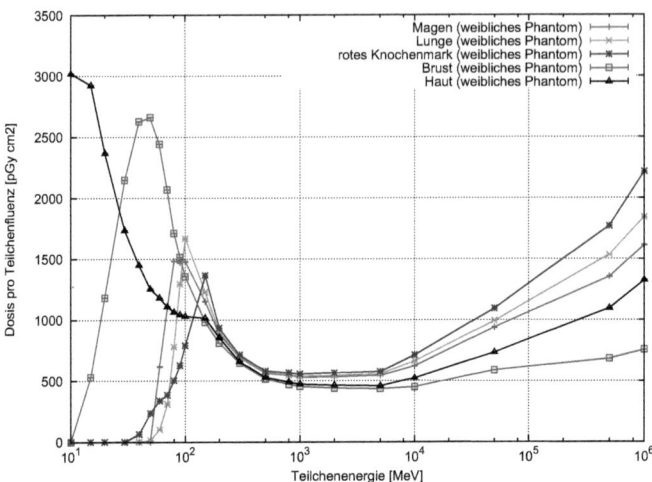

Abbildung 5.27: *Organ-DKK für Magenwand, Lunge, rotes Knochenmark, Brust und Haut des weiblichen Phantoms bei Protonenbestrahlung von AP*

den Einzelbeiträgen von elastischen und inelastischen Stoßprozessen im Energiebereich von 1 keV bis 10 GeV aufgetragen [10]. Darunter, in Abbildung 5.29, sind die Reichweiten von Protonen in Wasser gegen die Energie aufgetragen, wobei exemplarisch mit Pfeilen die Tiefen einiger Organe im Phantom für AP-Bestrahlung gekennzeichnet sind.

Prinzipiell weisen die Organ-DKK bei Bestrahlung mit Protonen bis zu einer Primär-energie von etwa 50 GeV die gleichen Eigenschaften auf, wie sie bereits für Müonen im Kapitel 5.3 bei der Präsentation der Organ-DKK für das weibliche Voxelphantom und beim Vergleich der Organ-DKKs der beiden Voxelphantome diskutiert und erklärt wurden. Aufgrund der höheren Masse der Protonen sind die Energien der Dosismaxima der einzelnen Organe/Gewebe zu höheren Energien hin verschoben. Ansonsten lassen sich bei Protonenbestrahlung die gleichen Abhängigkeiten der Organ-DKK mit der Tiefe im Phantom wie bei der Bestrahlung mit Müonen feststellen.

5.4. Protonen

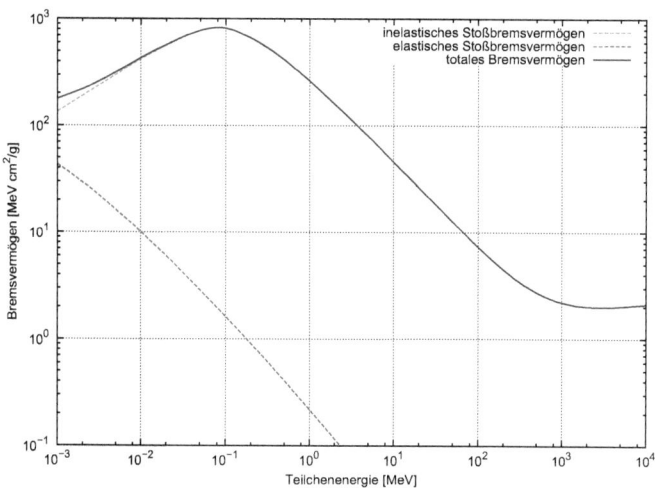

Abbildung 5.28: *Totales Massenbremsvermögen für Protonen in Wasser und dessen Einzelbeiträge [10]*

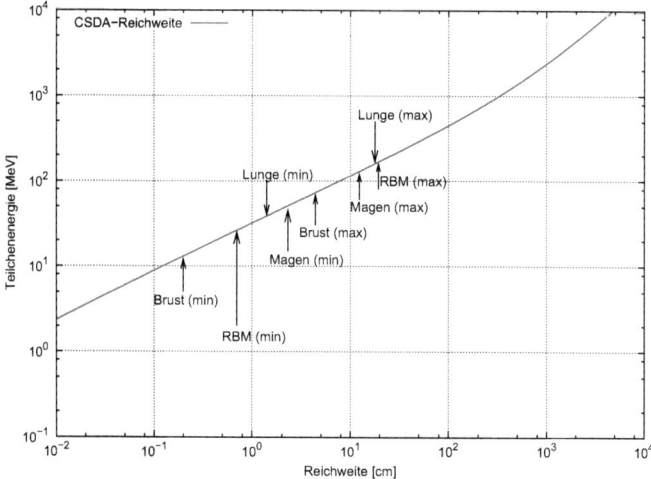

Abbildung 5.29: *Reichweiten von Protonen für "continuous slowing down approximation (CSDA)" in Wasser als Funktion der Teilchenenergie [10]. Exemplarisch sind die Tiefen einiger Organe/Gewebe im weiblichen Phantom gekennzeichnet*

180 KAPITEL 5. DKK Ergebnisse für AP-Bestrahlung

Ganz im Gegensatz zu den Organ-DKK bei Müonenbestrahlung tritt bei den DKK bei Protonenbestrahlung ab etwa 50 GeV ein weiterer Anstieg auf. Das kommt daher, dass die Protonen aufgrund der hohen Energie vermehrt komplexe Kernreaktionen mit den Atomkernen im Voxelphantom durchführen. Dabei können einzelne Nukleonen aus dem Kern geschleudert, sowie Spallationsreaktionen und Kernumwandlungen induziert werden. Auch die Bildung von z.b. Müonen, Kaonen, Pionen, etc. ist möglich (vgl. Anhang B.4.2). Die hochenergetischen Protonen können also über Kernreaktionen eine Kaskade an Sekundärteilchen auslösen, welche ihrerseits wieder Energie deponieren können.

Abbildung 5.30 zeigt die Organ-DKK von Brust und Leber beider

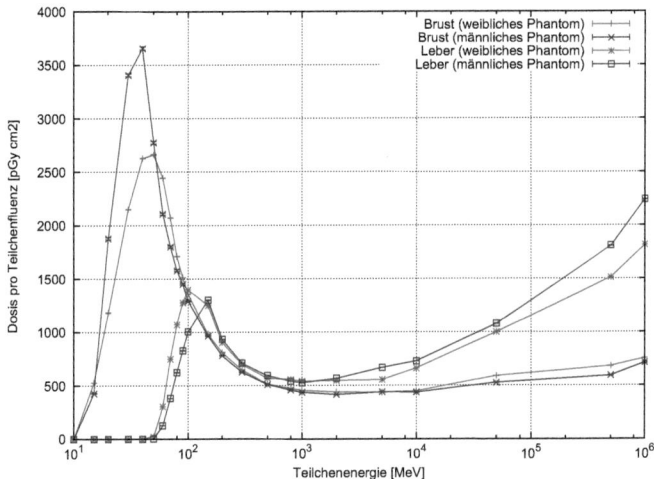

Abbildung 5.30: *Organ-DKK von Leber und Brust beider Phantome bei Protonenbestrahlung von AP im Vergleich*

Voxelphantome im Verleich. Wie bei den Müonen zeigt sich zu Anfang der charakteristische Dosisverlauf. Geringere Tiefen der Organe im Voxelphantom bedeuten einen Dosisanstieg bei niedrigeren Energien und eine geringere Organmasse bedeutet ein höheres Dosismaximum. Im höherenergetischen Bereich wird die Dosis aber wie oben erwähnt

5.4. Protonen

hauptsächlich durch die bei Kernreaktionen gebildeten Sekundärteilchen bewirkt. Ein größeres Volumen eines Organs bedingt damit auch eine größere Wahrscheinlichkeit, dass in dem Organ eine derartige Kernreaktion stattfindet und Energie deponiert wird. Aus diesem Grund erhält die Leber im männlichen Phantom im höherenergetischen Bereich im Vergleich zur Leber im weiblichen Phantom auch eine höhere Dosis, da die männliche Leber ein größeres Volumen (vgl. Anhang C) aufweist und auch relativ zur Einfallsrichtung des Strahls höhere maximale Organtiefen (vgl. Abbildung 5.1) hat.

5.4.2 Vergleich mit Werten aus der Literatur

Für den Vergleich der in dieser Arbeit gerechneten Organ-DKK mit veröffentlichten Werten, wurden die Daten von Bozkurt et al. [29] und Sato et al. [119] verwendet. Bozkurt et al. haben die Organ-DKK mit dem Monte Carlo Code MCNPX [70] unter Verwendung des anatomischen Models VIP-Man [139] berechnet, während Sato et al. ihre Berechnungen mit dem Monte Carlo Code PHITS [82, 104] unter Verwendung der ICRP-Referenz-Voxelphantome, also der gleichen Phantome wie in dieser Arbeit, durchgeführt haben.

In den Abbildungen 5.31 und 5.32 werden exemplarisch die Organ-DKK von Magen und rotem Knochenmark, wie sie in dieser Arbeit für Protonenbestrahlung von AP für das männliche Voxelphantom berechnet wurden, mit den Werten der oben genannten Veröffentlichungen verglichen. Die Werte stimmen zum Großteil sehr gut überein. Im Energiebereich unterhalb etwa 200 MeV können die Unterschiede zu Bozkurt et al. hauptsächlich durch die unterschiedlichen Phantome erklärt werden, da in diesem Energiebereich die Tiefe eines Organs im jeweiligen Phantom entscheidend für die Dosis ist.

Die Reaktionen der Protonen mit den Atomkernen der Materialien des Voxelphantoms werden in GEANT4 mit theoretischen Modellen beschrie-

182 KAPITEL 5. DKK Ergebnisse für AP-Bestrahlung

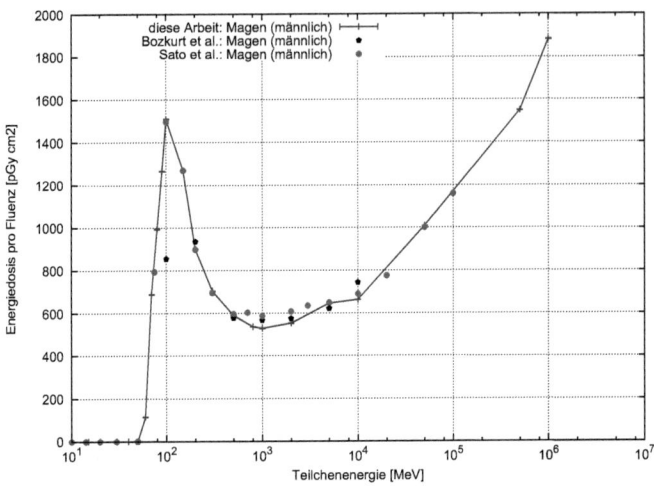

Abbildung 5.31: *Vergleich der Organ-DKK der Magenwand für Protonenbestrahlung von AP dieser Arbeit mit den veröffentlichten Werten von Bozkurt et al. [29] und Sato et al. [119]*

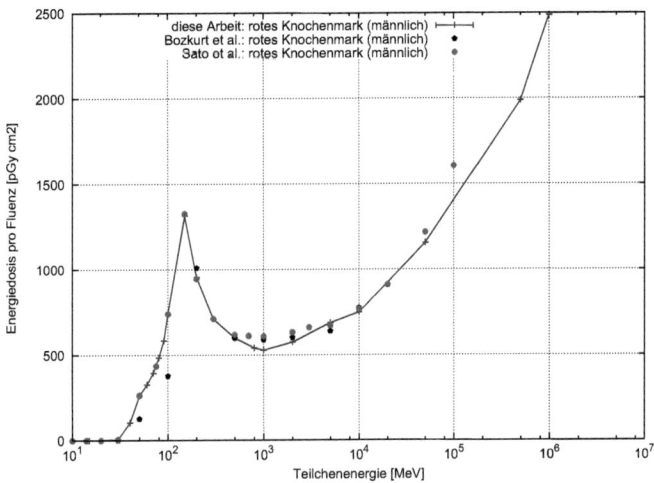

Abbildung 5.32: *Vergleich der Organ-DKK vom roten Knochenmark für Protonenbestrahlung von AP dieser Arbeit mit den veröffentlichten Werten von Bozkurt et al. [29] und Sato et al. [119]*

5.4. Protonen

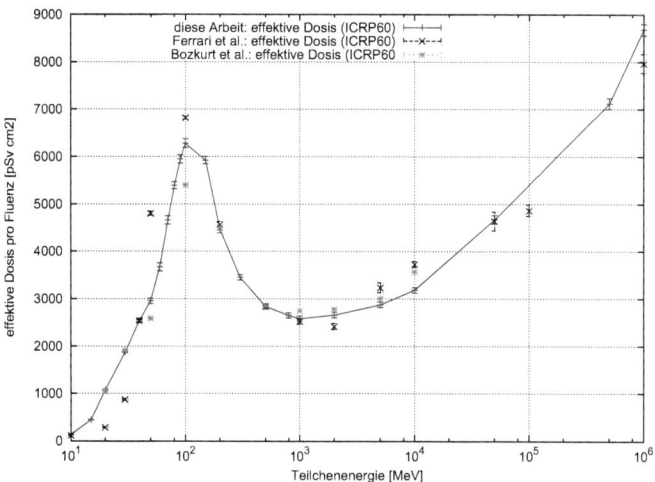

Abbildung 5.33: *Ergebnisse der Berechnung der DKK der effektiven Dosis für AP-Bestrahlung mit Protonen nach den Empfehlungen aus ICRP60 [72] im Vergleich zu den Ergebnissen aus Bozkurt et al. [29] und Ferrari et al. [49]; verschiedene MC-Codes und Phantome*

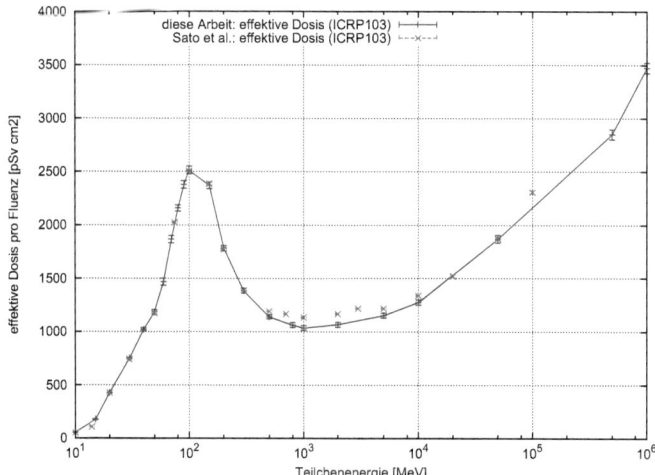

Abbildung 5.34: *Ergebnisse der Berechnung der DKK der effektiven Dosis für AP-Bestrahlung mit Protonen nach den Empfehlungen aus ICRP103 [76] im Vergleich zu den Ergebnissen aus Sato et al. [119]; verschiedene MC-Codes, gleiche Voxelphantome*

184 KAPITEL 5. DKK Ergebnisse für AP-Bestrahlung

ben anhand derer die Wechselwirkungsquerschnitte berechnet werden (vgl. Kapitel 4.4). Wie oben diskutiert, nimmt mit zunehmenden Energien auch die Wichtigkeit der aus den Kernreaktionen gebildeten Sekundärteilchen für die Energiedeposition zu. Da Sato et al. die gleichen Voxelphantome wie in dieser Arbeit verwendet hat, können die beim Vergleich der Organ-DKK auftretenden Unterschiede mit den unterschiedlichen Monte Carlo Codes im Allgemeinen und den verwendeten theoretischen Modellen im Speziellen begründet werden. Für eine Bestimmung der Organ-DKK bei Protonenbestrahlung unter Verwendung von Monte Carlo Codes ist deshalb die experimentelle Verifizierung der theoretischen Modelle der Hadronen-Atomkern-Wechselwirkungen des jeweiligen Codes und deren – wenn nötig – Aktualisierung maßgeblich für die Richtigkeit der Organ-DKK.

5.4.3 Effektive Dosis

Wie in Kapitel 2.4 (vgl. auch Anhang A.2) beschrieben, wurden anhand der Organ-DKK dieser Arbeit die DKK für die effektive Dosis bei AP-Bestrahlung mit Protonen berechnet. Die Ergebnisse wurden mit veröffentlichten Werten von Ferrari et al. [49], Bozkurt et al. [29] und Sato et al. [119] verglichen. Bei Mares et al. und Ferrari et al. waren lediglich die Werte der DKK der effektiven Dosis verfügbar. Ferrari et al. verwendeten für ihre Berechnungen den FLUKA-Code [44] und ein mathematisches, hermaphrodites Phantom [46]. Es ist zu beachten, dass der Strahlungswichtungsfaktor der Protonen in den Empfehlungen von ICRP103 [76] auf 2 gesetzt wurde. Sato et al. haben ihre Berechnungen der effektiven Dosis nach ICRP103 durchgeführt. Bozkurt et al. und Ferrari et al. verwendeten für ihre Berechnungen der DKK der effektiven Dosis die Empfehlungen aus ICRP60 [72], worin u. a. ein Strahlenwichtungsfaktor für Protonen von 5 empfohlen wird. Zu Vergleichszwecken wurden die DKK der effektiven Dosis dieser Arbeit zusätzlich mit dem

5.4. Protonen

Strahlungswichtungsfaktor aus ICRP60 berechnet. Die Ergebnisse für die DKK der effektiven Dosis nach ICRP60 bzw. ICRP103 und die jeweiligen Vergleichsdaten sind in den Abbildungen 5.33 bzw. 5.34 abgebildet. Die Übereinstimmungen der DKK-Werte dieser Arbeit mit den Vergleichswerten in Abbildung 5.33 sind im Allgemeinen zufriedenstellend. Vor allem im Energiebereich zwischen etwa 200 und 500 MeV sind die Übereinstimmungen bemerkenswert gut. Gründe für die Unterschiede in den niederenergetischeren Bereichen sind die Verwendung unterschiedlicher Phantome und in den höherenergetischeren die Verwendung unterschiedlicher theoretischen Kernmodelle aufgrund der verschiedenen Monte-Carlo Codes. Der Vergleich der Daten in Abbildung 5.34 zeigt eine bemerkenswert gute Übereinstimmung im Energiebereich unterhalb etwa 500 MeV. Für gleiche Voxelphantome liefern die beiden unterschiedlichen Monte-Carlo Codes in diesem Energiebereich also annähernd gleiche Werte. Im Energiebereich darüber treten Abweichungen der Ergebnisse der beiden Codes auf. GEANT4 liefert hier niedrigere Werte als PHITS, wobei die relativen Abweichungen unterhalb 10% liegen. Da die gleichen Voxelphantome verwendet wurden, kommen als mögliche Gründe nur die Monte-Carlo Codes, und im Speziellen die verwendeten theoretischen Kernmodelle in Frage. In höherenergetischen Bereich spielen für die Dosis aber gerade die aus den Kernreaktionen gebildeten Sekundärteilchen eine wichtige Rolle. Durch diesen Vergleich wird erneut der Einfluss der theoretischen Kernreaktionsmodelle auf die Ergebnisse der DKK unterstrichen.

Ein Vergleich der Ergebnisse mehrerer verschiedener MC-Codes bei gleichem Input, wenn möglich sogar ein Vergleich mit experimentellen Werten wäre hier eigentlich der nächste logische Schritt zu einer Verfestigung der Richtigkeit der Ergebnisse aus Simulationsrechnungen in diesem Energiebereich.

186 KAPITEL 5. DKK Ergebnisse für AP-Bestrahlung

5.5 Neutronen

Für die Berechnung der DKK für Neutronen wurden die Voxelphantome mit monoenergetischen Neutronen simuliert bestrahlt. In der Realität tritt so gut wie nie ein monoenergetisches Neutronenfeld auf. Neutronenstrahlungsfelder weisen im Allgemeinen ein breites Energiespektrum auf, teils mit einem Energiebereich von über 10 Größenordnungen. Zusätzlich sind die so genannten Neutronenfelder eigentlich Mischfelder, die mit Photonenstrahlung, teilweise auch mit anderer Teilchenstrahlung kontaminiert sind. Innerhalb eines Körpers durchlaufen Neutronen eine Vielzahl von Wechselwirkungen, bis sie schlussendlich entweder absorbiert werden oder den Körper verlassen. Bei den Wechselwirkungen können eine Vielzahl verschiedener Sekundärteilchen gebildet werden, welche je nach Teilchenart und -energie zu Dosisdepositionen in unmittelbarer Nähe des Entstehungsortes (durch schwere, geladene Sekundärteilchen), oder auch bis in weit entfernte Gebiete im Körper (hauptsächlich durch Sekundärphotonen) führen können. Die Verteilung der absorbierten Energiedosis an einem bestimmten Punkt P im Körper wird deshalb von vielen Variablen bestimmt. Die wichtigsten davon sind die Neutronen-Wechselwirkungsquerschnitte, das Energiespektrum der Sekundärteilchen und der Transport der Sekundärteilchen vom Ort der Wechselwirkung zu dem betrachteten Punkt P. Allgemein ist bei Bestrahlung mit Neutronen die Deposition von Energie an einem beliebigen Punkt in einem Körper ein komplexer und stark von der Energie abhängiger Prozess [80].

Bei externer Bestrahlung mit Neutronen variiert die im Körper gebildete Sekundär - strahlung mit der eingestrahlten Neutronenenergie. Konsequenterweise ist die biologische Wirksamkeit von Neutronenstrahlung im menschlichen Körper stark von der Neutronenenergie abhängig. Um diesem Umstand Rechnung zu tragen, wurde von der ICRP [76] eine von der Neutronenenergie abhängige kontinuierliche Funktion zur Be-

5.5. Neutronen

rechnung des Strahlungswichtungsfaktors für Neutronen bestimmt. Die genaue Definition dieser Funktion ist Tabelle A.1 zu entnehmen.

Bei der AP-Bestrahlung mit Neutronen wurden für jedes Voxelphantom 43 verschiedene Primärenergien im Energiebereich von 10 meV bis 10 GeV mit jeweils 6 bis 8 Millionen Neutronen-Geschichten gerechnet. Die Varianzen der erhaltenen DKK-Werte für große Organe/Gewebe (z. B. Lunge, Brust, Magen) liegen bei maximal 3.5%, für kleine Organe (z. B. Nebennieren, Gonanden) bei maximal 4.5%. Für große, ausgedehnte Gewebe wie Haut, Muskeln und rotes Knochenmark liegen die Varianzwerte unter 1%.

Die Rechenzeiten pro Energiepunkt waren mit durchschnittlich 60 Stunden generell sehr hoch und hauptsächlich abhängig von der Neutronenenergie. Für beide Voxelphantome waren ähnliche Rechenzeiten nötig. Mit ansteigender Neutronenenergie stiegen auch die Rechenzeiten bis zu einem Maximum bei 800 keV an. Bei weiter ansteigenden Neutronenenergien sanken die Rechenzeiten wieder bis zu einem Minimum bei 300 MeV, um dann wieder leicht anzusteigen. Kürzeste Rechenzeit waren 30 Stunden bei 300 MeV und weiblichem Phantom. Längste Rechenzeit waren 112 Stunden bei 800 keV und männlichem Phantom. Bei diesen beiden Extremwerten wurden jeweils 6 Millionen Neutronen-Geschichten gerechnet.

5.5.1 Präsentation und Vergleich der Organ-DKK im weiblichen Voxelphantom

In Abbildung 5.35 sind exemplarisch die DKK der mittleren Organdosen für Magen, Lunge, Brust, Haut und rotes Knochenmark graphisch dargestellt. Abbildung 5.36 zeigt den Neutronenwirkungsquerschnitt von Wasser als Funktion der Energie (vgl. auch den Wirkungsquerschnitt von Kohlenstoff; Abb. B.4 in Anhang B.2). Die einzelnen Organ-DKK als

188 KAPITEL 5. DKK Ergebnisse für AP-Bestrahlung

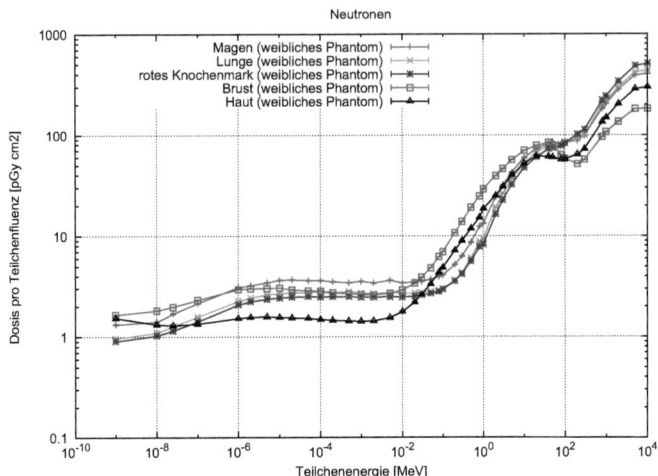

Abbildung 5.35: *Organ-DKK für Magenwand, Lunge, rotes Knochenmark, Brust und Haut des weiblichen Phantoms bei Neutronenbestrahlung von AP*

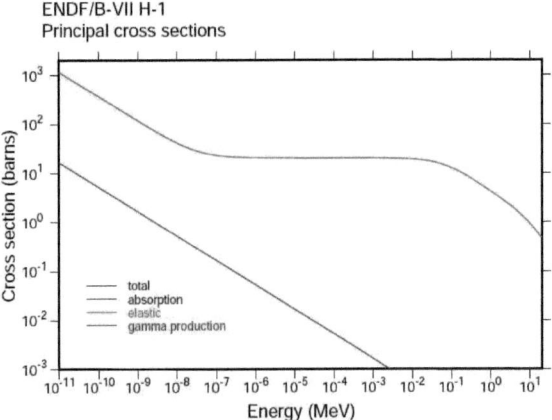

Abbildung 5.36: *Prinzipielle Wirkungsquerschnitte von Wasserstoff für Neutronen als Funktion der Energie [8]*

5.5. Neutronen

Funktion der Neutronenenergie sind bis zu einem gewissen Grad von der Tiefe des zugehörigen Organs im Phantom abhängig. In Abbildung 5.35 sind einige Gemeinsamkeiten im Verlauf der Organ-DKK erkennbar, die auch bei allen anderen Organ-DKK auftreten.
Im Energiebereich von 10 meV bis etwa 1 eV tritt (ausgenommen bei der Haut) ein leichter Anstieg der Organ-DKK auf, während im Energiebereich von 1 eV bis etwa 10 keV die Organ-DKK fast unabhängig von der Energie sind. In diesen beiden Energiebereichen dominieren die Neutroneneinfangreaktionen (vgl. Anhang B.2). Insbesondere werden einerseits 2.2 MeV Sekundärphotonen beim Neutroneneinfang von Wasserstoff über die Reaktion ^{1}H(n,γ)^{2}H und andererseits beim Neutroneneinfang von Stickstoff über die Reaktion ^{14}N(n,p)^{14}C Sekundärprotonen mit einer Energie von etwa 600 keV gebildet. Während die Sekundärphotonen tief in den Körper eindringen (oder sogar den Körper verlassen) und mittels Compton-Streuung und Photoeffekt (vgl. Anhang B.1) über Sekundärelektronen Dosis deponieren können, deponieren die Protonen aufgrund ihrer geringen Reichweite[10] ihre Energie in unmittelbarer Nähe des Entstehungsortes. Der Wirkungsquerschnitt für den Neutroneneinfang ist umgekehrt proportional zur Neutronengeschwindigkeit. Je höher die Neutronenenergie (und damit auch die Geschwindigkeit) desto öfter kann ein Neutron unter Energieverlust elastisch stoßen bis es dann bei thermischen Energien eine Kerneinfangreaktion durchführt. Dieser Abbremsprozess wird auch als Moderation bezeichnet. Durch steigende Energie erhöht sich auch die mittlere Eindringtiefe der Neutronen und die Einfangreaktionen können damit auch in tiefer liegenden Organen stattfinden. Das erklärt einerseits den leichten Anstieg von 1 meV bis etwa 1 eV bei tiefer liegenden Organen und das Fehlen dieses Anstieges bei der Haut. Für primäre Neutronenenergien bis etwa 10 keV wird der Hauptteil der Dosis im Voxelphantom durch diese monoenergetischen Sekundärteilchen verursacht [80], was die Unabhängigkeit von der Ener-

---
[10]Richtwert: in Wasser haben 10 MeV-Protonen eine Reichweite von etwa 1 mm [134]

gie der Organ-DKK im Großteil dieses Energiebereichs bewirkt.
Im Energiebereich von 10 keV bis etwa 10 MeV wird ein steiler Anstieg der Organ-DKK beobachtet. Bei welcher Energie dieser Anstieg einsetzt, hängt von der Tiefe des jeweiligen Organs im Voxelphantom ab. Je tiefer das Organ im Voxelphantom ist, desto höher ist die Energie, bei der der Anstieg einsetzt. Der in Abbildung 5.36 dargestellte Neutronen-Wirkungsquerschnitt für Wasserstoff zeigt exemplarisch, dass mit steigender Energie die Wahrscheinlichkeit der Bildung von Sekundärteilchen (in diesem Fall Photonen) durch Einfangreaktionen stark abfällt, wohingegen die Wahrscheinlichkeit der elastischen Streuung im Energiebereich von etwa 1 eV bis etwa 100 keV konstant bleibt und dann zu noch höheren Energien hin weiter abfällt. Mit steigender Energie nehmen für die Energiedeposition die aus elastische Stoßreaktionen stammenden Rückstoßprotonen an Wichtigkeit zu, während die Wahrscheinlichkeit für Einfangprozesse zurück geht. Im Energiebereich zwischen 10 keV und 10 MeV wird der Hauptteil der Dosis im Voxelphantom durch jene Rückstoßprotonen verursacht. Im Mittel wird bei den elastischen Stößen die Hälfte der Energie der Neutronen auf die Protonen übertragen (vgl. Angang B.2.1).
Oberhalb einiger MeV werden die inelastische und die nichtelastische Streuung vor allem an Kohlenstoff-, Stickstoff- und Sauerstoffkernen als weitere Energieverlustprozesse mit gleichzeitiger Bildung von Sekundärteilchen wichtig. Bei der inelastischen Streuung wird das Neutron vorübergehend vom Kern eingefangen und mit geringerer Energie wieder emittiert. Der dadurch angeregte Kern relaxiert innerhalb von Nanosekunden bis Sekunden durch Emission eines oder mehrerer, häufig hochenergetischer Photonen (vgl. Anhang B.2.2). Bei der nichtelastischen Streuung wird das Neutron vom Kern absorbiert und der dadurch angeregte Kern emittiert zur Relaxation ein oder mehrere Nukleonen oder Nukleonen-Cluster. Die wichtigsten im Körpergewebe stattfindenden nichtelastischen Streuprozesse und Einfangprozesse, bei wel-

5.5. Neutronen

Reaktion	Q-Wert[MeV]	$E_n = 14$ MeV		$E_n = 7$ MeV	
		E_{max}[MeV]	R_{max}[cm]	E_{max}[MeV]	R_{max} [cm]
$^{12}C(n,\alpha)^9Be$	-5.70	7.89	$6.5 \cdot 10^{-3}$	1.28	$3.8 \cdot 10^{-4}$
$^{14}N(n,p)^{14}C$	0.63	14.6	$2.23 \cdot 10^{-1}$	7.62	$6.9 \cdot 10^{-2}$
$^{14}N(n,t)^{12}C$	-4.01	9.67	$4.5 \cdot 10^{-2}$	2.98	$6.3 \cdot 10^{-3}$
$^{14}N(n,\alpha)^{11}B$	-0.16	12.8	$1.5 \cdot 10^{-2}$	6.30	$4.5 \cdot 10^{-3}$
$^{16}O(n,p)^{16}N$	-9.63	4.19	$2.38 \cdot 10^{-2}$	0	0
$^{16}O(n,d)^{15}N$	-9.90	4.03	$1.34 \cdot 10^{-2}$	0	0
$^{16}O(n,\alpha)^{13}C$	-2.21	11.04	$1.17 \cdot 10^{-2}$	4.57	$2.6 \cdot 10^{-3}$

Tabelle 5.4: *Wichtige Einfang- und nichtelastische Reaktionen, die in Gewebe geladene Teilchen bilden; Angabe der Reaktionsgleichung und dem zugehörigen Q-Wert, sowie die maximalen Energien (in MeV) und Reichweiten (in cm) der gebildeten Sekundärteilchen bei Bildung durch Neutronen mit 14 MeV und 7 MeV Energie [23]*

chen geladene Teilchen gebildet werden, sind in Tabelle 5.4 aufgelistet. Inelastische und nichtelastische Streureaktionen weisen aus Energie- und Impulserhaltungsgründen Grenzenergien auf, unterhalb derer die Reaktionen nicht stattfinden können. Ab einer Neutronenenergie von etwa 5 MeV weisen die Reaktions-Wirkungsquerschnitte signifikante Werte auf und steigen generell mit der Energie bis etwa 15 MeV an. Oberhalb 15 MeV steigen die Wirkungsquerschnitte der nichtelastischen Reaktionen nicht mehr nennenswert an. Dennoch tragen diese Prozesse aufgrund der Bildung dicht ionisierender geladener Teilchen mit hohen mittleren Energien (siehe Tabelle 5.4) im Energiebereich von 5 MeV bis etwa 100 MeV zu einem großen Anteil zur Dosis bei.

Bei Kernspaltungsreaktionen wird der Targetkern unter Aussendung diverser Teilchen und Kernfragmente vernichtet. Diese Reaktionen treten nennenswert erst ab Neutronenenergien von 100 MeV und darüber auf. Die zugehörigen Wirkungsquerschnitte steigen langsam mit der Neutronenenergie an und sind dann ab etwa 400 MeV annähernd konstant [23]. Ein Großteil der Energie wird dabei durch dicht ionisierende geladene Kernfragmente in unmittelbarer Nähe des Wechselwirkungsortes deponiert. Bei der Spaltung werden aber normalerweise einige Neutro-

192   KAPITEL 5. DKK Ergebnisse für AP-Bestrahlung

nen emittiert, welche, zusammen mit den in Relaxationsprozessen gebildeten Sekundärphotonen, Energie vom Wechselwirkungsort weg tragen können.

5.5.2 Organ-DKKs der beiden Voxelphantome im Vergleich

In den Abbildungen 5.37, 5.38 und 5.39 sind exemplarisch die Organ-DKK für Leber, Magen und Gehirn für Neutronenbestrahlung von beiden Voxelphantomen im Vergleich abgebildet. Ähnlich wie bei der Bestrahlung mit Photonen und im Gegensatz zu Bestrahlung mit geladenen Teilchen verursachen die anatomischen Unterschiede zwischen den beiden Voxelphantomen bei den Organ-DKK keine größeren Unterschiede. Bei den drei exemplarisch dargestellten Organen Leber, Magen und Gehirn kann generell beobachtet werden, dass im niederenergetischen Bereich (thermisch - 10 keV) die DKK des weiblichen Voxelphantoms etwas größer sind, während im höherenergetischen Bereich ab etwa 100 MeV die DKK des männlichen Voxelphantoms höhere Werte aufweisen. Außerdem ist zu beobachten, dass der Energiebereich, in dem der steile Anstieg der Organ-DKK beginnt, von der Tiefe des zugehörigen Organs abhängt, was in den Abbildungen gut zu beobachten ist. Stets beginnt der Anstieg im weiblichen Voxelphantom bei etwas niedrigeren Energien, weil laut Tabelle 5.1 die dargestellten Organe im weiblichen Phantom eine geringere Tiefe aufweisen.

Diese Beobachtungen zeigen, dass die Organ-DKK für Neutronen von der Tiefe des jeweiligen Organs im Voxelphantom entlang der Einstrahlrichtung abhängen. Bei Energien unterhalb etwa 20 MeV sind die DKK-Werte von Organen mit geringerer Tiefe höher als tiefer liegendere, während bei Energien darüber sich diese Relation umkehrt. Mit zunehmender Tiefe im Voxelphantom nimmt die Fluenz der primären Neutronen ab, während die Fluenz der Sekundärteilchen zunimmt. Neutronen

5.5. Neutronen

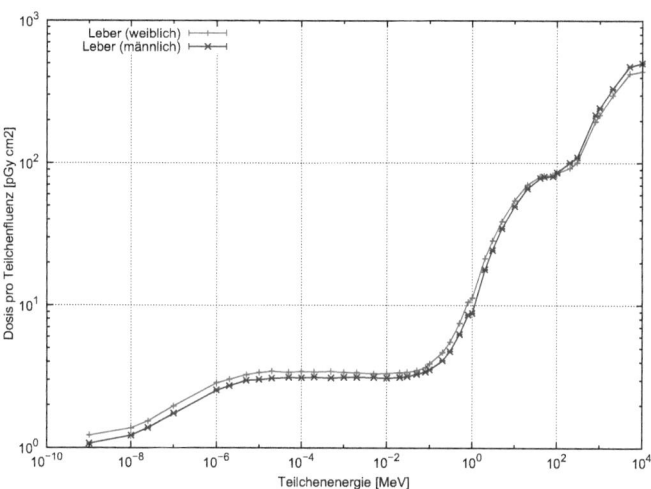

Abbildung 5.37: *Organ-DKK für die Leber bei AP-Bestrahlung mit Neutronen für beide Voxelphantome im Vergleich*

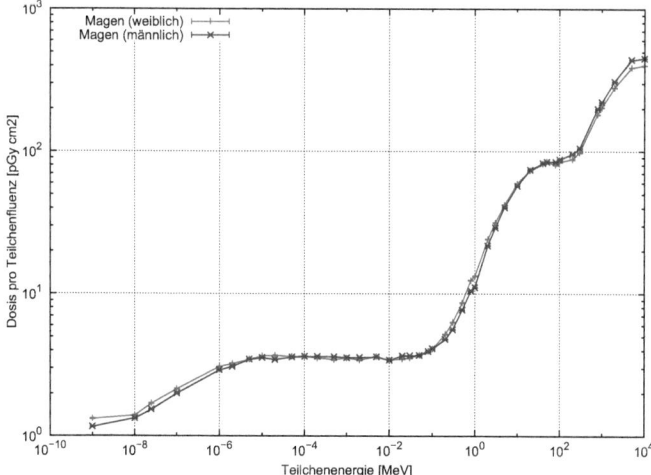

Abbildung 5.38: *Organ-DKK für den Magen bei AP-Bestrahlung mit Neutronen für beide Voxelphantome im Vergleich*

194 KAPITEL 5. DKK Ergebnisse für AP-Bestrahlung

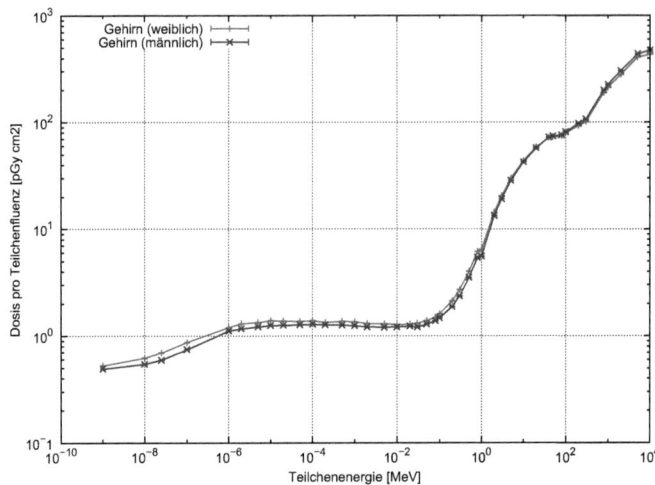

Abbildung 5.39: *Organ-DKK für das Gehirn bei AP-Bestrahlung mit Neutronen für beide Voxelphantome im Vergleich*

mit 20 MeV Energie erreichen im Durchschnitt etwa die Mitte[11] der Voxelphantome (bei AP-Bestrahlung). Die DKK für Neutronen zeigen, dass bis etwa 20 MeV die Primärteilchen für die Energiedepositionsprozesse eine dominierende Rolle spielen, während im Energiebereich darüber die Sekundärteilchen die Hauptrolle übernehmen. Hier können durch die komplexen Kernreaktionen der hochenergetischen Neutronen regelrechte Sekundärteilchenkaskaden ausgelöst werden. Diese Sekundärteilchen sind in diesem Energiebereich dann für die Energiedepositionsprozesse ausschlaggebend.

Wie man aber aus den Abbildungen 5.37, 5.38 und 5.39 erkennt, besteht keine große Abhängigkeit der Organ-DKK vom bestrahlten Voxelphantom. Einzige Ausnahme bilden lediglich die Keimdrüsen (Gonaden; also Ovarien (weiblich) und Hoden (männlich)), weil sich die Hoden im Gegensatz zu den Ovarien wesentlich näher an der Oberfläche befinden.

---

[11]Neutronen mit einer Energie von 20 MeV haben in Wasser eine mittlere freie Weglänge von ca. 11.5 cm.

5.5.3 Vergleich mit Werten aus der Literatur

Die ICRP bzw. die ICRU hat in der Publikation ICRP74 [74] bzw. ICRU57 [80] Konversionskoeffizienten für Neutronen im Energiebereich von thermischen Energien bis 180 MeV veröffentlicht. Dabei wurden Organ-DKK, die von mehreren Arbeitsgruppen mit unterschiedlichen Transportprogrammen und teils auch mit unterschiedlichen Phantomen berechnet wurden, miteinander verglichen und ein Datensatz mit "besten Abschätzungen" wurde als Basis für die publizierten Referenzkonversionskoeffizienten für Neutronen verwendet [80]. Diese Daten wurden für einen Vergleich mit den in dieser Arbeit mit GEANT4 berechneten Organ-DKK für Neutronen verwendet. Außerdem wurde mit den gerade veröffentlichten Ergebnissen von Sato et al. [119] verglichen, welche mit dem Monte Carlo Code PHITS [104] und auch den ICRP-Referenz-Voxelphantomen die Organ-DKK (im Energiebereich von 10 meV bis 100 GeV) berechnet haben. Prinzipiell verwendet GEANT4 bis 20 MeV auch die von ICRP/ICRU und Sato et al. verwendeten Neutronen - Wirkungsquerschnitts - Daten aus der ENDF/B Bibliothek von Los Alamos (ENDF/B VI) [8]. Diese Wirkungsquerschnitte sind einer fortlaufenden Aktualisierung unterworfen, weshalb es durchaus möglich ist, dass hier kleinere Unterschiede beim Vergleich von Berechnungen jüngeren Datums mit älteren Rechnungen auftreten können. Im Energiebereich oberhalb 20 MeV wird dagegen zur Simulation des Neutronentransports und -wechselwirkung auf theoretische Modelle zurück gegriffen (vgl. Kapitel 4.4). ICRP/ICRU verwendeten in Verbindung mit dem MCNP-Code für Neutronenenergien oberhalb 20 MeV den LAHET-Code [111], während Sato et al. die Kernreaktionsmodelle JQMD (von 20 MeV bis 1 GeV) und JAM (ab 1 GeV) verwendet [119]. In den Abbildungen 5.40, 5.41 und 5.42 sind exemplarisch die Organ-DKK für Lunge, Magen und rotes Knochenmark beider Phantome mit den Vergleichsdaten von [119] und [74, 80] dargestellt. Die Übereinstimmungen der in dieser Arbeit

KAPITEL 5. DKK Ergebnisse für AP-Bestrahlung

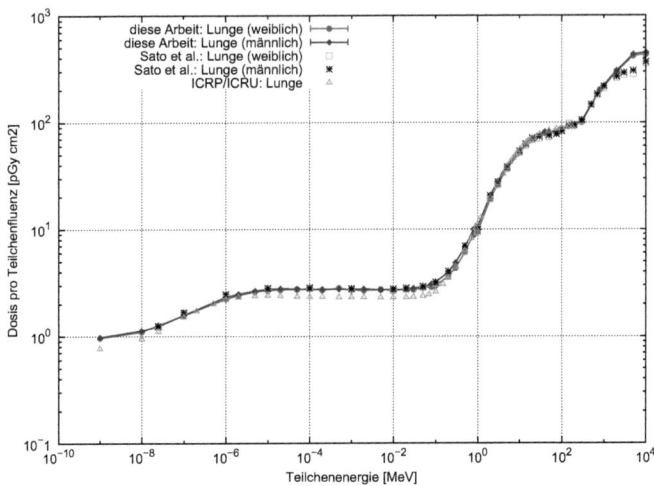

Abbildung 5.40: *Organ-DKK für die Lunge bei AP-Bestrahlung mit Neutronen für beide Voxelphantome im Vergleich zu Daten von ICRP/ICRU [74, 80] und Bozkurt et al. [119]*

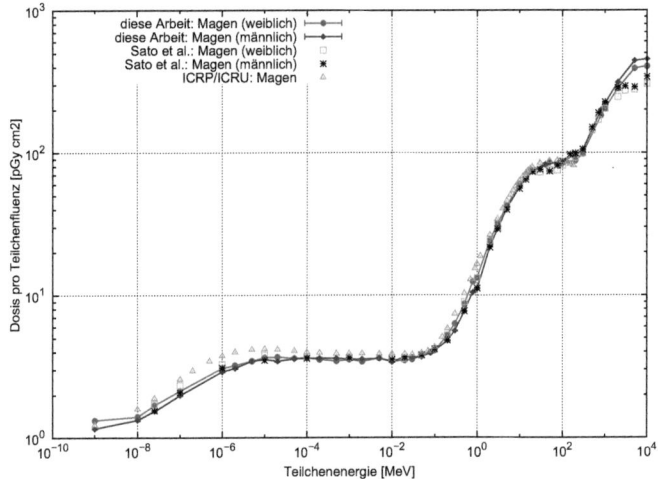

Abbildung 5.41: *Organ-DKK für den Magen bei AP-Bestrahlung mit Neutronen für beide Voxelphantome im Vergleich zu Daten von ICRP/ICRU [74, 80] und Sato et al. [119]*

5.5. Neutronen

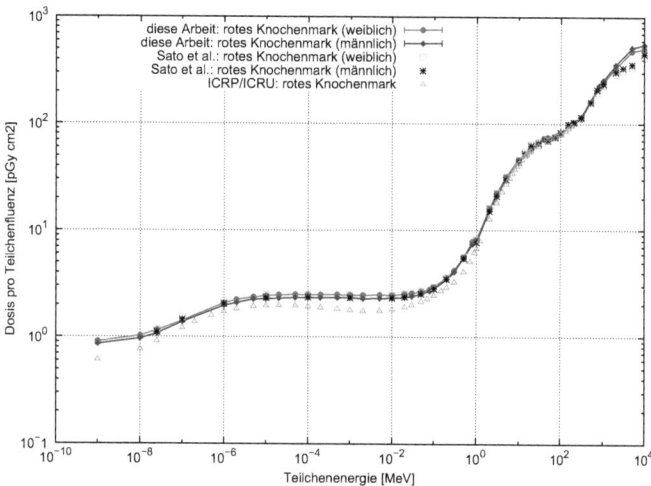

Abbildung 5.42: *Organ-DKK für die Lunge bei AP-Bestrahlung mit Neutronen für beide Voxelphantome im Vergleich zu Daten von ICRP/ICRU [74, 80] und Sato et al. [119]*

berechneten Organ-DKK mit den Vergleichsdaten sind generell sehr zufriedenstellend. Bei den Berechnungen für die ICRP/ICRU-Daten wurden hauptsächlich die beiden Phantome ADAM und EVA [87] verwendet. Die Organe dieser beiden Phantome entsprechen, wie auch jene der beiden in dieser Arbeit verwendeten Voxelphantome den Empfehlungen für den Referenz-Menschen der ICRP [75]. Die Abweichungen zu den ICRP/ICRU-Werten im Energiebereich unterhalb etwa 1 MeV sind deshalb hauptsächlich auf die Unterschiede in den Organtiefen der verwendeten Phantomen zurück zu führen. So kann man davon ausgehen, dass der Magen in den mathematischen Modelle ADAM und EVA eine geringere Tiefe (realtiv zur AP-Einstrahlrichtung) als in den Voxelphantomen aufweist, weil die DKK-Werte bei diesem Organ oberhalb der DKK-Werte von dieser Arbeit und von Sato et al. liegen. Die Übereinstimmungen mit den Daten von Sato et al. sind bemerkenswert. Einzig im Energiebereich oberhalb etwa 1 GeV treten Abweichungen auf.

198 KAPITEL 5. DKK Ergebnisse für AP-Bestrahlung

Bei den Berechnungen dieser Arbeit wurden ab 3 GeV die GHEISHA-Modelle aus Geant3 verwendet (vgl. Kapitel 4.4), während Sato et al. hier das Modell JAM verwendeten. Die Unterschiede der Modelle bzw. deren Implementierung im Code dürften zu diesen Unterschieden führen. Die guten Übereinstimmungen der Werte zwischen 20 MeV und 1 GeV deuten jedenfalls darauf hin, dass das von Sato et al. verwendete intranukleare Kaskadenmodell wie bei den Berechnungen mit GEANT4 auf der Theorie von Bertini [28] basieren (vgl. Kap. 4.4).

5.5.4 Effektive Dosis

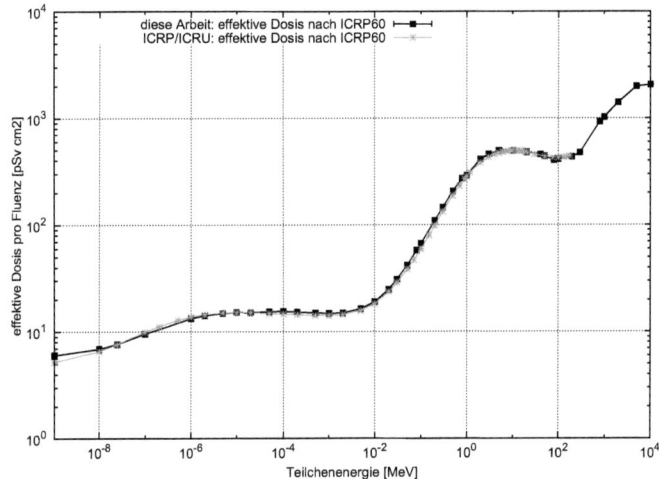

Abbildung 5.43: *DKK für die effektive Dosis bei AP-Bestrahlung mit Neutronen im Vergleich mit veröffentlichten Daten von ICRP/ICRU [74, 80]. Die DKK der effektiven Dosis dieser Arbeit wurden zu Vergleichszwecken mit den Strahlungswichtungsfaktoren für Neutronen nach den Empfehlungen aus ICRP60 [72] berechnet*

Mit den Werten der Organ-DKK wurde wie in Kapitel A.2 beschrieben die effektive Dosis bei Bestrahlung mit Neutronen berechnet. Die Vari-

5.5. Neutronen

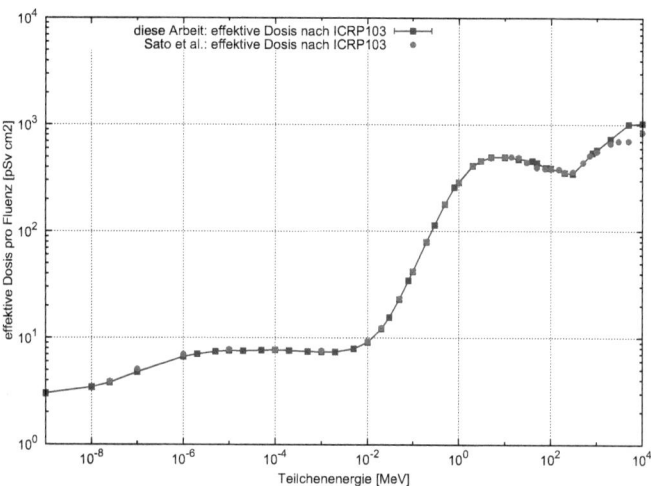

Abbildung 5.44: *DKK für die effektive Dosis (nach ICRP103 [76]) bei AP-Bestrahlung mit Neutronen im Vergleich mit veröffentlichten Daten von Sato et al. [119]*.

anzen wurden mit Fehlerfortpflanzung berechnet und betragen maximal 6.6%. Die Ergebnisse sind zusammen mit den entsprechenden DKK-Werten von ICRP/ICRU [74, 80] (Abbildung 5.43), und Sato et al. [119] (Abbildung 5.44) dargestellt. In ICRU/ICRP wurde die effektive Dosis mit den Strahlungswichtungsfaktoren und Gewebewichtungsfaktoren aus ICRP60 [72] berechnet. In ICRP103 [76] wurden neben den Gewebewichtungsfaktoren auch die Strahlungswichtungsfaktoren für Neutronen geändert. Um dennoch mit den Daten von ICRU/ICRP vergleichen zu können, wurden die DKK der effektiven Dosis noch einmal mit den Strahlungswichtungsfaktoren für Neutronen nach den Empfehlungen aus ICRP60 [72] berechnet. Die Übereinstimmungen der nach ICRP60 berechneten DKK der effektiven Dosis mit den ICRP/ICRU-Werten sind bemerkenswert, was aber nach den bereits beobachteten Übereinstimmungen der Organ-DKK nicht anders zu erwarten war. Außerdem kann man daraus schließen, dass die Änderung des Strahlungswichtungsfaktor in ICRP103 einen wesentlich größeren Einfluss auf die DKK-Werte der effektiven Dosis hat, als die Änderung der Gewebewichtungsfaktoren, die bei dem Vergleich mit ICRP/ICRU nicht berücksichtigt wurden.

Interessantes ergibt sich aus dem Datenvergleich der DKK-Werte für die effektive Dosis dieser Arbeit mit den Resulaten von Sato et al. Wie schon beschrieben, wurden für die Simulationsrechnungen die gleichen Referenz-Voxelphantome verwendet allerdings unter Verwendung verschiedener Monte Carlo Codes (GEANT4 bzw. PHITS). Wie bereits aus den Vergleichen der DKK der einzelnen Organe erwartet, treten die einzigen nennenswerten Unterschiede im Energiebereich oberhalb 1 GeV auf. Da Phantomunterschiede wegfallen, können diese Abweichungen nur durch die Verwendung unterschiedlicher Transportprogramme und hier vor allem durch die Art der theoretischen Kernmodelle und deren Implementierung im Monte Carlo Code erklärt werden. Gerade im hochenergetischen Bereich spielen aber die aus den Kernreaktionen gebildeten Sekundärteilchen eine dominierende Rolle in den Energiedepositionsprozessen. Bei Verwendung der gleichen Referenz-Voxelphantome, aber verschiedener Teilchentransport - Simulationsprogramme erhält man im hochenergetischen Bereich nennenswerte Unterschiede bei der Berechnung der DKK aufgrund der Implementierung offensichtlich unterschiedlicher Kernmodelle. Dieses Ergebnis unterstreicht die Wichtigkeit und den Einfluss der im jeweiligen Monte Carlo Code verwendeten Kernmodelle.

5.5.5 Veröffentlichung der Neutronen-Daten in der ICRP Publikation 110

Gleich wie bei den Photonen (vgl. Kapitel 5.1) wurden auch die Dosiskonversionskoeffizienten ausgewählter Organe und der effektiven Dosis bei Neutronenbestrahlung von AP dieser Arbeit zusammen mit den Ergebnissen anderer Arbeitsgruppen, welche die DKK ebenfalls mit den Referenz-Voxelphantomen, aber mit verschiedenen MC-Codes berechnet haben, in der ICRP Publikation 110 [77] graphisch illustriert und mit den zugehörigen Daten aus ICRP 74 [74] bzw. ICRU57 [80] verglichen. Die ausgewählten Organe sind rotes Knochenmark, Lunge, Magen, Colon und Brust. Die DKK der anderen Arbeitsgruppen wurden mit dem Monte Carlo Code PHITS [82, 104, 119] und FLUKA [50, 27] berechnet.

5.6 Verwendung der AP-Daten im geplanten ICRP-Report der Revision von ICRP 74/ICRU 57

In Kapitel 2 wurde bereits beschrieben, dass die ICRP mit der ICRP-Publikation 103 auf die neuesten biologischen und physikalischen Erkenntnisse im Bereich der Strahlenbelastung reagiert hat. ICRP 103 und die darin aufgeführten Empfehlungen treten damit formell an die Stelle von den Empfehlungen aus ICRP 60 [72]. Die in Hinblick auf die vorliegende Arbeit wichtigsten Änderungen sind einerseits die Aktualisierungen der Strahlungs- und Gewebewichtungsfaktoren (w_R bzw. w_T) zur Berechnung der effektiven Dosis, sowie die Verwendung definierter ICRP/ICRU-Referenz-Voxelphantome. Konsequenz dieser Änderungen und Erneuerungen ist, dass auch die in den Publikationen ICRP 74 [74] und ICRU 57 [80] empfohlenen Dosiskonversionskoeffizienten für Organdosen und effektive Dosis, welche gemäß den Empfehlungen aus ICRP 60 berechnet wurden, einer Revision bedürfen. Die Verfügbarkeit eines verlässlich ausgewerteten und überprüften Datensatzes von Dosiskonversionskoeffizienten ist im Strahlenschutz der Gesamtbevölkerung im Allgemeinen und beruflich exponierter Personen im Speziellen unbedingt nötig. In Hinblick auf externe Bestrahlung war dies unter anderem auch eine Motivation für die Erstellung der vorliegenden Arbeit. Eine Untergruppe der Arbeitsgruppe "Dose Calculation' (DOCAL)" vom Ausschuss 2 der ICRP hat sich ebenfalls in den letzten Jahren dieses Projektes angenommen und Mitglieder der Arbeitsgruppe haben die Dosiskonversionskoeffizienten speziell für den geplanten Report berechnet. Um qualitativ eine hohe Güte zu erzielen, wurden mehrere DOCAL-Mitglieder mit den Berechnungen beauftragt, wobei zwar alle die gleichen ICRP/ICRU-Referenz-Voxelphantome verwendeten, jedoch unterschiedliche Monte Carlo Codes für die Simulationsrechnungen zum Einsatz kamen. Bei einem Treffen der DOCAL-Untergruppe in München Ende 2008 ergab sich für den Autor dieser Arbeit die Möglichkeit, die zu diesem Zeitpunkt fertig berechneten und überprüften Dosiskonversionskoeffizienten für AP-Bestrahlung den DOCAL-Mitgliedern zu präsentieren. Im Anschluss an die Präsentation wurde zunächst vereinbart, dass die DKK-Ergebnisse dieser Arbeit für Photonen, Betateilchen, Müonen, Protonen und Neutronen mit den Ergebnisses der DOCAL-Gruppe verglichen und überprüft werden sollen. Bei ausreichender Güte der DKK-Ergebnisse würden sie als Validierungs-Berechnungen in die Publikation eingehen. Einige Monate später wurde nach erfolgten Überprüfungen und Vergleichen von der DOCAL-Gruppe beschlossen, dass die vorliegenden DKK-Ergebnisse für AP-Bestrahlung dieser Arbeit zusätzlich zu der Validierungs-Funktion auch in die Bildung der Mittelwerte der Fluenznormierten Dosiskonversionskoeffizienten für Organdosen und effektive Dosis bei AP-Bestrahlung eingebunden werden sollen.

Der Autor kann deshalb mit Stolz berichten, das neben den Berechnungsergebnissen der Monte Carlo Codes EGSNRC [86], FLUKA [27], PHITS [82, 104] und MCNPX [137] auch die mit GEANT4 erzielten AP-Resultate dieser Arbeit bei der Erstellung des neu erscheinenden ICRP-Referenzdatensatzes von Dosiskonversionskoeffizienten bei externer Bestrahlung zur Anwendung im Strahlenschutz mit in die Berechnungen einbezogen wurden. Die Veröffentlichung der Revision von ICRP 74/ICRU 57 ist noch innerhalb von 2011 geplant.

KAPITEL

6

Dosiskonversionskoeffizienten für den Referenz-Menschen für die kosmische Strahlung
Bestrahlungsgeometrie: isotrop

In Kapitel 5 wurden die DKK der verschiedenen Teilchen der sekundären kosmischen Strahlung für Bestrahlung der Referenz Voxelphantome der ICRP/ICRU von anterior nach posterior (AP) ausführlich diskutiert. Es ist jedoch klar, dass eine derart gerichtete und idealisierte Bestrahlung im Bereich der Personendosimetrie (z.B. Dosisabschätzung für fliegendes Personal; vgl. Kapitel 2.5) in der Realität nur selten vorkommt. Genauso klar ist die unlimitierten Anzahl theoretisch möglicher Bestrahlungsgeometrien, der ein Mensch ausgesetzt sein kann. Von der

ICRU und der ICRP [80, 74] wurden zu computergestützten Dosisabschätzungszwecken einige definierte Bestrahlungsgeometrien vorgeschlagen, worunter auch die AP-Bestrahlung fällt. Bei den definierten Bestrahlungsgeometrien wird stets eine Ganzkörperbestrahlung mit planparallelen Strahlen angenommen. Zur Abschätzung der durch die kosmische Strahlung verursachten Organdosen bzw. effektiven Dosis, die ein Mensch in einem Flugzeug erhält, ist derzeit die isotrope Bestrahlungsgeometrie anerkannt. Diese Strahlungsgeometrie - im Folgenden kurz ISO genannt - wird durch ein Strahlungsfeld definiert, in dem die Teilchenfluenz pro Raumwinkeleinheit unabhängig von der Richtung ist.

6.1 Simulation der ISO-Bestrahlung in Geant4

Die ISO-Bestrahlung wurde in GEANT4 folgendermaßen simuliert und bei der ISO-Simulation für jede Primärteilchengeschichte angewandt.

1. Das jeweilige Voxelphantom befindet sich zentriert innerhalb einer virtuellen Sphäre, deren Radius so gewählt ist, dass das Voxelphantom komplett umschlossen ist.

2. Mittels Zufallszahlen wird eine Position P auf der Sphäre ermittelt. Durch den Punkt P wird eine Tangetialebene gelegt, deren Normalvektor dem Verbindungsvektor zwischen Sphärenzentrum Z und dem Positionspunkt P entspricht.

3. Auf der Tangetialebene wird erneut mittels Zufallszahlen eine Position P' auf einer Kreisfläche ermittelt. Die Kreisfläche auf der Tangetialfläche hat den Punkt P als Mittelpunkt und einen Radius, der dem Sphärenradius entspricht.

4. Von der Position P' ausgehend wird dann das jeweilige Primärteilchen normal zur Tangetialebene in Richtung des Voxelphantoms abgeschossen.

6.2. Verifikation der ISO-Bestrahlungsgeometrie

Die Dosisergebnisse aus den Simulationsrechnungen mit ISO-Bestrahlung wurden auf die Teilchenfluenz normiert, welche sich aus der Anzahl der simulierten Teilchengeschichten dividiert durch die Einstrahlfläche, in diesem Fall eine Kreisfläche mit dem oben angesprochenen Sphärenradius, zusammensetzt. Die so realisierte isotrope Bestrahlungsgeometrie entspricht der Bestrahlung eines feststehenden Voxelphantoms mit einer sich auf einer Sphäre um das Phantom bewegenden, nach innen gerichteten, flächig aufgeweiteten Strahlungsquelle.

6.2 Verifikation der ISO-Bestrahlungsgeometrie

Für eine Verifikation der programmierten ISO-Bestrahlungsgeometrie wurde die in Kapitel 4.8.3 beschriebene Simulation der Bonner Kugeln [30] des HMGU-BSS verwendet. Diese Simulation ist durch eine kugelsymmetrische Geometrie ausgezeichnet, welche aus einer Richtung mit planparallelen Neutronenstrahlen beschossen wird. Ergebnis der Bestrahlungsimulation ist das Ansprechvermögen (auch als "Response" bezeichnet) des im Zentrum der PE-Schale liegenden, ebenfalls kugelsymmetrischen ^3He-Detektors. Aufgrund der Kugelsymmetrie ist es in dieser Simulation für die Berechnung des Ansprechvermögens unerheblich, von welcher Einstrahlrichtung die planparallele Neutronenstrahlung kommt. Die ISO-Bestrahlung kann man sich auch so vorstellen, dass das Phantom (sei es das Voxelphantom oder auch eine der Bonner-Kugeln) vor einer ausreichend großen, flächigen Strahlungsquelle um alle Raumachsen rotiert. Simulierte Bestrahlungen der Bonner Kugeln mit der oben beschriebenen Realisierung der ISO-Bestrahlungsgeometrie und der seitlichen Bestrahlung (also genau wie bei AP), wie sie in Kapitel 4.8.3 beschrieben ist, müssen demnach bei gleichen Bedingungen innerhalb der Fehlertoleranz auch das gleiche Ansprechvermögen zeigen.

KAPITEL 6. DKK-Ergebnisse bei ISO-Bestrahlung

Für die Verifikationsrechnung wurde willkürlich die Simulation der Bonner Kugel mit 6 inch Durchmesser ausgewählt. Diese Kugel wurde dabei mit monoenergetischen Neutronen mit 6 verschiedenen Energien (10 meV, 1 eV, 100 eV, 10 keV, 1 MeV und 100 MeV) unter isotroper Bestrahlung simuliert beschossen. Bei jedem Energiepunkt wurden $2 \cdot 10^6$ Neutronen-Teilchengeschichten gerechnet. Abbildung 6.1 zeigt die Ergebnisse dieser Verifikationsrechnungen (rote Punkte) gemeinsam mit der im Zuge dieser Arbeit berechneten Responsefunktion der 6 inch Kugel (blau strichlierte Linie), welche bereits in Kapitel 4.8.3 diskutiert wurde. Die maximale Abweichung der unter isotropen Beschuss errechneten Responsewerte relativ zu jenen unter AP-Beschuss beträgt weniger als 5%. Die korrekte Programmierung des isotropen Teilchenbeschusses gilt damit als abgesichert.

6.3 Ergebnisse der ISO-Bestrahlungssimulation

In den folgenden Unterkapiteln werden die ersten Resultate der bis dato durchgeführten Berechnungen der isotropen Bestrahlungssimulation präsentiert. Berechnungen für Photonen, Betateilchen, Müonen, Protonen und Neutronen wurden mit jeweils 10 Millionen Teilchengeschichten durchgeführt.

Die DKK der Organe und der effektiven Dosis bei ISO-Bestrahlung zeigen ähnliche Verläufe wie die entsprechenden DKK bei AP-Bestrahlung. Da bei AP-Bestrahlung die Teilchen stets aus der gleichen Richtung kommen, wurden in Kapitel 5 die Verläufe der Organ-DKK anhand der Tiefe des jeweiligen Organs im Körper diskutiert und gezeigt, ab welcher Primärenergie die jeweiligen Teilchen das Organ erstmals, teilweise und schliesslich vollständig erreichen können. Aufgrund der konstanten Einstrahlrichtung konnten für AP die genauen Organtiefen im Voxelphan-

6.3. Ergebnisse der ISO-Bestrahlungssimulation

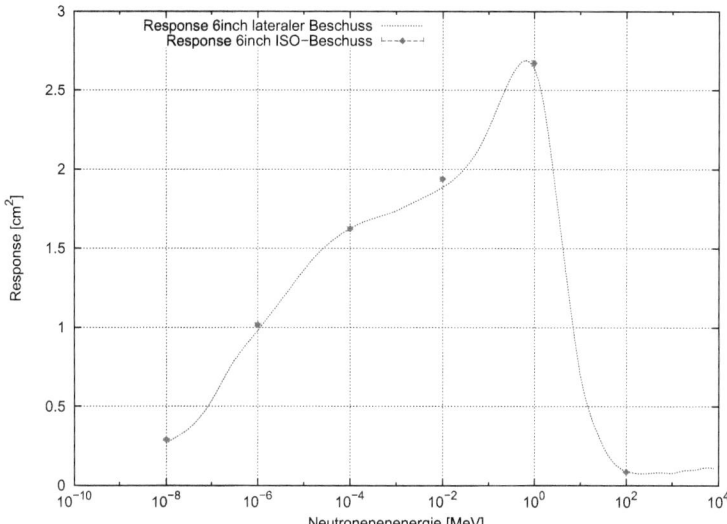

Abbildung 6.1: *Verifikationsrechnung für die Simulation des isotropen Teilchenbeschuss. Die blaue gestrichelte Linie zeigt die in dieser Arbeit berechnete Funktion des Ansprechvermögens (= "Response") der Bonner Kugel mit 6 inch Durchmesser unter lateralem Beschuss und die roten Punkte Ergebnisse des Ansprechvermögens für ausgewählte Energiepunkte, welche mit isotropem Beschuss gerechnet wurden. Die maximale Abweichung beträgt weniger als 5% (vgl. Kapitel 4.8.3 bzw. Abbildung 4.8 sowie Kapitel 3)*

tom bestimmt werden. Für die ISO-Bestrahlung ist das nicht möglich, da die Teilchen aus jeder beliebigen Richtung auf das Voxelphantom treffen. Die veränderten geometrischen Verhältnisse aufgrund der ISO-Geometrie zeigen sich bereits in den Varianzen der DKK der großen Organe (z.B. Brust, Leber, Lunge). Sobald die Teilchenenergie groß genug ist, um das Organ zu erreichen, sinkt die Varianz rascher unter 3% als es bei AP der Fall ist. Da aufgrund der ISO-Geometrie keine Vorzugsrichtung mehr gegeben ist, wird das betrachtete Organ von Teilchen und deren Streustrahlung aus allen möglichen Richtungen getroffen und verzeichnet bei nied-

208 **KAPITEL 6. DKK-Ergebnisse bei ISO-Bestrahlung**

rigeren Energien dementsprechend mehr Wechselwirkungsprozesse zur Dosisdeposition, was die Reduktion des relativen Fehler bewirkt. Eine gegenteilige Entwicklung zeigt sich bei kleinen und tief sitzenden Organen (z.b. Nebennieren, weibl. Gonaden, Ösophagus). Für diese Organe ergeben sich teilweise deutlich höhere Varianzen der DKK-Werte als bei den entsprechenden Werten bei AP-Bestrahlung. ISO-Bestrahlung weist aufgrund der Einstrahlungsgeometrie wie beschrieben deutlich mehr Teilchen auf, die das jeweilige Voxelphantom streifen oder vorbeifliegen, ohne Dosis zu deponieren. Eine höhere Primärteilchenzahl würde diesem Problem begegnen, was allerdings auch eine deutlich erhöhte Rechendauer mit sich brächte. Aus Zeitgründen wurde für diese Arbeit der Kompromiss eingegangen, dass für die ISO-Simulationen 10 Millionen Teilchengeschichten gerechnet wurden, was eine maximale Rechenzeit von etwa 7 Tagen für einzelne Energiepunkte bedeutete. So ließen sich in halbwegs moderater Rechenzeit für die einzelnen Energiepunkte DKK-Ergebnisse der ISO-Bestrahlung erzielen, welche Varianzen von maximal ca. 15% zeigen.

6.3.1 Vergleich ausgewählter Organ-DKK für AP- und ISO-Bestrahlung

In Kapitel 5 wurden die physikalischen Gründe (Wechselwirkungsprozesse, Prozesswahrscheinlichkeiten, etc.) für die Verläufe der Organ-DKK jeder Teilchenart diskutiert. Dabei wurde deutlich, dass ein wichtiger Parameter die Tiefe des jeweiligen Organs bzw. Gewebes im Körper ist. Je tiefer das Organ liegt, desto mehr Energie brauchen die Teilchen, um dorthin vorzudringen und Dosis zu deponieren. In den meisten Publikationen (z.B. [46, 47, 48, 49, 33, 34, 106]) werden die Organ-DKK verschiedener Bestrahlungsgeometrien in Hinblick auf die Organtiefe relativ zur Einstrahlrichtung miteinander verglichen. Vor allem Unterschiede in den konträren Geometrien können leicht erklärt werden (z.B. die DKK

6.3. Ergebnisse der ISO-Bestrahlungssimulation

der Brust haben für AP im niederenergetischen Bereich höhere Werte als für PA).

Das Konzept der isotropen Bestrahlung ist um einiges komplexer als die othogonalen Bestrahlungsgeometrien aus einer bestimmten Richtung (AP, PA, rechts und links lateral). In Abbildung 6.2 werden exemplarisch anhand der Bestrahlung vom Herzen die unterschiedlichen Tiefen des Organs relativ zur Bestrahlungsrichtung der beiden Bestrahlungsgeometrien gezeigt. Bei der AP-Bestrahlung wurden in Kapitel 5 aufgrund der Einstrahlrichtung die frontalen Organtiefen verwendet. Bei der ISO-

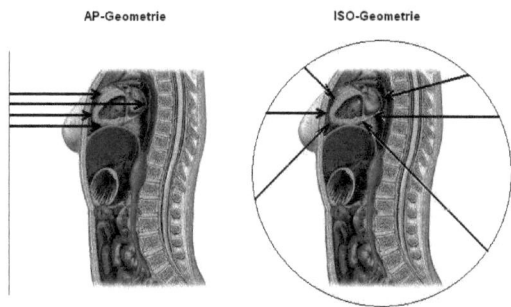

Abbildung 6.2: Vergleich von AP- und ISO-Bestrahlungsgeometrie hier am Beispiel vom Herz gezeigt. Bei AP ist es aufgrund der bevorzugten Einstrahlrichtung möglich, eine minimale bzw. maximale Tiefe des Organs anzugegeben. Das ist bei ISO nicht der Fall, weshalb hier eine generelle Angabe einer Organtiefe relativ zur Bestrahlungsrichtung keinen Sinn macht

Bestrahlung des Voxelphantoms treffen die Teilchen aber in den verschiedensten Winkeln auf das Phantom und eine gewisse Teilchenanzahl wird das Phantom überhaupt nur streifen. Die Angabe einer definierten Tiefe eines Organs für ISO ist schwer möglich und genau genommen nicht sinnvoll. Im Extremfall kann z.B. ein Photon am Fuss in das Phantom eindringen und im Herz seine Dosis deponieren. Bei den geladenen Teilchen kommt es bei ISO-Bestrahlung zu einem wesentlich geringer

210 KAPITEL 6. DKK-Ergebnisse bei ISO-Bestrahlung

ausgeprägten Bragg-Peak (vgl. Kapitel 5.3). Durch die verschiedenen Eindringtiefen eines Organs befinden sich die Bragg-Kurven nicht mehr in einer gemeinsamen Überschneidungszone und summieren sich deshalb nicht so deutlich wie bei der Bestrahlung von AP. Das lässt sich vor allem bei Protonen und Müonen beobachten, wo im jeweiligen Energiebereich des Bragg-Peak die Werte der AP-DKK deutlich über den Werten der ISO-DKK liegen.

Es hat also keinen Sinn, Organ-DKK von z.b. Herz, Lunge oder Magen für AP und ISO anhand von Eindringtiefen miteinander zu vergleichen. Die beiden einzig sinnvollen Organe, um einen derartigen Vergleich der Organ-DKK von AP und ISO dennoch zu versuchen, sind die Haut und das Gehirn. Egal von welcher Einstrahlrichtung man kommt, die Haut wird als erstes getroffen bzw. passiert. Sie umschliesst als einziges Gewebe im Mittel in einer gleichmässigen Dicke das gesamte Phantom. Ähnliche geometrische Überlegungen gelten für das Gehirn. Wie schon in Kapitel 6.2 beschrieben, ist das Ansprechvermögen für einen kugelsymmetrischen Körper bei AP-Bestrahlung die gleiche wie für ISO-Bestrahlung. Das einzige Organ, das grob angenähert eine Kugelsymmetrie aufweist und zusätzlich zumindest annähernd von den meisten Seiten gleich tief im Körper sitzt, ist das Gehirn.

Basierend auf diesen Überlegungen ist zu erwarten, dass sich bei den DKK vom Gehirn zwischen ISO und AP nur wenige Unterschiede ergeben. Bei den DKK der Haut werden im Gegensatz dazu größere Unterschiede zu erwarten sein. Während bei AP die Primärteilchen immer stets senkrecht[1] auf die Voxel auftreffen, werden bei ISO die Teilchen in allen möglichen Einfallswinkeln zwischen 0° und 180° auf die Hautvoxel auftreffen. In den folgenden Abbildungen wird gezeigt, dass sich diese

---

[1] An diesem Punkt sei an den Voxelaufbau der Phantome erinnert. Wie beschrieben stellen die Voxel Elementarquader dar, aus denen das Phantom aufgebaut ist. Ein von AP kommendes Teilchen wird demnach stets einen Einfallswinkel von 90° relativ zur Voxeloberfläche haben. Ausnahme wäre, wenn das Teilchen bereits vor dem Voxelphantom einen Streuprozess vollzogen hätte, was aber bei Vakuum als Phantom-umhüllendes Material auszuschließen ist.

6.3. Ergebnisse der ISO-Bestrahlungssimulation

geometrischen Überlegungen in den DKK widerspiegeln.

Haut-DKK für alle Teilchen

In den Abbildungen 6.3a bis 6.3e sind die DKK von Haut des weiblichen Phantoms für AP und ISO von Photonen, Elektronen, Müonen, Protonen und Neutronen dargestellt. Man erkennt in allen Graphen einen ähnlichen grundsätzlichen Verlauf. Im niederenergetischen Bereich zeigt AP höhere DKK-Werte. Mit steigender Energie nähern sich die Werte einander an und im höherenergetischen Bereich weist ISO höhere DKK-Werte auf. Es muss sich dabei um mindestens zwei konkurrierende Prozesse handeln, deren Einfluss sich mit steigender Energie ändert. Ein erster Erklärungsversuch wäre der oben beschriebene geometrische Ansatz. Physikalisch umfasst im niederenergetischen Bereich der mögliche Streuwinkel eines gebildeten Sekundärteilchens einen wesentlich größeren Winkelbereich, während mit steigender Energie die Sekundärteilchen eher in einen schmalen Winkelbereich in Vorwärtsrichtung gestreut werden [88]. Im Gegensatz zu AP bietet ISO eine Fülle von verschiedenen Einfallswinkel und damit besteht vor allem im niederenergetischen Bereich für Sekundärteilchen, aber auch für das Primärteilchen eine gesteigerte Möglichkeit, aus dem Phantom heraus gestreut zu werden und folglich keine Dosis mehr zu deponieren. Das würde eine Erklärung für die niedrigeren DKK-Werte der Haut bei ISO sein. Gleichzeitig ermöglicht die ISO-Bestrahlung im Gegensatz zu AP dem Primärteilchen im Durchschnitt verlängerte Wegstrecken im Phantom. Gerade in Energiebereichen, in denen die mittlere Reichweite eines geladenen Teilchens (bzw. Halbwertsschichtdicke für ungeladene Teilchen) ähnliche Dimensionen wie die der Körperdurchmesser aufweist, würde das Teilchen bei AP mit einer Restenergie das Phantom verlassen, während bei ISO die Wahrscheinlichkeit besteht, auch diese Restenergie als Dosis im Phantom zu deponieren. Das würde die im höherenergetischen Bereich höheren DKK-

KAPITEL 6. DKK-Ergebnisse bei ISO-Bestrahlung

Werte der Haut für ISO erklären.

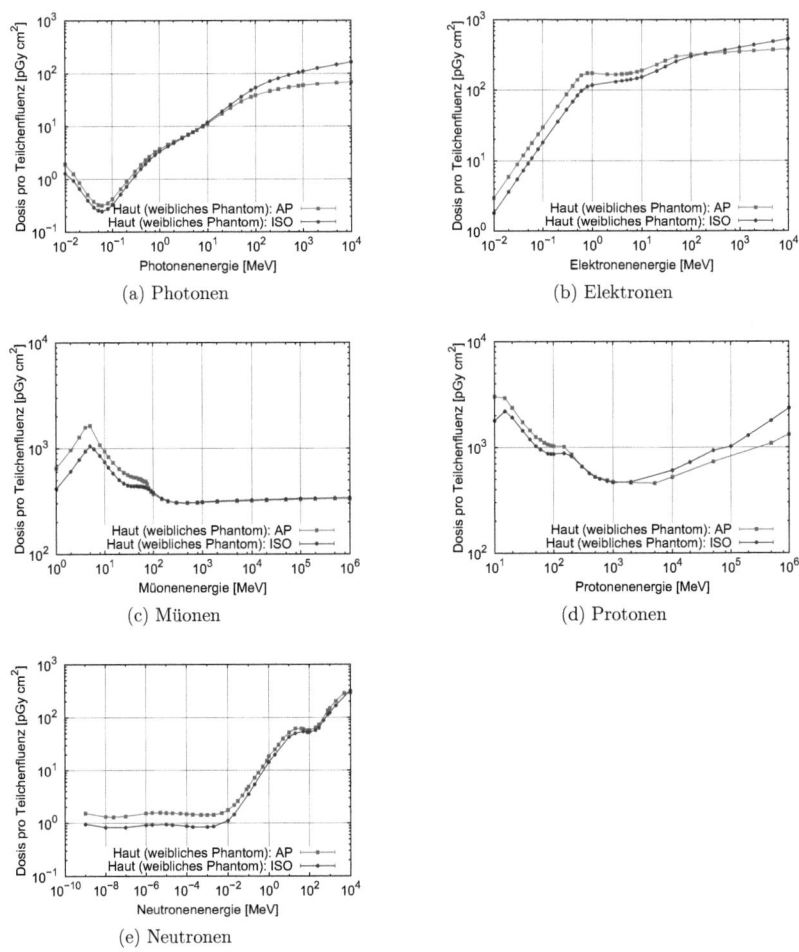

Abbildung 6.3: *Darstellung der Organ-DKK der Haut für (a) Photonen, (b) Elektronen, (c) Müonen, (d) Protonen und (e) Neutronen im jeweiligen Energiebereich bei Bestrahlung von AP (rot) und ISO (blau) im Vergleich*

6.3. Ergebnisse der ISO-Bestrahlungssimulation

Gehirn-DKK für alle Teilchen

In den Abbildungen 6.4a bis 6.4e sind die DKK des Gehirns des weiblichen Phantoms für AP und ISO im Vergleich dargestellt. Die oben angesprochene angenäherte Kugelsymmetrie dieses Organs lässt ansatzweise eine Übereinstimmung der DKK-Werte bei ISO- und AP-Bestrahlung erwarten, was in den Abbildungen auch deutlich zu sehen ist. Über den gesamten Energiebereich weisen die Organ-DKK für das Gehirn bei allen Teilchen ähnliche und streckenweise innerhalb der Fehlertoleranz sogar gleiche Werte auf.

6.3.2 Vergleich DKK der effektiven Dosis für AP- und ISO-Bestrahlung

In den Abbildungen 6.5a bis 6.5f sind für Photonen, Neutronen, Elektronen, Positronen, negative Müonen und Protonen die DKK der effektiven Dosis bei AP- und bei ISO-Bestrahlung graphisch dargestellt. Auf die Darstellung der effektiven Dosis der positiven Müonen wurde verzichtet, da diese mit den der negativen Müonen nahezu identisch sind. Die Berechnungen erfolgten laut den Empfehlungen aus ICRP 103 [76].

Bei allen Teilchen ist grundsätzlich das gleiche Muster erkennbar. Bei niedrigen Energien weisen die DKK von AP im Vergleich zu ISO zunächst höhere Werte auf. Mit steigender Energie nähern sich die Werte an und ab einer bestimmten Energie überwiegen die DKK-Werte der ISO-Bestrahlung. Die Energie, ab der die ISO-DKK des jeweiligen Teilchens die entsprechenden AP-DKK einholt bzw. auch überholt ist für jedes Teilchen spezifisch und lässt sich aus den Abbildungen 6.5a bis 6.5f herauslesen. Bei Photonen liegt die Energie bei etwa 10 MeV, bei Elektronen und Positronen bei etwa 100 MeV und bei den Müonen bei etwa 70 MeV. Bei den Protonen holen die ISO-DKK die AP-DKK bei etwa 200 MeV ein, sind dann bis etwa 2 GeV annähernd gleich und erst bei Energien

214 KAPITEL 6. DKK-Ergebnisse bei ISO-Bestrahlung

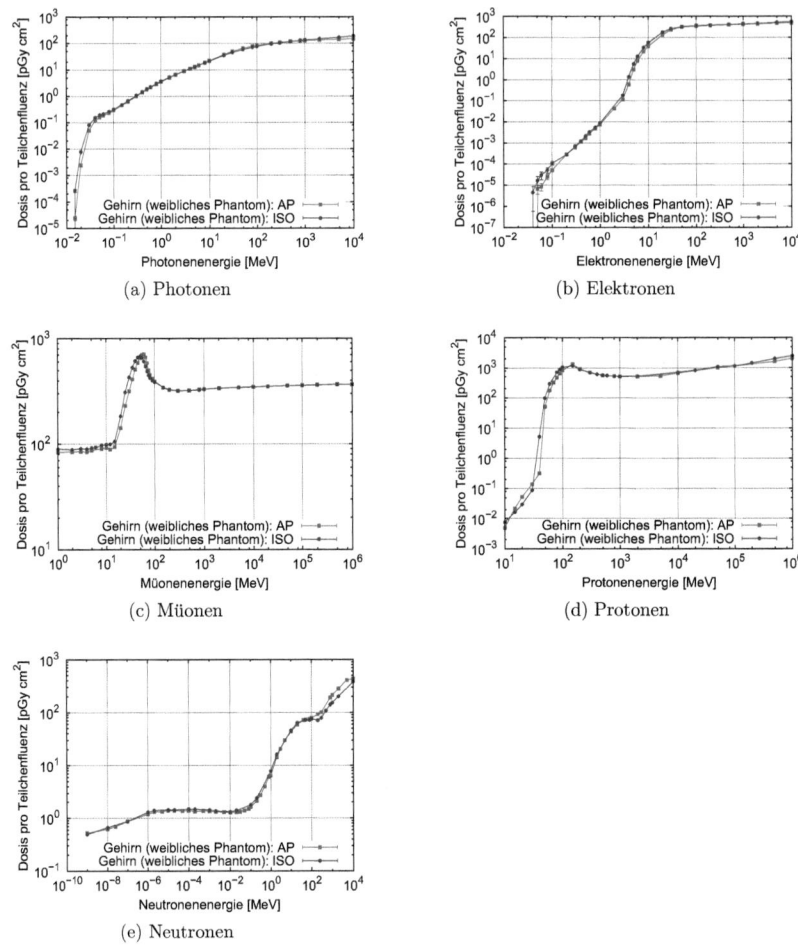

Abbildung 6.4: *Darstellung der Organ-DKK des Gehirns für Photonen (a), Elektronen (b), Müonen (c), Protonen (d) und Neutronen (e) im jeweiligen Energiebereich bei Bestrahlung von AP (rot) und ISO (blau) im Vergleich*

6.3. Ergebnisse der ISO-Bestrahlungssimulation

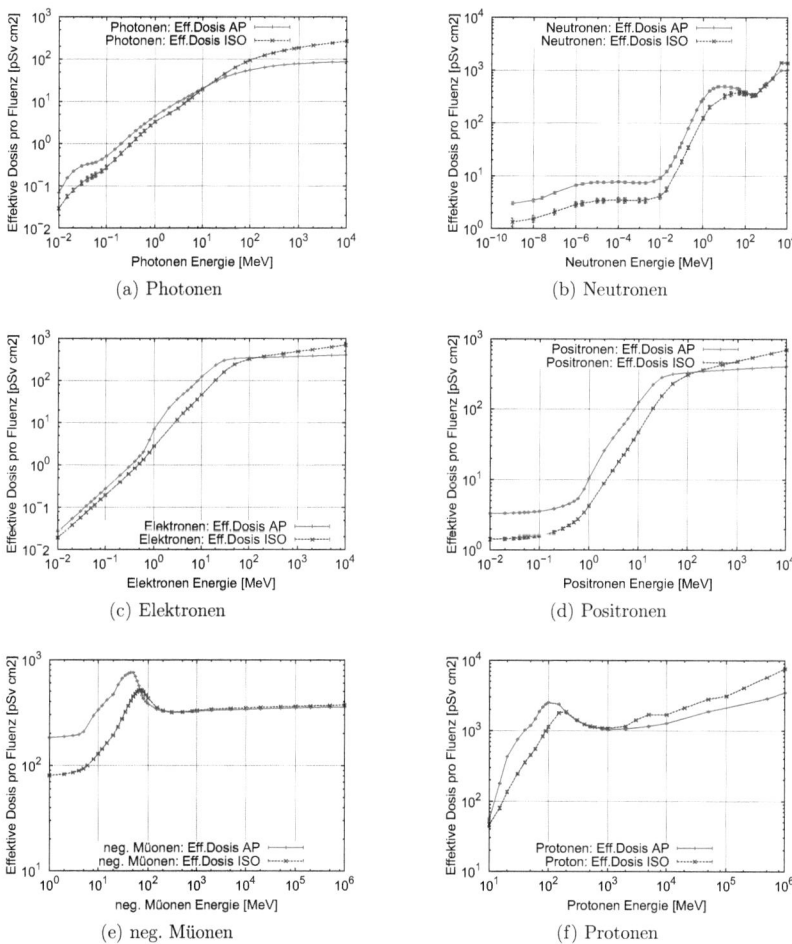

Abbildung 6.5: *Darstellung der effektiven Dosis bei AP- und ISO-Bestrahlung für Photonen (a), Neutronen (b), Elektronen (c), Positronen (d), neg. Müonen (e) und Protonen (f) im jeweiligen Energiebereich im Vergleich*

216 KAPITEL 6. DKK-Ergebnisse bei ISO-Bestrahlung

über 1 GeV weisen die ISO-DKK höhere Werte auf. Ähnliches ist bei den Neutronen zu beobachten, wobei hier die ISO-DKK die AP-DKK bei etwa 100 MeV einholen und erst ab etwa 2 GeV nehmen die ISO-DKK höhere Werte als die AP-DKK an.

Wie in Kapitel 5 diskutiert, erreicht bei Bestrahlung von AP die Eindringtiefe geladener Teilchen bzw. die Halbwertsschichtdicke ungeladener Teilchen irgendwann die Dimension des Voxelphantoms. Die oben aufgezählten Energien entsprechen genau dieser Energie (vgl. Kap. 5). Bei ISO-Bestrahlung sind je nach Eintritts-Winkel und -Ort mit steigender Energie noch höhere Eindringtiefen möglich, was auch die Möglichkeit einer prozessbedingten Energiedeposition bedeutet. Deshalb weisen die ISO-DKK im oberen Energiebereich höhere Werte auf. Bei Photonen und Betateilchen ist extrapolativ zu erahnen, dass sich die ISO-DKK gleich wie die AP-DKK auf ein Plateau zubewegen. Dieses Plateau wird spätestens erreicht, sobald auch bei ISO-Bestrahlung die Eindringtiefe bzw. Halbwertsschichtdicke dem maximal möglichen Phantomdurchmesser entspricht. Bei den Müonen ist dieses Plateau bei etwa 200 MeV erreicht. Die bereits oben besprochenen Unterschiede der DKK von AP und ISO im Bereich des Bragg-Peak sind bei den Müonen und Protonen eindrucksvoll zu sehen. Bei den hadronischen Teilchen Protonen und Neutronen sind die DKK von ISO und AP ab der "Einhol-Energie" im weiteren Energiebereich vorerst annähernd gleich. Bei den Protonen geht in diesem Energiebereich die Gewichtung der Dosisdepositionsprozesse von den kontinuierlichen Ionisationsprozesse über zu den Kernprozessen und den daraus entstehenden Sekundärteilchen. Und auch hier gilt, je länger der Weg durch das Voxelphantom, desto wahrscheinlicher ist die Möglichkeit für einen derartigen Prozess und die damit verbundene Dosisdeposition, was sich in den höheren DKK-Werten bei ISO mit steigender Energie zeigt. Ähnliches gilt für die Neutronen, bei denen die Kernprozesse ab etwa 15 MeV die wichtigsten Wechselwirkungen für die Dosisdeposition darstellen.

6.3. Ergebnisse der ISO-Bestrahlungssimulation

6.3.3 Zusammenfassung

Mit den GEANT4-Simulationsrechnungen der Referenz-Voxelphantome der ICRP/ICRU bei ISO-Bestrahlung liegen damit die Dosiskonversionskoeffizienten auch für diese Bestrahlungsgeometrie vor. Die Ergebnisse zeigen geometrisch und physikalisch sinnvolle Verläufe. Bei der Programmierung der ISO-Bestrahlungsgeometrie wurde ausschließlich die Geometrie des Primärteilchenbeschusses im Vergleich zu den AP-Berechnungen geändert. Der objektorientierte Programmierungsaufbau von GEANT4 ermöglichte es, dass hier lediglich auf eine einzige obligatorische Klasse zugegriffen und diese programmiertechnisch verändert werden musste (siehe auch Kapitel 4 bzw. speziell Kapitel 4.6). Der gesamte restliche Programmaufbau blieb unverändert, weshalb sich die Validierung des veränderten Programms auch nur auf den Teil Bestrahlungsgeometrie beschränkte.

Mit den Datensätzen von ISO und AP liegen damit für die wichtigsten Teilchen der sekundären kosmischen Strahlen und für die wichtigsten Bestrahlungsgeometrien über einen weiten Energiebereich Dosiskonversionskoeffizienten vor, welche zur Abschätzung der Organ-Dosen und der effektiven Dosis bei bekanntem Fluenzspektrum der jeweiligen Teilchenstrahlung verwendet werden können.

KAPITEL 7

Anwendung der berechneten Dosiskonversionskoeffizienten auf Teilchenspektren der sekundären kosmischen Strahlung

Nach den Simulationsrechnungen der Dosiskonversionskoeffizienten (vgl. Kapitel 5 und 6) für die wichtigsten Teilchen und Energiebereiche der sekundären kosmischen Strahlung (SKS), soll nun mit deren Verwendung die in verschiedenen Höhen in der Atmosphäre im Referenzmenschen durch die SKS verursachte effektive Dosis berechnet werden. Anhand der zur Verfügung stehenden Datensätze werden die effektiven Dosisleistungen in den gewählten Höhen berechnet, und die effektive Dosis ergibt sich durch Multiplikation mit der Aufenthaltszeit in dieser Höhe.

220 KAPITEL 7. Anwendung der berechneten DCC

Für die Dosisberechnungen wurde einerseits eine Meereshöhe von ca. 10 km ausgewählt, was einer typischen Flughöhe der kommerziellen Luftfahrt entspricht. Andererseits wurden Berechnungen der effektiven Dosisleistung für ein Meeresniveau von 2650 m durchgeführt, was der Höhe der Umweltforschungsstation Schneefernerhaus[1] (UFS) entspricht, wo im Zuge dieser Arbeit mit dem in Kapitel 3 beschriebenen Bonner Vielkugelspektrometer Messungen des Neutronenspektrums der SKS durchgeführt wurden (vgl. Kapitel 3.3).

7.1 Methodik zur Berechnung der effektiven Dosisleistung $\dot{E}$ der sekundären kosmischen Strahlung

Zur Berechnung von $\dot{E}$ müssen die vorhandenen energieaufgelösten Fluenzraten von Neutronen, Protonen, Müonen, Beta-Teilchen und Photonen bekannt sein. Diese Fluenzraten werden im Allgemeinen durch Simulationsrechnungen bestimmt und - soweit möglich - mit experimentellen Messungen verifiziert. Eine detaillierte Aufstellung zu diesen Simulationsrechnungen und deren Verifikationen findet sich in [94].

7.1.1 Faltung von Teilchenfluenzraten $\dot{\Phi}(\varepsilon)$ mit Dosiskonversionskoeffizienten $DKK(\varepsilon)$

Die vom Computerprogramm EPCARD (vgl. Kap. 2.5.2) gelieferten Werte der effektiven Dosisleistung in Flughöhen von 5000 m bis 15000 m basieren auf den von Rösler et al. [113] unter Verwendung des Monte Carlo Codes FLUKA [44] durchgeführten Simulationsrechnungen der energieaufgelösten Teilchenfluenzraten der SKS (vgl. Kapitel 2.5.2). Zur Bestimmung der effektiven Dosisleistung des jeweiligen Teilchens $\dot{E}_{Teilchen}$

---
[1] www.schneefernerhaus.de

7.1. Berechnungsmethodik für $\dot{E}$

der SKS werden die differentiellen Teilchenfluenzraten $d\dot{\Phi}(\varepsilon)_{Teilchen}/d\varepsilon$ von Rösler et al. mit den in dieser Arbeit für die entsprechende Teilchenart berechneten Fluenz-normierten, energieabhängigen Dosiskonversionskoeffizienten $DKK(\varepsilon)$ für die effektive Dosis (Kap. 5 und 6) gefaltet.

$$\dot{E}_{Teilchen} = \int_{\varepsilon_{min}}^{\varepsilon_{max}} \frac{d\dot{\Phi}(\varepsilon)_{Teilchen}}{d\varepsilon} \cdot DKK(\varepsilon)_{Teilchen} \cdot d\varepsilon$$

ε_{min} und ε_{max} stehen dabei für die oberen und die unteren Energiegrenzen. Sowohl die $DKK(\varepsilon)_{Teilchen}$ als auch die $d\dot{\Phi}(\varepsilon)_{Teilchen}/d\varepsilon$ weisen einen zu spezifischen Verlauf auf, um durch eine Funktion ausgedrückt zu werden. Rösler et al. haben bei den Monte Carlo Rechnungen die differentiellen Teilchenfluenzraten der SKS innerhalb vorher festgelegter Energieintervalle - so genannte "Energie-Bins" ermittelt. Diese Energie-Intervallstruktur wurde auf die DKK dieser Arbeit übertragen und die DKK-Werte für die Energiemitte eines jeden Intervalls interpolativ berechnet. Durch diese Vorgehensweise ergeben sich diskrete Werte über den gesamten Energiebereich und das Integral geht in eine Summe über (i bezeichnet das entsprechende Energiebin).

$$\dot{E}_{Teilchen} = \sum_i \frac{\Delta \dot{\Phi}_{i,Teilchen}}{\Delta \varepsilon_i} \cdot DKK_{i,Teilchen} \cdot \Delta \varepsilon_i = \sum_i \dot{\Phi}_{i,Teilchen} \cdot DKK_{i,Teilchen}$$

Die gesamte effektive Dosisleistung $\dot{E}_{gesamt}$ ergibt sich dann aus der Summe der effektiven Dosisleistungen der einzelnen Teilchenarten.

$$\dot{E}_{gesamt} = \sum_{Teilchen} \dot{E}_{Teilchen} = \sum_{Teilchen} \sum_i \dot{\Phi}_{i,Teilchen} \cdot DKK_{i,Teilchen}$$

7.1.2 Auswirkungen der neuen Empfehlungen der internationalen Strahlenschutzkommission

In dieser Arbeit wurden unter anderem in Kapitel 2.4.3 die Änderungen der neu eingeführten Empfehlungen aus ICRP Report 103 [76] gegenüber jenen aus ICRP Report 60 [72] und deren Auswirkungen auf die effektive Dosis erörtert. Da in der deutschen Gesetzgebung für die Personendosimetrie von fliegendem Personal noch die Empfehlungen aus dem ICRP Report 60 [72] gelten, werden in EPCARD für die Berechnungen unter anderem effektive Dosiskonversionskoeffizienten, basierend auf den ICRP Report 60, verwendet. Zu Vergleichszwecken wurden deshalb mit den Organdosen der ICRP/ICRU-Referenz-Voxelphantome dieser Arbeit die DKK der effektiven Dosis gemäß den Empfehlungen aus ICRP 103 und zusätzlich auch gemäß den Empfehlungen aus ICRP 60 berechnet. In den Abbildungen 7.1a bis 7.1f sind für alle Teilchen die DKK der effektiven Dosis, berechnet nach ICRP 60 beziehungsweise ICRP 103 zum Vergleich aufgetragen. Bei Photonen, Betateilchen und Müonen haben sich die Strahlungswichtungsfaktoren ω_R nicht verändert, und die Änderungen der Gewebewichtungsfaktoren ω_T in ICRP 103 bewirken bei diesen Teilchen, verglichen mit ICRP 60, abschnittsweise nur geringfügig höhere Werte der effektiven DKK. Im Gegensatz dazu stellen sich die Unterschiede der effektiven DKK dagegen bei Neutronen und Protonen dar. Bei Neutronen liegen die DKK-Werte nach ICRP 103 über weite Bereiche und bei Protonen insgesamt deutlich unter den DKK-Werten nach ICRP 60. Grund dafür ist der Strahlungswichtungsfaktor ω_R, der für Protonen von 5 in ICRP 60 auf 2 in ICRP 103 herabgesetzt wurde. Für Neutronen ist ω_R definiert als eine Funktion der eintreffenden Neutronenenergie. Relativ zu ICRP 60 wurden die Funktionswerte von $\omega_{R,Neutron}$ vor allem im niederenergetischen Bereich unterhalb 10 keV und im Energiebereichbereich oberhalb 100 MeV auf etwa die Hälfte verringert. In den Abbildungen 7.1f und 7.1e sind die Auswirkungen der

7.1. Berechnungsmethodik für $\dot{E}$

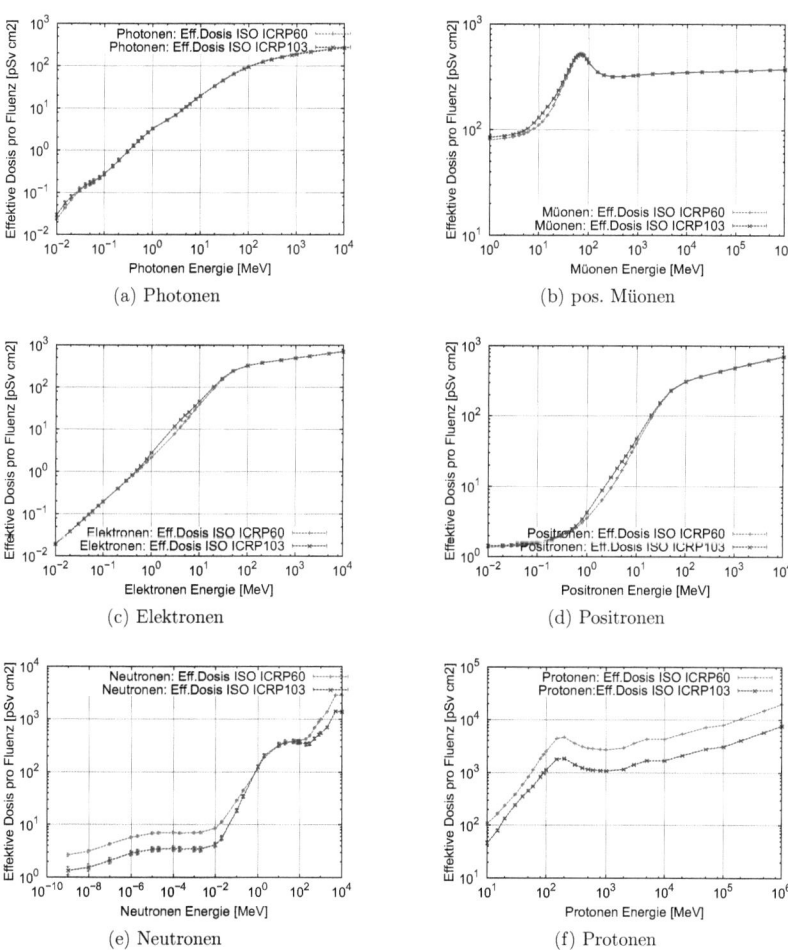

Abbildung 7.1: *Darstellung der effektiven Dosis bei ISO-Bestrahlung berechnet nach ICRP 60 [72] (rot) und ICRP 103 [76] (blau) für Photonen (a), pos. Müonen (b), Elektronen (c), Positronen (d), Neutronen (e) und Protonen (f) im jeweiligen Energiebereich im Vergleich*

beschriebenen Änderungen des jeweiligen w_R offensichtlich. Es ist also zu erwarten, dass die Werte der effektiven Dosis für Neutronen und Protonen berechnet nach ICRP 103 deutlich niedriger als nach ICRP 60 sein werden. Für Photonen, Betateilchen und Müonen werden die Werte nach ICRP 103 annähernd gleich oder geringfügig höher sein als nach ICRP 60.

7.1.3 Auswirkungen der Bestrahlungsgeometrien

In der Flugdosimetrie wird die SKS als isotropes Strahlungsfeld betrachtet, was die Verwendung der DKK für ISO-Bestrahlung bedingt. Zu Vergleichszwecken werden in dieser Arbeit jedoch auch die Werte der effektiven Dosisleistung für AP-Bestrahlung in einer typischen Höhe der kommerziellen Luftfahrt berechnet. Um einen Eindruck über die Auswirkungen der unterschiedlichen Bestrahlungsgeometrien zu bekommen, sind in den Abbildungen 7.2a bis 7.2f die DKK der effektiven Dosis für AP und ISO aller Teilchen im Vergleich zusammen mit dem jeweiligen, in 10,58 km Meereshöhe von Roesler et al. [113] berechneten Spektren der Teilchenfluenzraten[2] $\dot{\Phi}(\varepsilon)$ dargestellt. Anhand dieser Abbildungen lassen sich die Werte der effektiven Dosis der Teilchen relativ zueinander qualitativ abschätzen. Bei jenen Teilchen, bei denen das Maximum von $\dot{\Phi}(\varepsilon)$ mit hohen Werten der DKK zusammenfällt, werden sich auch dementsprechend hohe Beiträge zur effektiven Dosis ergeben. Zusätzlich sind aber auch die Größenordnungen von $\dot{\Phi}(\varepsilon)$ und den DKK-Werten relativ zueinander zu beachten. Unter diesen beiden Gesichtspunkten ist zu erwarten, dass in 10,58 km über Meeresniveau Neutronen die höchsten Beiträge zur effektiven Dosis verursachen werden. Dem folgen die Protonen an zweiter Stelle, Photonen und Betateilchen im ähnlichen Wer-

---

[2]Die Spektren sind wie in Kapitel 3 in Lethargie-Darstellung aufgetragen. In einer derartigen Darstellung wird die differentielle Fluenzrate mit der Energie gewichtet ($\varepsilon \cdot d\dot{\Phi}/d\varepsilon$), so dass die Struktur des Spektrums besser erkennbar wird. Zusätzlich ist in halblogarithmischer Auftragung die Fläche unter der Kurve proportional zur Teilchenzahl (Flächentreue).

7.1. Fehleranalyse

tebereich an dritter Stelle, und die Müonen werden in dieser Höhe die geringsten Werte aufweisen.
Ebenfalls lassen sich für die Bestrahlungsgeometrien AP und ISO anhand der Abbildungen 7.2a bis 7.2f qualitativ die effektiven Dosiswerte voraussagen. Bei Photonen, Betateilchen und Neutronen sind die AP-DKK im Energiebereich des Fluenzratenmaximums höher als die ISO-DKK, was höhere Werte der effektiven Dosis erwarten lässt. Bei Müonen und Protonen haben die DKK von AP und ISO beim Maximum von $\dot{\Phi}(\varepsilon)$ ähnliche Werte, weshalb sich die effektive Dosiswerte von AP und ISO in 10 km Höhe nicht stark voneinander unterscheiden werden.

7.1.4 Fehleranalyse der effektiven Dosisleistung: $\dot{E} \pm \Delta\dot{E}$

Die Berechnung von $\dot{E}_{Teilchen}$ in den folgenden Kapiteln erfolgte durch Faltung von gerechneten Teilchenspektren und gemessenen Neutronenspektren mit den in dieser Arbeit berechneten GEANT4-DKK für die effektive Dosis. Die angegebenen Fehlertoleranzen beziehen sich auf eine Standardabweichung $(1 \cdot \sigma)$.

$\Delta\dot{E}$ aus gerechneten Spektren

Die statistischen Fehler der gerechneten Teilchenspektren stammen aus dem Datensatz der von Roesler et al. [115] durchgeführten Monte Carlo Rechnungen. Ebenso sind die statistischen Fehler der GEANT4-DKK der effektiven Dosis für AP- und ISO-Bestrahlung bekannt. Der sich aus den Faltungen für $\dot{E}_{Teilchen}$ ergebende Fehler wurde mittels Gaussscher Fehlerfortpflanzung (z.B. [132]) berechnet, wobei sich bei Multiplikation die relativen Fehler, bei Addition und Subtraktion dagegen die absoluten Fehler addieren. Gleiches gilt auch für $\dot{E}_{gesamt} = \sum \dot{E}_{Teilchen}$. Es zeigte sich dabei, dass die Fehler von $\dot{E}_{Teilchen}$ bei Berechnung nach

KAPITEL 7. Anwendung der berechneten DCC

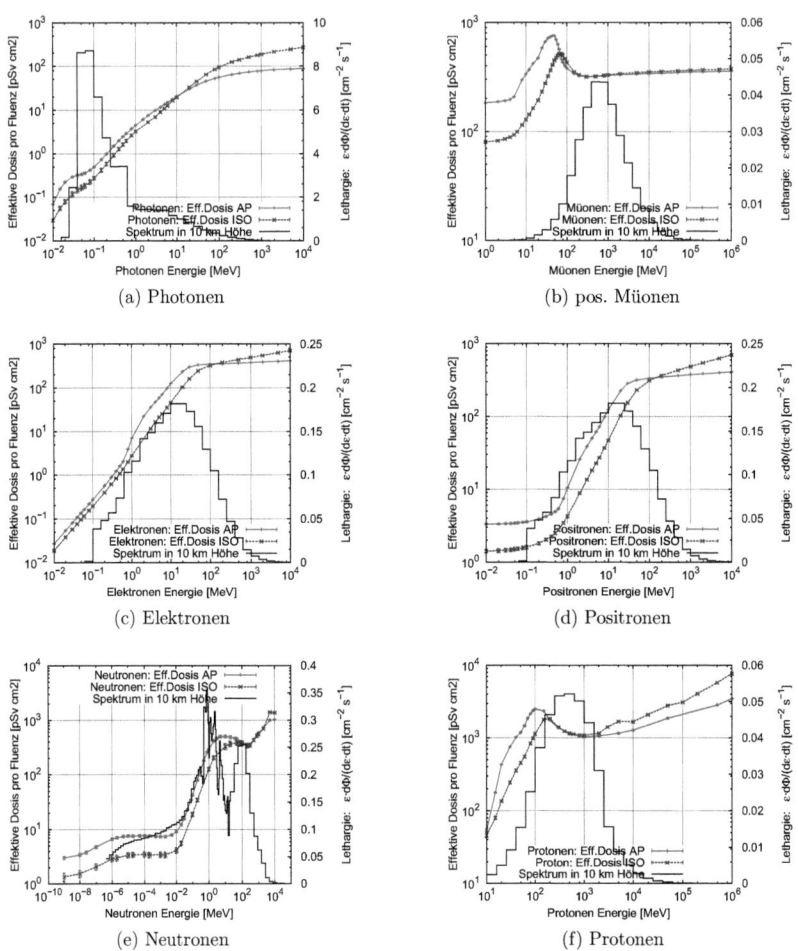

Abbildung 7.2: *Darstellung der effektiven DKK bei AP- und ISO-Bestrahlung berechnet nach ICRP 103 [76] auf der Primärachse, zusammen mit dem jeweiligen, in 10,58 km Meereshöhe vorherrschenden Spektrum der differentiellen Teilchenfluenzrate (hier in Lethargie-Darstellung) [113] für Photonen (a), pos. Müonen (b), Elektronen (c), Positronen (d), Neutronen (e) und Protonen (f) auf der Sekundärachse im jeweiligen Energiebereich*

7.1. Fehleranalyse

ICRP 60 im Mittel etwa halb so groß wie jene bei Berechnung nach ICRP 103 waren. Grund dafür ist vor allem der in ICRP 103 für das Restgewebe empfohlene höhere Gewebewichtungsfaktor von $\omega_T = 0.12$ (vgl. ICRP 60: $\omega_T = 0.05$). Im Restgewebe sind unter anderem kleinere Organen/Geweben wie z.b. Nebennieren, Milz, etc. aufgelistet, deren Organ-DKK, wie in Kapitel 5 beschrieben, vor allem bei den Hadronen bei ISO-Bestrahlung höhere relative Fehler aufweisen. Die Analyse beinhaltet nicht unter Umständen mögliche systematische Unsicherheiten, die bei der Simulation des Teilchentransports in der Atmosphäre vorhanden sein könnten [110].

$\Delta \dot{E}_{Neutron}$ aus gemessenen Neutronenspektren

Zum Fehler von $\dot{E}_{Neutron}$, berechnet aus gemessenen Neutronenspektren, tragen die Messstatistik der einzelnen Kugeln des HMGU-BSS, Unsicherheiten des Entfaltungsprozesses (vgl. Kap. 3.2.3) und die statistischen Fehler der GEANT4-DKK bei.

- Bei den Messungen auf der UFS im Oktober 2008 lagen die Messunsicherheiten der einzelnen Bonner-Kugeln (Ereignisse pro Sekunde; 6-Stunden Mittelwerte) im Bereich von 2% bis 7%. Im Vergleich dazu lagen die Unsicherheiten bei der Messkampagne an der GSI stets unterhalb 1% (vgl. Kap. 3.2).

- In Kapitel 3.2.3 wurden die mit der Entfaltung verbundenen Unsicherheiten in Hinblick auf das gewählte Neutronenstartspektrum und die Anzahl der Iterationen untersucht. Die Unsicherheiten für auf Basis der gemessenen Neutronenspektren berechneten Dosiswerte lagen dabei unterhalb 3%. Einflüsse unterschiedlicher Responsematrizen und verschiedener Entfaltungscodes wurden dabei nicht berücksichtigt.

- Die statistischen Fehler der GEANT4-DKK für die effektive Dosis (nach ICRP 103) von Neutronen betragen in den wichtigen Teilbereichen des Neutronenspektrums (Kaskadenbereich und Evaporationsbereich) etwa 10%.

Eine direkte Fehlerrechnung wird durch die Art und die Komplexität der potenziellen Fehlerquellen verhindert. Deshalb wird hier grob aus den statistischen Fehler der Messungen mit dem HMGU-BSS, sowie der GEANT4-DKK und den systematischen Fehlern aus dem Entfaltungsprozess $\Delta \dot{E}_{Neutron} \sim 15\%$ abgeschätzt.

7.2 Effektive Dosisleistung $\dot{E}$ der sekundären kosmischen Strahlung in verschiedenen Höhen

Als Zeitraum wurde der Oktober 2008 und als geographischer Ort der Standort der UFS mit den geographischen Koordinaten 47°25′ nördliche Breite und 10°59′ östliche Länge festgelegt. Der Cut-Off-Wert[3] am geographischen Ort der UFS betrug im Oktober 2008 etwa 4.1 GV [32] und die Sonne befand sich im solaren Minimum. Deshalb werden für die Faltung jene Fluenzraten[4] verwendet, die mit den Parametern Cut-Off = 4 GV und solares Minimum (Decelerationspotential 465) berechnet wurden [113].

---

[3]Daten dazu stehen auf *http://cosray.unibe.ch* zur Verfügung
[4]Für Elektronen und Positronen bzw. positive und negative Müonen existieren keine jeweils eigenen Spektren, sondern lediglich die Gesamtfluenzspektren von Betateilchen (Elektronen und Positronen) bzw. Müonen (positive und negative Müonen). Für eine konservative Abschätzung werden bei der Faltung deshalb für die Betateilchenspektren die DKK der Positronen bzw. für die Müonenspektren die DKK der positiven Müonen verwendet.

7.2.1 $\dot{E}$ in 10.58 km Höhe

Für die Faltungen wurden die GEANT4-DKK der effektiven Dosis verwendet, welche einerseits nach den neuen Empfehlungen aus ICRP 103 [76], und andererseits nach ICRP 60 [72] berechnet wurden. In den Tabellen 7.1 und 7.2 sind als Ergebnisse aus den Faltungen die effektiven Dosisleistungen der verschiedenen Teilchenarten für AP- und ISO und nach ICRP 60 und ICRP 103 aufgelistet (Fehlertoleranzen vgl. Kap. 7.1.4). Außerdem wurden die Werte der effektiven Dosis der einzelnen Teilchen mit EPCARDv3.34 (vgl. Kapitel 2.5.2) für die oben angegebenen Parameter Ort, Datum und der Höhe von 10,58 km über Meeresniveau berechnet. In EPCARD wird mit Angabe des Datums die zeitliche Variation der SKS, und mit der Angabe des Ortes die dort vorherrschende magnetische Steifigkeit (Cut-off) berücksichtigt. Die in EPCARD verwendeten DKK ([12] und [118]) für ISO-Bestrahlung wurden nach ICRP 60 [72] berechnet (vgl. Kapitel 2.5.2). Die Ergebnisse sind in Tabelle 7.3 zum Vergleich aufgelistet.

10,58 km	ICRP 60			
	AP		ISO	
Teilchenart	$\dot{E}[\mu\text{Svh}^{-1}]$	Anteil [%]	$\dot{E}[\mu\text{Svh}^{-1}]$	Anteil [%]
Neutronen	$2,94 \pm 0,08$	45,0%	$2,14 \pm 0,09$	39,6%
Protonen	$2,31 \pm 0,04$	35,4%	$2,06 \pm 0,04$	38,0%
Elektronen	$0,66 \pm 0,01$	10,1%	$0,51 \pm 0,01$	9,4%
Müonen	$0,171 \pm 0,002$	2,6%	$0,177 \pm 0,003$	3,4%
Photonen	$0,45 \pm 0,01$	6,9%	$0,52 \pm 0,01$	9,6%
Summe	$6,53 \pm 0,14$	100%	$5,41 \pm 0,15$	100%

Tabelle 7.1: *$\dot{E}$ der einzelnen Teilchenarten der SKS für 47°25′ nördl. Breite, 10°59′ östl. Länge, 10580 m Höhe über dem Meeresspiegel, 4 GV Cut-Off, solares Minimum. Die Berechnung erfolgte nach ICRP 60 [72] (Fehlerrechnung siehe Kap. 7.1.4). Der Summe entspricht die gesamte effektive Dosisleistung, die durch die SKS in dieser Höhe im Referenzmenschen verursacht wird. Die Prozentwerte stehen für den Anteil des jeweiligen Teilchens an der effektiven Summendosis.*

KAPITEL 7. Anwendung der berechneten DCC

10,58 km	ICRP 103			
	AP		ISO	
Teilchenart	$\dot{E}[\mu\text{Svh}^{-1}]$	Anteil %	$\dot{E}[\mu\text{Svh}^{-1}]$	Anteil %
Neutronen	$2,55 \pm 0,14$	53,5%	$1,83 \pm 0,17$	47,3%
Protonen	$0,93 \pm 0,03$	19,5%	$0,83 \pm 0,03$	21,4%
Elektronen	$0,68 \pm 0,02$	14,2%	$0,53 \pm 0,01$	13,7%
Müonen	$0,170 \pm 0,003$	3,6%	$0,176 \pm 0,003$	4,5%
Photonen	$0,44 \pm 0,01$	9,2%	$0,51 \pm 0,02$	13,1%
Summe	$4,77 \pm 0,20$	100%	$3,88 \pm 0,23$	100%

Tabelle 7.2: $\dot{E}$ der einzelnen Teilchenarten der SKS für 47°25' nördl. Breite, 10°59' östl. Länge, 10,58 km Höhe über dem Meeresspiegel, 4 GV Cut-Off, solares Minimum. Die Berechnung erfolgte nach ICRP 103 [76] (Fehlerrechnung siehe Kap. 7.1.4). Der Summe entspricht die gesamte effektive Dosisleistung, die durch die SKS in dieser Höhe im Referenzmenschen verursacht wird. Die Prozentwerte stehen für den Anteil des jeweiligen Teilchens an der effektiven Summendosis.

Diskussion der Ergebnisse von $\dot{E}_{gesamt}$

Wie erwartet (Kap. 7.1), sind die Werte von $\dot{E}_{gesamt}$ nach ICRP 60 etwa um das 1.4-fache höher als nach ICRP 103 und die Werte von $\dot{E}_{gesamt}$ für AP sind ca. um das 1.2-fache höher als für ISO. Vergleicht man die EPCARD-Ergebnisse von $\dot{E}_{gesamt}$ aus Tabelle 7.3 mit $\dot{E}_{gesamt}$ dieser Arbeit für ISO und ICRP 60 aus Tabelle 7.1, so stimmen die beiden Werte innerhalb der Fehlertoleranz überein. Es lässt sich daraus schließen, dass die durch die Verwendung der ICRP/ICRU-Referenz-Voxelphantome erzielte realistischere Anatomie gegenüber den bisher verwendeten mathematischen Phantomen, zumindest in der Flugdosimetrie für $\dot{E}_{gesamt}$, so geringe Auswirkungen hat, dass diese innerhalb der Fehlertoleranzen keine Rolle spielen. Im Gegensatz dazu haben die neuen ICRP 103 Empfehlungen relativ zu ICRP 60 bei $\dot{E}_{gesamt}$ große Auswirkungen, was in der Zukunft auch dementsprechend den Strahlenschutz von Flugpersonal betreffen wird. Nach den hier berechneten Resultaten, welche sich auf die neuesten Erkenntnisse aus ICRP 103 berufen, wird demnach die

7.2. $\dot{E}$ der SKS in verschiedenen Höhen

Teilchenart	$\dot{E}$ [μSvh^{-1}]	Anteil [%]
Neutronen	2,15	41,0%
Protonen+Pionen	1,96	37,4%
Elektronen	0,44	8,4%
Myonen	0,18	3,5%
Photonen	0,51	9,7%
Summe	5,2	100%

Tabelle 7.3: *Anteile der einzelnen Teilchenarten der sekundären kosmischen Strahlung an der effektiven Dosisleistung für die Lage der UFS (47°25' nördl. Breite; 10°59' östl. Länge), eine Höhe von 10,58 km über dem Meeresspiegel und für den 15. Oktober 2008 berechnet mit EPCARDv3.34 (Werte auf eine Dezimale gerundet; Fehler ±5%)*

effektive Dosis in der Flugdosimetrie, so wie sie bisher (d.h. basierend auf ICRP 60) berechnet wurde, um mehr als $\frac{1}{3}$ überschätzt.

Diskussion der Ergebnisse der $\dot{E}_{Teilchen}$

Beim Vergleich der Werte von $\dot{E}_{Teilchen}$ haben die Absolutwerte von $\dot{E}_{Photon}$, $\dot{E}_{Elektron}$ und $\dot{E}_{Müon}$ nach ICRP 60 bzw. nach ICRP 103 innerhalb der Fehlertoleranz die gleichen Werte. $\dot{E}_{Neutron}$ zeigt mit ICRP 60 einen etwa 1.16-fach höheren Wert als mit ICRP 103 und $\dot{E}_{Proton}$ zeigt den vorausgesagten großen Unterschied etwa um das 2.5-fache. Die jeweiligen Absolutwerte von $\dot{E}_{Müon}$ und $\dot{E}_{Proton}$ haben für AP und ISO annähernd gleiche Werte. $\dot{E}_{Photon}$ hat für ISO einen um das 1.16-fache höheren Wert als für AP. Offensichtlich tragen die höheren DKK-Werte von ISO oberhalb 10 MeV trotz der geringen Photonen-Fluenzwerte (vgl. Abb. 7.2a) genug bei, um diesen höheren Wert zu erreichen. $\dot{E}_{Elektron}$ und $\dot{E}_{Neutron}$ zeigen einen erwarteten Unterschied um das 1.3- und 1.4-fache bei den Absolutwerten von AP und ISO.

Von der $\dot{E}_{gesamt}$ machen Photonen, Elektronen und Müonen gemeinsam maximal $\sim$ 30% bei ISO und ICRP 103 aus. Den Hauptanteil und damit den größten Einfluss auf $\dot{E}_{gesamt}$ haben Protonen und Neutronen. Bei Betrachtung der relativen Anteilswerte von $\dot{E}_{Proton}$ und $\dot{E}_{Neutron}$ aus den Tabellen 7.1 und 7.2 zeigt sich, dass mit ICRP 60 und ISO die beiden Teilchen im gleichen Maße von $\sim$ 40% zu $\dot{E}_{gesamt}$ beitragen. Mit ICRP 103 ändert sich dieses Verhältnis dahingehend, dass $\dot{E}_{Proton}$ relativ zu $\dot{E}_{Neutron}$ nun weniger als die Hälfte zu $\dot{E}_{gesamt}$ beiträgt.

Mit den Wichtungsfaktoren aus ICRP 103 ergibt sich für die gesamte effektive Dosisleistung $\dot{E}_{gesamt}$ der SKS in 10,58 km Meereshöhe unter Annahme einer isotropen Bestrahlungssituation ein Wert von $3,88 \pm 0,23$ μSvh^{-1}. Anteilsmässig tragen in dieser Höhe Photonen, Betateilchen, Müonen und Protonen gemeinsam etwas mehr als 50% zu $\dot{E}_{gesamt}$ bei. Der restliche Anteil wird durch Neutronen verursacht. Der bereits erwähnte besondere Stellenwert der Neutronen unter den Teilchen der sekundären kosmischen Strahlung wird demnach durch die neuen Empfehlungen der ICRP noch weiter verstärkt.

7.2.2 $\dot{E}$ auf Höhe der UFS Schneefernerhaus

$\dot{E}_{gesamt}$ und $\dot{E}_{Teilchen}$ auf der UFS berechnet auf der Basis simulierter Teilchenspektren

Die auf einer der Messterrassen der Umweltforschungsstation Schneefernerhaus[5] (UFS) aufgebauten Messgeräten für die Neutronenspektrometrie (vgl. Kapitel 3) befinden sich in einer Höhe von etwa 2660 m über dem Meeresspiegel. Für diese spezielle Höhe wurden von Roesler et al. keine Teilchenfluenzspektren der SKS berechnet. Zur Bestimmung der $\dot{E}_{Teilchen}$ und $\dot{E}_{gesamt}$ in dieser Höhe wurden vorhandene Teilchenfluenzspektren von jeweils 3 verschiedenen Höhen unterhalb und oberhalb von 2660 m mit den GEANT4-DKK der effektiven Dosis der einzelnen Teil-

---

[5] www.schneefernerhaus.de

7.2. $\dot{E}$ der SKS in verschiedenen Höhen 233

chen gefaltet. Die gewählten Höhen[6] waren 1770 m, 2176 m und 2609 m, bzw. 3163 m, 3528 m und 4028 m . Durch die Werte von $\dot{E}_{Teilchen}$ in diesen Höhen wurde anschließend jeweils ein exponentieller Fit gelegt und damit die Werte von $\dot{E}_{Teilchen}$ in 2660 m Höhe interpolativ berechnet. Für die Höhe der UFS werden die Ergebnisse für ISO-Geometrie und nach ICRP 103 behandelt. Die Gleichungen für die exponentiellen Trendlinien der einzelnen $\dot{E}_{Teilchen}$ lauten (x entspricht der Meereshöhe in km und aus der Trendlinie erhält man y als Dosisrate in $pSvs^{-1}$; R^2=Bestimmtheitsmaß der Trendlinie):

$$Neutronen: y = 18.003 \cdot e^{0.6155 \cdot x}\ pSv\ s^{-1} \qquad R^2 = 0.998$$

$$Protonen: y = 2.9675 \cdot e^{0.7123 \cdot x}\ pSv\ s^{-1} \qquad R^2 = 0.998$$

$$Betateilchen(e^+): y = 2.6437 \cdot e^{0.5544 \cdot x}\ pSv\ s^{-1} \qquad R^2 = 0.999$$

$$M\ddot{u}onen(\mu^+): y = 18.36 \cdot e^{0.2244 \cdot x}\ pSv\ s^{-1} \qquad R^2 = 0.999$$

$$Photonen: y = 2.9834 \cdot e^{0.6022 \cdot x}\ pSv\ s^{-1} \qquad R^2 = 0.999$$

In Tabelle 7.4 sind für alle Teilchen die Ergebnisse für $\dot{E}_{Teilchen}$ (in $nSvh^{-1}$), wie sie sich aus den Gleichungen der Trendlinien für 2.66 km Höhe ergeben, aufgelistet. $\dot{E}_{gesamt}$ ergibt sich aus der Summe aller $\dot{E}_{Teilchen}$. Am Ort der UFS in 2,66 km Höhe verursacht die SKS demnach eine $\dot{E}_{gesamt} = 172, 1 \pm 11\ nSvh^{-1}$. Hochgerechnet auf ein Jahr ergibt das eine effektive Dosisleistung auf der UFS von $\sim 1, 5 \pm 0, 1\ mSv$ pro Jahr. Das bedeutet für den Ort der UFS eine etwa 4-fache Erhöhung der effektiven Dosisleistung durch die SKS relativ zu dem auf Meeresniveau vorherrschenden Wert von 0.38 mSv pro Jahr [88].
Ein Vergleich mit $\dot{E}_{gesamt} = 3, 88 \pm 230\ \mu Svh^{-1}$ in 10,58 km Höhe (ICRP 103 und ISO; vgl. Tab. 7.2) zeigt, dass auf dem Weg durch die Atmosphäre von 10,58 km bis auf 2,66 km Meereshöhe alleinig durch den

---

[6]Die entsprechenden atmosphärischen Tiefen sind 834 gcm^{-2}, 793 gcm^{-2} und 751 gcm^{-2}, sowie 700 gcm^{-2}, 668 gcm^{-2} und 626 gcm^{-2}

atmosphärischen Abschirmeffekt die effektive Dosisleistung der SKS um mehr als das 20-fache reduziert wurde. Was die relativen Beiträge der Teilchenarten betrifft, so tragen Neutronen unverändert im Bereich von 50% zu $\dot{E}_{gesamt}$ bei. Genauso sind die Anteile von Elektronen und Photonen nur leicht um 4-5% angestiegen, bewegen sich aber nach wie vor in einem ähnlichen relativen Bereich wie in 10,58 km Höhe. Drastische Veränderungen treten bei den Anteilen von Protonen bzw. Müonen auf, welche sich etwa auf die Hälfte ($21, 4\% \rightarrow 11, 5\%$) reduziert haben bzw. auf mehr als das 4-fache ($4, 5\% \rightarrow 19, 4\%$) angestiegen sind. Diese Entwicklung war, rückblickend auf Abbildung 2.10 in Kapitel 2.3, zu erwarten: die Protonenfluenz fällt mit steigender atmosphärischer Tiefe stetig und rascher ab, als alle anderen Teilchenarten; die Fluenzrate der Müonen hat hingegen den schwächsten Gradienten, was den steigenden Dosisanteil mit sinkender Höhe erklärt.

Teilchenart	$\dot{E}_{Teilchen}$ [nSvh^{-1}]	Anteil an $\dot{E}_{gesamt}$
Neutronen	$92, 6 \pm 8, 8$	53,8%
Protonen	$19, 7 \pm 0, 6$	11,5%
Betateilchen	$11, 6 \pm 0, 3$	6,7%
Müonen	$33, 4 \pm 0, 4$	19,4%
Photonen	$14, 8 \pm 0, 6$	8,6%
$\dot{E}_{Teilchen}$	$172, 1 \pm 11$	100,0%

Tabelle 7.4: *Anteile der einzelnen Teilchenarten der sekundären kosmischen Strahlung an der effektiven Dosisleistung auf Höhe der UFS, berechnet durch Faltung der FLUKA-Spektren (cut-Off 4 GV, solares Minimum) mit den jeweilig zugehörigen* GEANT4-*DKK der effektiven Dosis (berechnet nach ICRP 103 [76] und für ISO-Bestrahlungsgeometrie; Fehlertoleranz siehe Kap. 7.1.4)*

$\dot{E}_{Neutron}$ **gemessen mit dem HMGU-BSS auf der UFS**

Für den Monat Oktober 2008 wurden aus den kontinuierlichen Messungen des HMGU-BSS auf der UFS (vgl. Kapitel 3.3) 6-Stunden Mittelwer-

7.2. $\dot{E}$ der SKS in verschiedenen Höhen

te gebildet und daraus 124 zugehörige Neutronenspektren entfaltet. Wie erwartet, weisen sämtliche Neutronenspektren die in Kapitel 3 beschriebene Form mit den 4 Hauptbereichen (thermischer Peak, epithermische Region, Verdampfungs-Peak und Kaskaden-Peak) auf. Die 124 6-h Neutronenspektren wurden mit den in dieser Arbeit mit GEANT4 berechneten DKK der effektiven Dosis für Neutronen (nach ICRP 103) gefaltet. Für jedes Spektrum wurden neben $\dot{E}_{Neutron}$ des gesamten Spektrums auch die jeweiligen Anteile der einzelnen Hauptbereiche an $\dot{E}_{Neutron}$ berechnet. Der Mittelwert für die auf der UFS durch Neutronen im Monat Oktober 2008 verursachte effektive Dosis, sowie die Beiträge der einzelnen Hauptbereiche des Neutronenspektrums sind in Tabelle 7.5 aufgelistet. Zum Vergleich sind ebenfalls in Tabelle 7.5 die Werte der gesamten effektiven Dosis, sowie die Beiträge der Hauptbereiche angegeben, wie sie sich aus der Faltung der gerechneten Neutronenspektren mit den DKK ergeben. Die Werte wurden mittels der oben beschriebenen Interpolationsmethode für die 2,66 km Meereshöhe der UFS bestimmt.

Aus der Auswertung sämtlicher im Oktober 2008 gemessenen Neutronenspektren ergibt sich ein Mittelwert für den gesamten Oktober 2008 von $\dot{E}_{Neutron}^{mittel} = 60,2 \pm 2,0 \ nSvh^{-1}$. Durch Faltung mit gerechneten Neutronenspektren ergibt sich $\dot{E}_{Neutron}^{Rechnung} = 92,6 \pm 8,8 \ nSvh^{-1}$. Bei den prozentualen Anteilen zur effektiven Dosis zeigen Messung und Rechnung gleiche Tendenzen. Die Anteile vom thermischen und epithermischen Bereich liegen in Summe bei $\sim 1\%$. Verdampfungs- und Kaskaden-Bereich liefern die Hauptanteile, wobei das Kaskadenmaximum bei Messung bzw. Rechnung mit 73,9% bzw. 61,5% den höchsten Beitrag zu $\dot{E}_{Neutron}$ liefert.

Die Abweichung des gerechneten Wertes von $\dot{E}_{Neutron}$ vom gemessenen Wert fällt mit $\sim 30\%$ ziemlich groß aus. Allerdings können diese beiden Werte nicht einfach miteinander verglichen werden, da die FLUKA-Spektren in freier Luft und mit Standardatmosphäre berechnet wurden. Die bei den Messungen auftretenden Umgebungseinflüsse wie Boden,

KAPITEL 7. Anwendung der berechneten DCC

UFS	Total $[nSvh^{-1}]$	thermisch $[nSvh^{-1}]$	epithermisch $[nSvh^{-1}]$	Verdampfung $[nSvh^{-1}]$	Kaskade $[nSvh^{-1}]$
Messwertstatistik für Oktober 2008					
Minimum	55,2	0,2	0,2	13,0	39,0
Maximum	66,1	0,2	0,5	18,6	48,8
Mittelwert	60,2	0.2	0.4	15,1	44,5
Varianz σ	2,0	0,02	0,05	1,1	1,5
Beitrag	100%	0,3%	0,7%	25,1%	73,9%
Interpolation der gerechneten Spektren (Tab. 7.4)					
$\dot{E}_{Neutron}^{Rechnung}$	$92,6 \pm 8,8$	n.a.	$1,1 \pm 0,1$	$34,5 \pm 3,3$	$57,0 \pm 5,4$
Beitrag	100%	-	1,2%	37,3%	61,5%

Tabelle 7.5: *Ergebnisse aus der Faltung der DKK für die effektive Dosis für Neutronen dieser Arbeit mit auf der UFS im Oktober 2008 gemessenen Neutronenspektren (Messwertestatistik; Unsicherheiten siehe Kap. 7.1.4) bzw. mit gerechneten FLUKA-Spektren [115] (cut-off 4 GV, solares Minimum, Interpolation auf 2660 m Meereshöhe). Angegeben sind die effektive Dosisleistung $\dot{E}_{Neutron}$ und die Anteile der Hauptbereiche des Neutronenspektrums an $\dot{E}_{Neutron}$.*

Baumaterial um das Messsystem, erhöhter Wassergehalt durch Regen oder Schnee, etc. haben das Potenzial, das in Bodennähe gemessenen Sekundärneutronenspektrum zu verändern. In Abbildung 7.3 sind das Mittelwertspektrum der Neutronenfluenzrate von Oktober 2008 aus Kapitel 3.3.2 zusammen mit einem von Rösler et al. [115] berechneten FLUKA-Spektrum (Höhe 2609 m, Cut-Off 4 GV, solares Minimum) dargestellt. Das berechnete Spektrum zeigt ähnlich zu den gemessenen Spektren als Hauptmerkmale auch das Verdampfungs- bzw. Kaskadenmaximum bei ~ 2 MeV bzw. ~ 100 MeV und unterhalb von ~ 100 keV die abgeflachte epithermische Region. Dennoch treten sowohl im MeV-Bereich als auch darunter deutliche Unterschiede auf. An der Erfassung der Ursachen für diese Unterschiede wird derzeit im Zuge der Auswertung der kontinuierlichen Messungen mit dem HMGU-BSS intensiv gearbeitet und Details zu den ersten Ergebnissen aus diesen Forschungen finden sich in [117]. In dieser Publikation zeigen erste Simulationsrechnungen der Neutronenflu-

7.2. $\dot{E}$ der SKS in verschiedenen Höhen 237

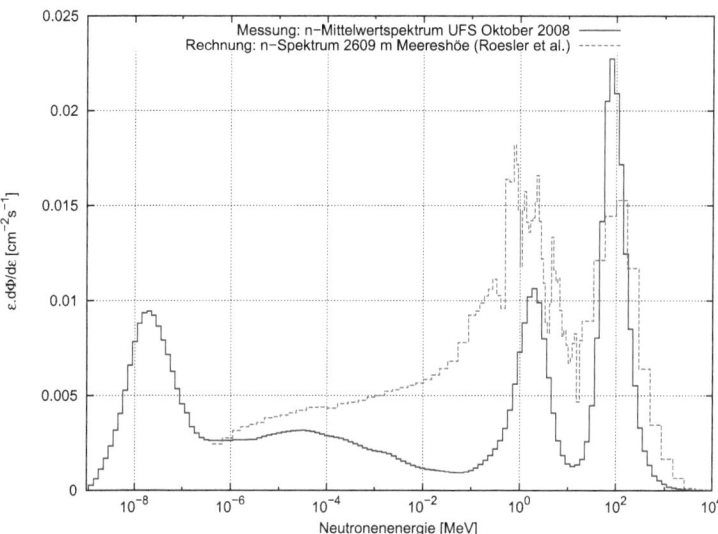

Abbildung 7.3: *Darstellung des aus den mit dem HMGU-BSS auf der UFS durchgeführten Messungen der Neutronenfluenzen erstellte Mittelwertspektrum für Oktober 2008 im Vergleich mit dem von Rösler et al. Monte-Carlo berechneten Neutronefluenzspektrum für eine Höhe von ca. 2610 m, Cut-Off 4 GV und solares Minimum [115].*

enzspektren auf Höhe der UFS unter Berücksichtigung ausgewählter Umgebungseinflüsse, dass sich das Verdampfungsmaximum (0.1 MeV - 17.5 MeV) mit Variation der Umgebungseinflüsse auch verändert, während der Kaskadenbereich oberhalb 17.5 MeV nahezu unverändert bleibt. Diese ersten Ergebnisse führen unweigerlich zu den Schlüssen, dass einerseits für einen Vergleich der UFS-Messungen mit gerechneten Spektren zukünftig bei der Berechnung der Spektren auf Höhe der UFS die Umgebung sorgfältig einbezogen werden muss. Andererseits, um dennoch die gemessenen mit den gerechneten $\dot{E}_{Neutron}$-Werten vergleichen zu können, sollte lediglich der Anteil aus dem Kaskadenbereich herangezogen werden.

Gemäß Tabelle 7.5 betragen im Oktober die Beiträge des Kaskadenbereichs zu $\dot{E}_{Neutron}$ für Messung im Mittel $44, 5\pm6, 7$ $nSvh^{-1}$. Der entsprechende Wert aus den gerechneten Spektren ist $57, 0 \pm 5, 4$ $nSvh^{-1}$. Der Wert aus Rechnung mit den Rösler-Spektren weicht demnach von den gemessenen Werten um $\sim 21\%$ ab und zeigt damit Übereinstimmungen innerhalb von 30% und das obwohl die Unsicherheiten durch die Umgebungseinflüße nicht berücksichtigt wurden. Um die Rechnungen mit den Messungen vollständig quantitativ vergleichen zu können sind detaillierte Simulationsrechnungen unter Einbezug der Umgebung des HMGU-BSS nötig. In der Arbeitsgruppe Personendosimetrie des Instituts für Strahlenschutz im HMGU wird aktuell an der Erforschung der erwähnten Parameter und deren Einfluß auf das Neutronenspektrum gearbeitet [117]. Es bleibt zu erwähnen, dass die effektiven Dosiswerte, die sich durch Faltung mit den Rösler-Spektren ergeben, höher als jene aus den Messungen sind und dadurch konservative Werte darstellen, was unter dem Gesichtspunkt Strahlenschutz auch richtig ist.

Literaturverzeichnis

[1] http://imagine.gsfc.nasa.gov/index.html.

[2] www.uni-graz.at/igam-sophy/solarscope/solarscope.htm.

[3] http://sec.gsfc.nasa.gov/popscise.jpg.

[4] Neutronenmonitor (Climax, Colorado, USA) www.ulysses.sr.unh.edu/NeutronMonitor/neutron-mon.htm.

[5] www.wikipedia.org/wiki/Solar-flare.

[6] http://de.wikipedia.org/wiki/Spongiosa.

[7] www.osteoporosezentrum.de.

[8] Los Alamos, Nuclear Database (http://www.t2.lanl.gov).

[9] Neutronen-Monitor, Kiel: http://134.245.132.179/kiel/main.htm.

[10] www.physics.nist.gov.

[11] www.opengl.org.

[12] http://www.inf.infn.it (Ferrari, A., Pelliccioni, M. und Pillon, M.).

[13] *Coronal Mass Ejection (CME)*. www.wikipedia.org/wiki/Coronal-mass-ejection.

[14] *Neutron Monitor Database*. www.nmdb.eu.

[15] *Solar Influences Data Analysis Center, SIDC.* www.sidc.oma.be/index.php3.

[16] ABFALTERER, W. P., F. B. BATEMAN, F. S. DIETRICH, R. W. FINLAY, R. C. HAIGHT und G. L. MORGAN: *Measurement of Neutron Total Cross Sections up to 560 MeV*. Phys. Rev. C, 63, 044608, 2001.

[17] AGOSTINELLI, S., J. ALLISON, K. AMAKO, J. APOSTOLAKIS, H. ARAUJO, P. ARCE, M. ASAI, D. AXEN, S. BANERJEE, G. BARRANDA, F. BEHNER, L. BELLAGAMBA, J. BOUDREAU, L. BROGLIA, A. BRUNENGO, H. BURKHARD, S. CHAUVIE, J. CHUMA, R. CHYTRACEK, G. COOPERMAN, G. COSMO, P. DEGTYARENKO, A. DELL'ACQUA, G. DEPAOLA, D. DIETRICH, R. ENAMI, C. FERGUSON A. FELICIELLO, H. FESEFELDT, G. FOLGER, F. FOPPIANO, A. FORTI, S. GARELLI, S. GIANI, R. GIANNITRAPANI, D. GIBIN, J.J. GÓMEZ CADENAS, I. GONZÁLEZ, G. GRACIA ABRIL, G. GREENIAUS, W. GREINER, V. GRICHIN, A. GROSSHEIM, S. GUATELLI, P. GUMPLINGER, R. HAMATSU, K. HASHIMOTO, H. HASUJ, A. HEIKKINEN, A. HOWARD, V. IVANCHENKO, A. JOHNSON, F.W. JONES, J. KALLENBACH, N. KANAYA, M. KAWABATA, Y. KAWABATA, M. KAWAGUTI, S. KELNER, P. KENT, A. KIMURA, T. KODAMA, R. KOKOULIN, M. KOSSOV, H. KURASHIGE, E. LAMANN, T. LAMPEÉN, V. LARA, V. LEFEBURE, F. LEIBE, M. LIENDLL, W. LOCKMAN, F. LONGO, S. MAGNI, M. MAIRE, E. MEDERNACH, K. MINAMIMOTO, P. MORA DE FREITAS, Y. MORITA, K. MURAKAMI, M. NAGAMATU, R. NARTALLO, P. NIEMINEN, T. NISHIMURA, K. OHTSUBO, M. OKAMURA, S. O'NEALE, Y. OOHATA, K. PAECH, J. PERL, A. PFEIFFER, M.G. PIA, F. RANJARD, A. RYBIN, S. SADILOVA, E. DI SALVO, G. SANTIN, T. SASAKI, N. SAVVAS, Y. SAWADA, S. SCHERER, S. SEI, V. SIROTENKOI, D. SMITH, N. STARKOV, H. STOECKER, J. SULKIMO, M. TAKAHATA, S. TANAKA, E. TCHERNIAEV, E. SAFAI TEHRANI, M. TROPEANO, P. TRUSCOTT, H. UNO, L. URBAN, P. UR-

BAN, M. VERDERI, A. WALKDEN, W. WANDER, H. WEBER, J.P. WELLISCH, T. WENAUS, D.C. WILLIAMS, D. WRIGHT, T. YAMADA, H. YOSHIDA und D. ZSCHIESCHE: *Geant4-a simulation toolkit*. Nucl. Inst. Meth. in Phys. Res. Sect. A, 506:250–303, 2003.

[18] ALEVRA, A. V., M. COSACK, J. B. HUNT, D. J. THOMAS und H. SCHRAUBE: *Experimental Determination of the Response of Four Bonner Sphere Sets to Monoenergetic Neutrons (II)*. Rad. Prot. Dosim., 40:91–102, 1992.

[19] ALLISON, J., K. AMAKO und J. APOSTOLAKIS ET AL.: *Geant4 Developments and Applications*. IEEE Trans. Nucl. Sci., 53 Issue 1:270–278, 2006.

[20] ALLKOFER, O. C.: *Introduction to Cosmic Radiation*. Verlag Karl Thiemig (München), 1975.

[21] AMAKO, K., S. GUATELLI, V. N. IVANCHENKO, M. MAIRE, B. MASCIALINO, K. MURAKAMI, L. PANDOLA, S. PARTLATI, M. G. PIA, M. PIERGENTILI, T. SASAKI, L. URBAN und THE GEANT4 COLLABORATION: *Geant4 and its Validation*. Nucl. Phys. B - Proc. Suppl., 150:44–49, 2006.

[22] ANDERSON, I. O. und J. BRAUN: *A Neutron REM Counter with Uniform Sensitivity from 0.025 eV to 10 MeV*. In: *IAEA Symposium on Neutron Dosimetry*, Band II, Seiten 87–95, Vienna, 1963. IAEA.

[23] AUXIER, J. A., W. S. SNYDER und T. D. JONES: *Chapter 6: Neutron Interactions and Penetration in Tissue*. in: Radiation Dosimetry, Volume 1, F. H. Attix und W. C. Roesch (Academic Press, New York, 1968).

[24] BADHWAR, G. D.: *The Radiation Environment in Low-Earth-Orbit*. Radiat. Res., 148:3–10, 1997.

[25] BARKAS, W. H.: *Technical Report 10292*. Technischer Bericht, UCRL, August 1962.

[26] BARKAS, W. H., W. BIRNBAUM und F. M. SMITH. *Phys. Rev.*, 101, 1956.

[27] BATTISTONI, G., S. MURARO und P.R. SALA: *The FLUKA code: description and benchmarking.* In: *Albrow, M., Raja, R. (Eds.), Hadronic Shower Simulation Workshop, Fermi National Accelerator Laboratory (Fermilab), Batavia, Illinois, AIP Conference Proceeding 896*, pp. 3149., 2006.

[28] BERTINI, H. W. und P. GUTHRIE: *Results from Medium-Energy Intranuclear-Cascade Calculation.* Nucl. Phys. A, 169, 1971.

[29] BOZKURT, A. und X. G. XU: *Fluence-to-Dose Conversion Coefficients for Monoenergetic Proton Beams Based on the VIP-Man Anatomical Model.* Rad. Prot. Dosim., 112, No.2:219–235, 2004.

[30] BRAMBLETT, R. L., R. I. EWING und T. W. BONNER: *A New Type of Neutron Spectrometer.* Nucl. Inst. Meth., 9:1–12, 1960.

[31] BRIESMEISTER, J. F.: *MCNP-A General Monte Carlo N-Particle Transport Code. Version 4B. Los Alamos, NM.* Technischer Bericht, Los Alamos National Laboratory, 1997. Report LA-12625-M.

[32] BÜTIKOFER, R., E.O. FLÜCKIGER und L. DESORGHER: *Characteristics of near Real-Time Cutoff Calculations on a Local and Global Scale.* In: *Proceedings of the 30th International Cosmic Ray Conference*, Band Vol. 1 (SH), Seiten 769–722, Mexico City, Mexico, 2008.

[33] CHAO, T. C., A. BOZKURT und X. G. XU: *Conversion Coefficients Based on the VIP-Man Anatomical Model and EGS4-VLSI Code for External Monoenergetic Photons from 10 keV to 10 MeV.* Health Physics, 2001.

[34] CHAO, T. C., A. BOZKURT und X. G. XU: *Organ Dose Conversion Coefficients for 0.1 - 10 MeV Electrons Calculated for the VIP-Man Tomographic Model.* Health Phys., 81(2):203–214, 2001.

[35] CHEN, J.: *Fluence-to-Absorbed Dose Conversion Coefficients for Use in Radiological Protection of Embryo and Foetus Against External Exposure to Muons from 20 MeV to 50 GeV.* In: *8th International Symposium of Natural Radiation Environment (NRE VIII).* Rio de Janeiro; 7.-12.Oct. 2007.

[36] CHEN, J. und V. MARES: *Significant Impact on Effective Doses Received During Commercial Flights Calculated Using the New ICRP Radiation Weighting Factors*. Health Physics, 98:74–76, 2010.

[37] COLLABORATION, GEANT4: *Geant4 User's Guide for Application Developers*, 2006.

[38] COLLABORATION, GEANT4: *Physics Reference Manual*, 2006.

[39] CRISTY, M.: *Mathematical Phantoms Representing Children of Various Ages for Use in Estimates of Internat Dose*, 1980. ORNL/NUREG/TM-367 (Oak Ridge National Laboratory).

[40] CRISTY, M. und K. F. ECKERMANN: *Specific Absorbed Fractions of Energy at Various Ages from Internal Photon Sources: Part I. Methods*, 1987. ORNL/TM-8381/V1 (Oak Ridge National Laboratory).

[41] ECKERMANN, K. F., W. E. BOLCH, M. ZANKL und N. PETOUSSI-HENSS: *Response Functions for Computing Absorbed Dose to Skeletal Tissues from Photon Irradiation*. Rad. Prot. Dosim., 127 (1-4):187–191, 2007.

[42] ECRP: *Recommendations for the implementation of Title VII of the European Basic safety Standards Directive (BSS) concerning significant increase in exposure due to natural radiation sources*. 88, 1996.

[43] EURATOM: *Council Directive 96/29/EURATOM of 13 May 1996 Laying Down the Basic Safety Standards for Protection of the Health of Workers and the General Public Against the Dangers Arising from Ionising Radiation*. Official J. European Communities, 39:L159, 1996.

[44] FASSO, A., A. FERRARI, J. RANFT und P. R. SALA: *An Update About FLUKA*. In: *Second Workshop on Simulating Accelerator Radiation Environments*, 1997. CERN 8.-11. October.

[45] FEHRENBACHER, G., B. WIEGEL, H. IWASE, T. RADON, D. SCHARDT, H. SCHUHMACHER und J. WITTSTOCK: *Spectrometry Behind Concrete Shielding for Neutrons Produced by 400*

MeV/u ^{12}C *Ions Impinging on a Thick Graphite Target*. In: *Proceedings of the 11*[th] *Intern. Congress of the International Radiation Protection Association (IRPA11)*, Madrid, May 2004.

[46] FERRARI, A., M. PELLICCIONI und M. PILLONS: *Fluence to Effective Dose and Effective Dose Equivalent Conversion Coefficients for Photons from 50 keV to 10 GeV*. Rad. Prot. Dosim., 67 No.4:245–251, 1996.

[47] FERRARI, A., M. PELLICCIONI und M. PILLONS: *Fluence to Effective Dose and Effective Dose Equivalent Conversion Coefficients for Electrons from 5 MeV to 10 GeV*. Rad. Prot. Dosim., 69, No. 2:97–104, 1997.

[48] FERRARI, A., M. PELLICCIONI und M. PILLONS: *Fluence-To-Effective-Dose Conversion Coefficients for Muons*. Rad. Prot. Dosim., 74 No. 4:227–233, 1997.

[49] FERRARI, A., M. PELLICCIONI und M. PILLONS: *Fluence to Effective Dose Conversion Coefficients for Protons from 5 MeV to 10 TeV*. Rad. Prot. Dosim., 71 No. 2:85–91, 1997.

[50] FERRARI, A., P.R. SALA und A. FASSO: *FLUKA: A Multiparticle Transport Code. CERN 2005-10*. CERN, Geneva., 2005. INFN-TC 05-11, SLAC-R-773.

[51] FERRARI, P. und G. GUALDRINI: *Fluence to Organ Dose Conversion Coefficients Calculated With the Voxel Model NORMAN-05 and the MCNPX Monte Carlo Code for External Monoenergetic Photons From 20 keV to 100 MeV*. Rad. Prot. Dosim., 123:295–317, 2006.

[52] FESEFELDT, H.C.: *Simulation of hadronic showers, physics and application*. Technischer Bericht, PITHA 85-02, 1985.

[53] FISCHER, H. L. und W. S. SNYDER: *Distribution of Dose in the Body from a Source of Gamma Rays Distributed Uniformly in an Organ*. ORNL-4168 (Oak Ridge National Laboratory) p. 245, 1967.

[54] GARNY, S.: *Development of a Biophysical Treatment Planning System for the FRM II Neutron Therapy Beamline*. Doktorarbeit, TU München, 2009.

[55] GARNY, S., V. MARES, H. ROOS, F. WAGNER und W. RÜHM: *Measurements of the Neutron Spectrum and Neutron Dose at the FRM II Therapy Beamline with Bonner Spheres*. Radiat. Meas., 46:92–97, 2011.

[56] GARNY, S., V. MARES und W. RÜHM: *Response Functions of a Bonner Sphere Spectrometer calculated with GEANT4*. Nucl. Inst. Methods Phys. Res. Sec. A, 604:612–617, 2009.

[57] GESETZE, NOMOS (Herausgeber): *Atomgesetz mit Verordnungen*. NOMOS Verlagsgesellschaft (Baden-Baden), 2007.

[58] GRIEDER, P. K. F.: *Cosmic Rays at Earth*. Elsevier, 1. Auflage, 2001.

[59] GROOM, D. E., N. V. MOKHOV und S. STRIGANOV: *Muon Stopping Power and Range Tables: 10 MeV – 100 TeV*. Atomic Data and Nuclear Data Tables, 76, No. 2, 2001.

[60] GUATELLI, S., A. MANTERO, B. MASCIALINO, M. G. PIA und V. ZAMPICHELLI: *Validation of Geant4 Atomic Relaxation Against the NIST Physical Reference Data*. IEEE Trans. Nucl. Sci., 54 No.3:594–603, 2007.

[61] HAHN, K. (Herausgeber): *Radioaktivität, Röntgenstrahlung und Gesundheit*. Bayrisches Staatsministerium für Umwelt, Gesundheit und Verbraucherschutz, 2006.

[62] HALLIDAY, D., R. RESNICK und J. WALKER: *Physik*. WILEY-VCH (Weinheim), 2001.

[63] HEINRICH, W., S. ROESLER und H. SCHRAUBE: *Physics of Cosmic Radiation Fields*. Rad. Prot. Dosim., 86(4):253–258, 1999.

[64] HEITLER, W.: *The Quantum Theory of Radiation*. Clarendon Press, Oxford, 1954.

[65] HENDRICKS, J.S., G.W. MCKINNEY und L.S. WATERS: *MCNPX Extensions, Version 2.5.0*. LANL, Los Alamos, NM., 2005. LA-UR-05-2675.

[66] HESS, V.: *Über Beobachtungen der durchdringenden Strahlung bei sieben Freiluftballonfahrten.* Phys. Zsch., 13:1084–1091, 1912.

[67] HESS, V.: *Über den Ursprung der durchdringenden Strahlung.* Phys. Zsch., 14:610–617, 1913.

[68] H.G.PARETZKE und W. HEINRICH: *Radiation Exposure and Radiation Risk in Civil Aircraft.* Rad. Prot. Dosim., 48 No. 1:33–40, 1993.

[69] HOWARD, A.: *Validation of neutrons in Geant4 Using TARC Data - Production, Interaction and Transportation.* In: *Nuclear Science Symposium Conference Record*, Band 3, Seiten 1506–1510, San Diego, CA, November 2006.

[70] HUGHES, H. G., R. E. PRAEL und R. C. LITTLE: *MCNPX - The LAHET/MCNP Code Merger.* LA-UR-97-4891, 1997. Los Alamos National Laboratory.

[71] ICRC: *World Grid of Cosmic Ray Vertical Cut Off Rigidities for Epoch 1990*, Band 25, Durban, South Africa, 1997. D. F. Smart and M. A. Shea.

[72] ICRP: *1990 Reccommendations of the International Commission on Radiological Protection.* ICRP Publication No 60, 1991.

[73] ICRP: *Basic Anatomical and Physiological Data for Use in Radiological Protection - The Skeleton.* ICRP Publication No 70, 1995.

[74] ICRP: *Conversion coefficients for use in radiological protection against external radiation.* ICRP Publication No 74, 1996.

[75] ICRP: *Basic Anatomical and Physiological Data for use in Radiological Protection: Reference Values.* ICRP Publication No 89, 2003.

[76] ICRP: *The 2007 Recommendations of the International Commission on Radiological Protection.* ICRP Publication No 103, 2007.

[77] ICRP: *Adult Reference Computational Phantoms.* ICRP Publication No 110, 2009.

[78] ICRU: *Determination of Dose Equivalents Resulting from External Radiation Sources.* ICRU-Report 39, 1985.

[79] ICRU: *Measurement of Dose Equivalents from External Photon and Electron Radiations.* ICRU Report 47, 1992.

[80] ICRU: *Conversion Coefficients for Use in Radiological Protection Against External Radiation.* ICRU-Report 57, 1998.

[81] ICRU: *Reference Data for the Validation of Doses from Cosmic-Radiation Exposure of Aircraft Crew.* ICRU-Report 84, 2011.

[82] IWASE, H., K. NIITA und T. NAKAMURA: *Development of a General-Purpose Particle and Heavy Ion Transport Monte Carlo Code.* J. Nucl. Sci. Technol., 39:1142–1151, 2002.

[83] JAMES, F.: *A Review of Pseudorandom Number Generators.* Comput. Phys. Commun., 60:329–344, 1990.

[84] KADRI, O., V. N. IVANCHENKO, F. GHARBI und A. TRABELSI: *Geant4 Simulation of Electron Energy Deposition in Extended Media.* Nucl. Inst. Meth. B, 258 No. 2:381–387, 2007.

[85] KATAGIRI, M., M. HIKOJI, S. KITAICHI, S. SAWAMURA und Y. AOKI: *Effective Doses and Organ Doses per Unit Fluence Calculated for Monoenergetic 0.1 MeV to 100 MeV Electrons by the MIRD-5 Phantom.* Rad. Prot. Dosim., 90, No. 4:393–401, 2000.

[86] KAWRAKOW, I. und D. W. O. ROGERS: *The EGSnrc Code System: Monte Carlo Simulation of Electron And Photon Transport.* PIRS Report, 701, 2003. Ottawa: National Research Council of Canada (NRCC).

[87] KRAMER, R., M. ZANKL, G. WILLIAMS und G. DREXLER: *The calculation of dose from external photon exposures using reference human phantoms and Monte Carlo methods: part I. The male (Adam) and female (Eva) adult mathematical phantoms.* GSF-Report S-885 (Neuherberg, Germany: GSF–Nationales Forschungszentrum für Gesundheit und Umwelt), 1982.

[88] KRIEGER, HANNO: *Grundlagen der Strahlenphysik und des Strahlenschutzes.* Teubner (Wiesbaden), 2007.

[89] LEMRANI, R., M. ROBINSON, V. A. KUDRYAVTSEV, M. DE JEUS, G. GEBIER und N. J. C. SPOONER: *Low-Energy Neutron Propagation in MCNPX and* GEANT4. Nucl. Inst. Methods Phys. Res., Sect. A, 560:454–459, 2006.

[90] LEUTHOLD, G:, V. MARES, W. RÜHM, E. WEITZENEGGER und H. G. PARETZKE: *Long-Term Measurements of Comsic Ray Neutrons by Means of a Bonner Sphere Spectrometer at Mountain Altitudes – First Results.* Rad. Prot. Dosim., 126:506–511, 2007.

[91] LEUTHOLD, G., V. MARES und H. SCHRAUBE: *Calculation of the Neutron Ambient Dose Equivalent on the Basis of the ICRP Revised Quality Factors.* Rad. Prot. Dosim., 40 No. 2:77–84, 1992.

[92] LEWIS, H. W.: *Multiple Scattering in an Infinite Medium.* Phys. Rev., 78(5):526–529, Jun 1950.

[93] LIBBY, WILLARD F.: *Radiocarbon dating.* University of Chicago Press, 1952.

[94] LINDBORG, L., D. T. BARTLETT, P. BECK, I. R. MCAULAY, K. SCHNUER, H. SCHRAUBE und F. SPURNY' (Herausgeber): *Cosmic Radiation Exposure of Aircraft Crew - Compilation of Measured and Calculated Data.* Radiation Protection 140. 2004. Final Report of EURADOS WG 5.

[95] MARES, V., A. SANNIKOV und H. SCHRAUBE: *The Response Functions of a ^{3}He-Bonner Spectrometer and their Experimental Verification in High Neutron Fields.* In: *Third Specialist Meeting on Shielding Aspects of Accelerators, Targets and Irradiation Facilities (SATIF 3)*, Seiten 237–248, Sendai, Japan, May 12-13 1998. OECD Nuclear Energy Agency.

[96] MARES, V., A.V. SANNIKOV und H. SCHRAUBE: *Response Functions of the Andersson-Braun and Extended Range Rem Counters for Neutron Energies from Thermal to 10 GeV NUCL INSTRUM METH A 476 (1-2): 341-346 JAN 1 2002.* Nucl. Inst. Meth. A, 476(1-2):341–346, 2002.

[97] MARES, V., G. SCHRAUBE und H. SCHRAUBE: *Calculated Neutron Response of a Bonner Sphere Spectrometer with ^{3}He Counter.* Nucl. Inst. Meth., A307:398–412, 1991.

[98] MARES, V. und H. SCHRAUBE: *Conversion Coefficients for Cosmic Radiation in the Atmosphere.* In: *European IRPA Congress 2002: Towards Harmonisation of Radiation Protection in Europe*, Florence, Italy, October 2003.

[99] MARES, V. und H. SCHRAUBE: *The Effect of the Fluence to Dose Conversion Coefficients upon the Dose Estimation from Cosmic Radiation in the Atmosphere.* In: *Proc. of the Sixth Meeting of the Task Force on Shielding Aspects of Accelerators, Target and Irradiation Facilities - SATIF6.* SLAC-Stanford, USA, (2003).

[100] MATZKE, M.: *Neutron Metrology File NMF-90*, 1987. Available from NEA Databank (*http://www.nea.fr/abs/html/iaca1279.html*).

[101] MATZKE, M.: *Propagation of Uncertainties in Unfolding Procedures.* Nucl. Inst. Meth., A476:230–241, 2002.

[102] MCELROY, W. N., S. BERG, T. CROCKETT und R. G. HAWKINS: *Spectra Unfolding.* Report AFWL-TR-67-41, Vol. I-IV, 1967.

[103] MITAROFF, A. und M. SILARI: *The CERN-EU HIGH-Energy Reference Field (CERF) Facility for Dosimetry at Commercial Flight Altitudes and in Space.* Rad. Prot. Dosim., 102 No. 1:7–22, 2002.

[104] NIITA, K., T. SATO, H. IWASE, H. NAKASHIMA und L SIHVER: *Particle and Heavy Ion Transport Code System; PHITS.* Radiat. Meas., 41:1080–1090, 2006.

[105] PARETZKE, HERWIG G.: *Radiation Track Structure Theory.* in *Kinetics of Nonhomogeneous Processes* John Wiley & Sons, inc 1987.

[106] PELLICCIONI, M.: *Overview of Fluence-to-Effective-Dose and Fluence-to-Ambient-Dose Equivalent Conversion Coefficients for High Energy Radiation Calculated Using the FLUKA Code.* Rad. Prot. Dosim., 88:279–297, 2000.

[107] PERKINS, S. T., D. E. CULLEN und S. M. SELTZER: *Tables and Graphs of Electron-Interaction Cross Sections from 10 eV to 100 GeV Derived from the LLNL Evaluated Electron Data Library (EEDL)*. UCRL-50400, 31, 1991.

[108] PETOUSSI-HENSS, N., M. ZANKL, U. FILL und D. REGULLA: *The GSF family of Voxel Phantoms*. Phys. Med. Biol., 47:89–106, 2002.

[109] PIOCH, C.: *Messung und Analyse von Sekundärneutronen-Spektren der kosmischen Strahlung*. Diplomarbeit, TU München, November 2008.

[110] PIOCH, C., V. MARES und W. RÜHM: *Influence of Bonner Sphere Response Functions above 20 MeV on unfolded Neutron Spectra and Doses*. Radiat. Meas., 45:1263–1267, 2010.

[111] PRAEL, R. E. und H. LICHTENSTEIN: *User Guide to LCS: The LAHET Code System*. Technischer Bericht, Los Alamos National Laboratory, 1989. LA-UR-89-3014.

[112] REUTER, P. (Herausgeber): *Springer Lexikon Medizin*. Springer-Verlag, 2004.

[113] ROESLER, S., W. HEINRICH und H. SCHRAUBE: *Calculation of Radiation Fields in the Atmosphere and Comparisons to Experimental Data*. Rad. Res., 149:87–97, 1998.

[114] ROESLER, S., W. HEINRICH und H. SCHRAUBE: *Neutron Spectra in the Atmosphere from Interactions of Primary Cosmic Rays*. Adv.. Space. Res., 21, No. 12:1717–1726, 1998.

[115] ROESLER, S., W. HEINRICH und H. SCHRAUBE: *Monte Carlo Calculation of the Radiation Field at Aircraft Altitudes*. Radiat. Prot. Dosim, 98:367–388, 2002.

[116] ROLLET, S., S. AGOSTEO, G. FEHRENBACHER, C. HRANITZKY, C. RADON und M. WIND: *Intercomparison of Radiation Protection Devices in a High-Energy Stray Neutron Field. Part I: Monte Carlo Simulations*. Radiat. Meas., 44:649–659, 2009.

[117] RÜHM, W., V. MARES, C. PIOCH, G. SIMMER und E. WEITZENEGGER: *Continuous Measurement of Secondary Neutrons from Cosmic Radiation at Mountain Altitudes and Close to the North Pole - A Discussion in Terms of H*(10)*. Rad. Prot. Dosim., 136(4):256–261, 2009.

[118] SANNIKOV, A. V. und E. N. SAVITSKAYA: *Ambient Dose Equivalent Conversion Factors for High Energy Neutrons Based on the New ICRP Reccommendations*. Rad. Prot. Dosim., 70:383–386, 1997.

[119] SATO, T., A. ENDO, M. ZANKL, N. PETOUSSI-HENSS und K. NIITA: *Fluence-to-Dose Conversion Coefficients for Neutrons and Protons Calculated Using the PHITS Code and ICRP/ICRU Adult Reference Computational Phantoms*. Phys. Med. Biol., 54:1997–2014, 2009.

[120] SCHLATTL, H. private communication, 2008.

[121] SCHLATTL, H., M. ZANKL und N. PETOUSSI-HENSS: *Organ Dose Conversion Coefficients for Voxel Models of the Reference Male and Female From Idealized Photon Exposure*. Phys. Med. Biol., 52:2123–2145, 2007.

[122] SCHRAUBE, H., G. LEUTHOLD, W. HEINRICH, S. ROESLER, V. MARES und G. SCHRAUBE: *EPCARD (European Program Package for the Calculation of Aviation Route Doses)*. Institute of Radiation Protection at the Helmholtz Zentrum München, 2002. GSF-Bericht 08/02.

[123] SCHULTZ, F. W. und J. ZOETELIEF: *Organ and Effective Doses in the Male Phantom Adam Exposed in AP Direction to Broad Unidirectional Beams of Monoenergetic Electrons*. Health Phys., 70(4):498–504, 1996.

[124] SELTZER, S. M. und M. J. BERGER: *Bremsstrahlung spectra from electron interactions with screened atomic nuclei and orbital electrons*. Nucl. Inst. Meth. B, 80:95–134, 1985.

[125] SERBER, R.: *Nuclear reactions at High Energies*. Phys. Rev., 72(11):1114–1115, 1947.

[126] SILARI, M., S. AGOSTEO, P. BECK, R. BEDOGNI, E. CALE, M. CARESANA, C. DOMINGO, L. DONADILLE, N. DUBOURG, A. ESPOSITO, G. FEHRENBACHER, F. FERNÁNDEZ, M. FERRARINI, A. FIECHTNER, A. FUCHS, M. J. GARCÍA, F. GUTERMUTH, S. KHURANA, T. KLAGES, M. LATOCHA, V. MARES, S. MAYER, T. RADON, H. REITHMEIER, S. ROLLET, H. ROOS, W. RÜHM, S. SANDRI, D. SCHARDT, G. SIMMER, F. SPURNÝ, F. TROMPIER, C. VILLA-GRASA, E. WEITZENEGGER, B. WIEGEL, M. WIELUNSKI, F. WISSMANN, A. ZECHNER und M. ZIELCZYŃSKI: *Intercomparison of Radiation Protection Devices in an High-Energy Stray Neutron Field. Part III: Instrument Response.* Radiat. Meas., 44:673–691, 2009.

[127] SIMMER, G., V. MARES, E. WEITZENEGGER und W. RÜHM: *Iterative Unfolding for Bonner Sphere Spectrometers Using the MSANDB Code - Sensitivity Analysis and Dose Calculation.* Radiat. Meas., 45:1–9, 2010.

[128] SNYDER, W. S., M. R. FORD, G. G. WARNER und H. L. FISCHER: *Estimates of Absorbed Fractions for Monoenergetic Photon Sources Uniformly Distributed in Various Organs of a Heterogeneous Phantom. Medical Internal Radiation Dose Committee (MIRD) Pamphlet No 5.* J. Nucl. Med., 10:(Suppl. 3), 1969.

[129] SNYDER, W. S., M.R. FORD und G.G. WARNER: *Estimates of specific absorbed fractions for monoenergetic photon sources uniformly distributed in various organs of a heterogeneous phantom.* MIRD Pamphlet No 5 revised, 1978.

[130] STANEV, TODOR: *High Energy Cosmic Rays.* Springer, 2009.

[131] STERNHEIMER, R. M. und R. F. PEIERLS: *General Expression for the Density Effect for the Ionization Loss of Charged Particles.* Phys. Rev., B3:3681–3692, 1971.

[132] TAYLOR, J.R.: *Fehleranalyse.* Wiley-VCH-Verlag, 1988.

[133] THOMAS, D. J., A. V. ALEVRA, J. B. HUNT und H. SCHRAUBE: *Experimental Determination of the Response of Four Bonner Sphere Sets to Thermal Neutrons.* Rad. Prot. Dosim., 54:25–31, 1994.

[134] TURNER, JAMES E.: *Atoms, Radiation, and Radiation Protection*. WILEY-VCH Verlag GmbH & Co. KGaA, Weinheim, 2007.

[135] UNSÖLD, ALBRECHT und BODO BASCHEK: *Der neue Kosmos: Einführung in die Astronomie und Astrophysik*. Springer (München), 2002.

[136] WATERS, L. S.: *MCNPX User's Manual; Version 2.1.5*. Los Alamos National Laboratory, 1999. TPO-E83-G-UG-X-00001.

[137] WATERS, L.S.: *MCNPX Users Manual, Version 2.3.0. Report LA-UR-02-2607*. Los Alamos National Laboratory, Los Alamos, NM., 2002.

[138] WIEGEL, B., S. AGOSTEO, R. BEDOGNI, M. CARESANA, A. ESPOSITO, G. FEHRENBACHER, M. FERRARINI, E. HOHMANN, C. HRANITZKY, A. KASPER, S. KHURANA, V. MARES, M. REGINATTO, S. ROLLET, W. RÜHM, D. SCHARDT, M. SILARI, G. SIMMER und E. WEITZENEGGER: *Intercomparison of Radiation Protection Devices in a High-Energy Stray Neutron Field. Part II: Bonner Sphere Spectrometry*. Radiat. Meas., 2009.

[139] XU, X. G., T. C. CHAO und A. BOZKURT: *VIP-Man. An Image-Based Whole-Body Adult Male Model Constructed from Color Photographs of the Visible Human Project for Multi-Particle Monte Carlo Calculations*. Health Phys., 78:476–486, 2000.

[140] ZANKL, M.: *Adult male and female reference computational phantoms (ICRP Publication 110)*. Jpn. J. Health Phys., 45(4):357–369, 2010.

[141] ZANKL, M., J. BECKER, U. FILL, N. PETOUSSI-HENSS und K.F. ECKERMANN: *GSF male and female adult voxel models representing ICRP reference man: the present status*. In: *Proceedings of The Monte Carlo Method: Versatility Unbounded in a Dynamic Computing World*, La Grange Park, USA, 2005. American Nuclear Society.

[142] ZANKL, M., U. FILL, N. PETOUSSI-HENSS und D. REGULLA: *Organ Dose Conversion Coefficients for External Photon Irradiation*

of Male and Female Voxel Models. Phys. Med. Biol., 47:2367–2385, 2002.

[143] ZANKL, M., N. PETOUSSI-HENSS, G. DREXLER und K. SAITO: *The Calculation of Dose From External Photon Exposures Using Reference Human Phantoms and Monte Carlo Methods. Part VII: Organ Doses Due to Parallel and Environmental Exposure Geometries*. GSF-Report, 8/97, 1997. (Neuherberg, Germany: GSF–Nationales Forschungszentrum für Gesundheit und Umwelt).

[144] ZIEGLER, J. F.: *Terrestrial Cosmic Ray Intensities*. IBM Journal of Research and Development, 42(1), 1998.

ANHANG

A

Strahlenschutzbegriffe und Dosisgrößen

A.1 Umgebungs-Äquivalentdosis $H^*(10)$

Die Umgebungs-Äquivalentdosis $H^*(10)$ am interessierenden Punkt im tatsächlichen Strahlungsfeld ist die Äquivalentdosis, die im zugehörigen ausgerichteten und aufgeweiteten Strahlungsfeld in 10 mm Tiefe auf dem der Einfallsrichtung der Strahlung entgegengesetzt orientierten Radius der ICRU-Kugel erzeugt würde. Ein ausgerichtetes und aufgeweitetes Strahlungsfeld ist ein idealisiertes Strahlungsfeld, das aufgeweitet und in dem die Strahlung zusätzlich in eine Richtung ausgerichtet ist. Einheit von $H^*(10)$ ist $J \cdot kg^{-1}$ und trägt den speziellen Namen "Sievert". $H^*(10)$ ist die für hochenergetische Photonen-, Neutronen- oder Elektronen-Strahlung anzugebende Ortsdosisgröße [88, 78, 79].

A.2 Berechnung der effektiven Dosis

Im Strahlenschutz ist es sinnvoll, einen einzelnen, auf beide Geschlechter zutreffenden Wert der effektiven Dosis anzuwenden. Die Gewebewichtungsfaktoren ω_T aus Tabelle A.2 sind für alle Organe und Gewebe über Alter und Geschlecht gemittelt[1]. Die effek-

---

[1] Aufgrund der Mittelung ist der beschriebene Ansatz zur Abschätzung der effektiven Dosis auf den Strahlenschutz der Allgemeinheit beschränkt und kann in keinem Fall auf eine Abschätzung des

256 KAPITEL A. Strahlenschutzbegriffe und Dosisgrößen

tive Dosis als Strahlenschutzgröße basiert auf den Abschätzungen der mittleren Dosen in Organen und Gewebe im Referenzmenschen. Damit nimmt diese Größe Bezug auf vorliegende Strahlungsbedingungen und nicht auf die Charakteristiken eines speziellen Individuums. Zusammenfassend ist in Abbildung A.1 die Berechnung der effektiven Dosis anschaulich dargestellt. Aus der simulierten externen Bestrahlung der Referenz-

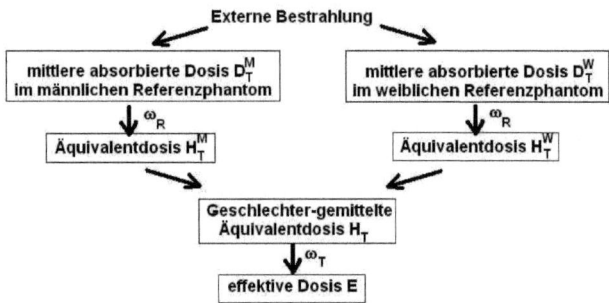

Abbildung A.1: *Berechnung der effektiven Dosis nach [76]*

Voxelphantome ergeben sich die für die Berechnung der effektiven Dosis relevanten Organdosen. Die geschlechtsspezifischen Organdosen bzw. die Dosis für das Restgewebe wird mit den zugehörigen Strahlungswichtungsfaktor multipliziert, woraus sich die geschlechtsspezifischen Äquivalentdosen der Organe ergibt. Die effektive Dosis wird dann aus der Summe der über die Geschlechter gemittelten und mit dem zugehörigen Gewebewichtungsfaktor[2] multiplizierten Organ-Äquivalentdosen berechnet.

$$E = \sum_T \omega_T \left[\frac{H_T^M + H_T^F}{2} \right]$$

Es bleibt festzuhalten, dass die Wichtungsfaktoren Mittelwerte für den Menschen darstellen (Mittelung über alle Altersstufen und beide Geschlechter) und sich die daraus berechneten Dosiswerte damit auf den Referenzmenschen beziehen. Auf diesem Weg sind deshalb Abschätzungen des Strahlenrisikos möglich, welche zwar für eine Gesamtbevölkerung gelten, sich allerdings nicht auf ein einzelnes Individuum von Interesse übertragen lassen.

---

individuellen Strahlenrisikos angewandt werden!
[2]Die Gewebewichtungsfaktoren sind über Alter und Geschlecht gemittelt [76]

A.3. Strahlungs- und Gewebewichtungsfaktoren

Strahlenqualität	Strahlungswichtungsfaktor ω_R
Photonen	1
Elektronen, Müonen	1
Protonen	2
α-Teilchen, schwere Ionen, Spaltfragmente	20
Neutronen (kontinuierliche Funktion der Neutronenenergie E_n)	Funktion
$E_n < 1 MeV$	$2.5 + 18.2 \cdot e^{\frac{-[ln(E_n)]^2}{6}}$
$1 MeV \leq E_n \leq 50 MeV$	$5.0 + 17.0 \cdot e^{\frac{-[ln(2 \cdot E_n)]^2}{6}}$
$E_n > 50 MeV$	$2.5 + 3.25 \cdot e^{\frac{-[ln(0.04 \cdot E_n)]^2}{6}}$

Tabelle A.1: *Empfohlene Strahlungswichtungsfaktoren aus ICRP 103 [76]*

A.3 Strahlungs- und Gewebewichtungsfaktoren

Die in ICRP 103 empfohlenen und in dieser Arbeit verwendeten aktualisierten Strahlungswichtungsfaktoren ω_R sind in Tabelle A.1 aufgelistet [76].
Die in ICRP 103 empfohlenen empfindlichen Organe/Gewebe und deren aktualisierte Gewebewichtungsfaktoren ω_T sind in Tabelle A.2 aufgelistet und werden auch so in dieser Arbeit verwendet.

A.4 Spezielle Berechnung der Dosen von rotem Knochenmark und Knochenhaut

Wie aus Tabelle A.2 ersichtlich, sind nach den Empfehlungen der ICRP die Äquivalentdosen von rotem Knochenmark (RBM[3]) und Endosteum nötig, um die effektive Dosis zu berechnen. Die Massenverhältnisse vom RBM bzw. vom Endosteum zum gesamten Spongiosa-Anteil der Knochen sind in Tabelle A.3 für beide Phantome aufgelistet (oH = obere Hälfte, uH = untere Hälfte). Die Schwierigkeit bei der Bestimmung der absorbierten Dosis in diesen beiden Geweben liegt darin, dass die lokalen geometrischen Ausdehnungen zu klein sind, um sie durch Voxel zu segmentieren. Das RBM verteilt sich über 13, das Endosteum über alle 19 segmentierte Spongiosa-Knochen. Diese Spongiosa-Voxel enthalten für jeden Knochen als Material eine homogene Mischung aus trabekulärem Knochen und Weichgewebe. Zur Berechnung der absorbierten Dosis wird die gesamte absorbierte Dosis im jeweiligen Spongiosa-Knochen aufsummiert, mit

---
[3]Abkürzung von "Red Bone Marrow

258 KAPITEL A. Strahlenschutzbegriffe und Dosisgrößen

Organ/Gewebe	ω_T	$\sum \omega_T$
rotes Knochenmark, Colon, Lunge, Magen, Brust, Restgewebe*	0.12	0.72
Keimdrüsen (Hoden bzw. Ovarien)	0.08	0.08
Harnblase, Oesophagus, Leber, Schilddrüse	0.04	0.16
Knochenhaut, Gehirn, Speicheldrüsen, Haut	0.01	0.04
	Summe	1.00

* Restgewebe: Nebennieren, obere Atemwegsregion, Gallenblase, Herz, Nieren, Lymphknoten, Muskeln, Mundschleimhaut, Pankreas, Prostata bzw. Uterus, Dünndarm, Milz, Thymus

Tabelle A.2: *Empfohlene Gewebewichtungsfaktoren aus ICRP 103 [76]*

den in Tabelle A.3 aufgelisteten Massenverhältnissen multipliziert und die sich daraus ergebenden Dosen über alle Knochen summiert. Diese Vorgehensweise setzt voraus, dass die Energieverluste der betrachteten Strahlung in mineralischem Knochen und in Weichgewebe gleich oder zumindest sehr ähnlich sind. Für Elektronen und Protonen ist dies über den gesamten Energiebereich annähernd der Fall (siehe Abbildung A.2), was für geladene Teilchen diese Vorgehensweise zur Bestimmung der Dosis in rotem Knochenmark und Endosteum rechtfertigt.

Betrachtet man hingegen die Massenschwächungskoeffizienten von Photonen in mineralischem Knochen im Vergleich zu denen in Weichgewebe (Abbildung A.3), so fallen sofort die großen Unterschiede im Energiebereich < 200 keV auf. Die bei diesen Energien im mineralischen Knochen produzierten Sekundärelektronen führen zu erhöhten Dosen im roten Knochenmark und im Endosteum im Vergleich zu Weichgewebe außerhalb eines Knochens. Einerseits kann also das Mischgewebe aus mineralischem Knochen und Weichgewebe nicht in geometrischer Form aufgelöst werden und andererseits darf auch kein Gleichgewicht an Sekundärteilchen in diesen Regionen angenommen werden.

Um diesem Problem zu begegnen, haben Eckermann et al. [41] sowohl für das rote Knochenmark als auch für das Endosteum so genannte Dosis-Ansprechfunktionen ("Dose Response Functions"; Abkürzung: DRF) für 33 der 44 Knochen bzw. Knochengruppen im Voxelphantom - sprich für sämtliche kortikalen und spongiosa Knochen - entwickelt. Diese DRFs verbinden die absorbierte Dosis im Skelettgewebe mit der bei der (simulierten) Bestrahlung auftretenden Photonenfluenz. Bei ihrer Entwicklung wurden die Freisetzung von Sekundärteilchen und der Prozess der Energiedeposition separat voneinander betrachtet. Für das Endosteum wurde eine 50 μm dicke Schicht angenommen, welche die Markhöhlen auskleidet. Die DRFs sind von 10 keV bis 10 MeV definiert. Bei den in dieser Arbeit durchgeführten Bestrahlungssimulationen mit Photonen wurde daher neben der Dosis auch die Fluenz in den einzelnen Knochen bestimmt und mit den DRFs gefaltet, um die Dosis für das rote Knochenmark und das Endosteum

A.4. Spezielle Berechnung der Dosen von rotem Knochenmark und Knochenhaut

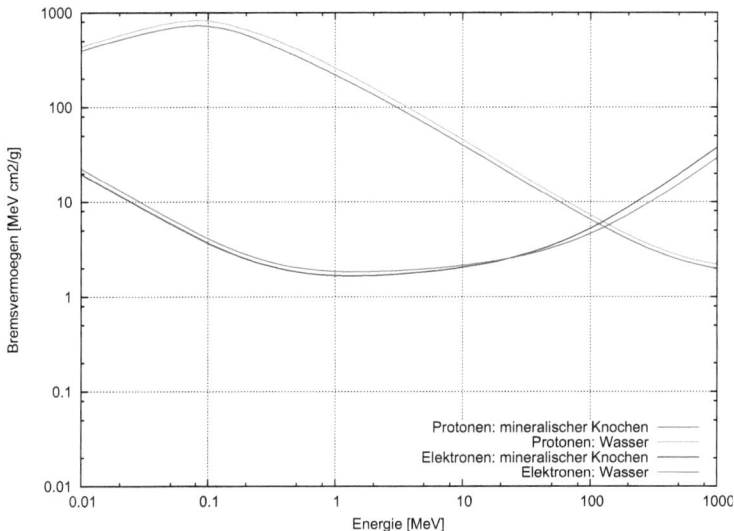

Abbildung A.2: Vergleich der Bremsvermögen von Elektronen und Protonen in mineralischem Knochenmaterial mit denen in Wasser (Ersatzmaterial für Weichgewebe) [10]

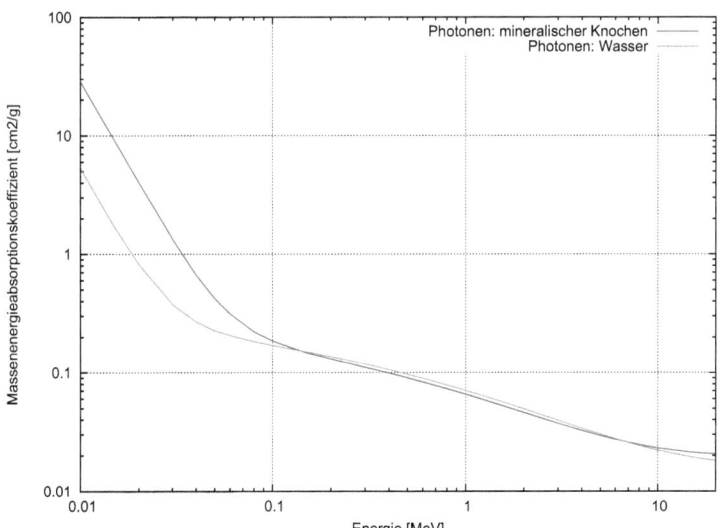

Abbildung A.3: Massenabsorptionskoeffizienten für Photonen in mineralischem Knochen und Wasser [10]

KAPITEL A. Strahlenschutzbegriffe und Dosisgrößen

in diesem Energiebereich zu bestimmen. Allerdings berücksichtigen die DRFs jedoch keine außerhalb des Knochens gebildeten Sekundärelektronen, die genug Energie besitzen, um in den Knochen einzudringen und dort Energie zu deponieren. Aus diesem Grund stellen die Organdosen für das rote Knochenmark und für das Endosteum bei Photonenbestrahlung eine Kombination aus den beiden beschriebenen Methoden dar. Zur Berechnung der absorbierten Dosis in rotem Knochenmark und Endosteum wurden in dieser Arbeit bis zu einer Primärenergie der Photonen von 1 MeV die Werte aus den Faltungen mit den DRF verwendet. Für größere Photonenenergien wurden die Werte der Methode der massengewichteten Dosis verwendet.

Da für die ebenfalls ungeladenen Neutronen keine derartigen DRFs existieren, wurde für diese Teilchenart über den gesamten betrachteten Energiebereich ebenfalls die Methode der massengewichteten Dosis für RBM und Endosteum angewandt.

A.4. Spezielle Berechnung der Dosen von rotem Knochenmark und Knochenhaut 261

Knochen (Spongiosa-Anteil)	Organ-ID	rotes KM m	rotes KM w	Endosteum m	Endosteum w
Oberarmknochen (oH)	14	0.185	0.146	0.065	0.052
Oberarmknochen (uH)	17	–	–	0.162	0.193
untere Armknochen	20	–	–	0.132	0.090
Handknochen	23	–	–	0.097	0.090
Schlüsselbein	25	0.178	0.176	0.047	0.047
Kiefer	40	0.208	0.127	0.046	0.027
Oberschenkelknochen (oH)	29	0.268	0.166	0.152	0.094
Oberschenkelknochen (uH)	32	–	–	0.138	0.111
untere Beinknochen	35	–	–	0.144	0.127
Fussknochen	38	–	–	0.090	0.083
Becken	42	0.354	0.301	0.089	0.076
Rippen	44	0.559	0.363	0.088	0.057
Schulterblätter	46	0.260	0.170	0.078	0.051
Schädel	27	0.164	0.197	0.154	0.185
Halswirbelsäule	50	0.482	0.620	0.121	0.156
Brustwirbelsäule	50	0.574	0.563	0.082	0.080
Lendenwirbelsäule	52	0.424	0.476	0.069	0.077
Kreuzbein	54	0.634	0.668	0.113	0.118
Brustbein	56	0.588	0.644	0.090	0.098

Tabelle A.3: Massenanteile von rotem Knochenmark und Endosteum am gesamten Spongiosa-Anteil des jeweiligen Knochens; Auflistung für das männliche und für das weibliche Phantom [nach M. Zankl; private Konversation]

Gewebe	männliches Phantom	weibliches Phantom
rotes Knochemark	1170.0 g	899.1 g
Endosteum	544.5 g	407.4 g

Tabelle A.4: Gesamtmasse von rotem Knochenmark und Endosteum im jeweiligen Phantom

ANHANG

B

Grundlagen zur Wechselwirkung von Teilchen mit Materie

B.1 Wechselwirkung von Photonen mit Materie

Photonen sind elektrisch neutral und können energieabhängig im Absorbermaterial unbeeinflusst von Coulombkräften Distanz zurücklegen, bevor sie eine Wechselwirkung mit einem Atom des durchstrahlten Materials eingehen. Betrachtet man ein bestimmtes Photon so ist die Eindringtiefe bis zur ersten Wechselwirkung statistisch durch Wechselwirkungswahrscheinlichkeiten pro Einheitsdistanz gegeben. Diese Wahrscheinlichkeiten hängen einerseits vom Material des Absorbers und andererseits von der Energie des betrachteten Photons ab. Je nach Wechselwirkung kann es zur teilweisen oder vollständigen Absorption, sowie zur Streuung des Photons kommen. Es entstehen dabei in der Regel freie, elektrisch geladene Sekundärteilchen welche ihrerseits die sie umgebende Materie ionisieren und dabei Energie abgeben. Im Detail können Photonen mit der Atomhülle oder mit den Atomkernen des Absorbers wechselwirken. Es werden fünf elementare Wechselwirkungsprozesse unterschieden (vgl. Abbildung B.1). Im niederenergetischen Bereich sind der photoelektrische Effekt und der Comptoneffekt (auch inkohärente Streuung genannt) die wichtigsten Wechselwirkun-

264 KAPITEL B. Physikalische Grundlagen

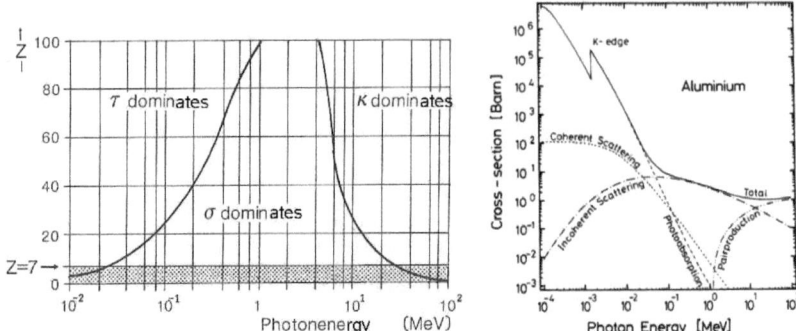

Abbildung B.1: **links:** *Wahrscheinlichkeiten der wichtigsten Photonenwechselwirkungen in Materie als Funktion der Energie und der Ordnungszahl des Targets. Die schraffierte Fläche verweist auf die Geweberelevanten Ordnungszahlen. Zur Beschriftung: τ = Photoeffekt, σ = Comptoneffekt, κ = Paarbildung [88]*
rechts: *Wechselwirkungsquerschnitt von Photonen in Aluminium (Z=13) als Funktion der Photonenenergie [105]*

gen. Zusätzlich tritt kohärente Streuung auf, bei der aber keine Energiedeposition auftritt. Im höherenergetischen Bereich ist die Paarbildung der wichtigste Wechselwirkungsprozess. Bei noch höheren Energie treten zusätzlich auch Kernphotoeffekte aus. Die Wechselwirkungsprozesse werden im Folgenden einzeln im Detail behandelt. Photonen zählen zu den indirekt ionisierenden Strahlungen, weil sie die Energie nicht direkt auf die Materie transferieren, sondern sie auf ihre Sekundärelektronen übertragen, welche dann ihrerseits Energie in kleinen diskreten Mengen deponieren (siehe B.3).

B.1.1 Kohärente Streuung

Thomson- und Rayleigh-Streuung sind zwei Prozesse, bei denen Photonen mit Materie wechselwirken, ohne dabei nennenswert Energie zu übertragen. Bei der Thomson-Streuung beginnt ein freies Elektron – stimuliert durch das eintreffende Photon – zu oszillieren. Dieses oszillierende Elektron emittiert umgehend Strahlung (Photon) derselben Frequenz wie das eintreffende Photon. Der Nettoeffekt der elastischen Thomson-Streuung auf ein Photonenstrahlbündel ist daher eine Umlenkung einiger eintreffender Photonen ohne Energietransfer auf die Materie.
Bei der Rayleigh-Streuung nimmt das gesamte Atom den Stoss eines Photons mit einem fest gebundenen Hüllenelektrons auf. Das wechselwirkende Elektron verbleibt zwar in der Schale, wird aber zusammen mit den anderen Hüllenelektronen kurzfristig zu erzwungenen kollektiven Schwingungen mit der Frequenz des eintreffenden Photons angeregt. Die schwingenden Elektronen wirken wie ein Sender und strahlen die vom

B.1. Wechselwirkung von Photonen mit Materie

Photon absorbierte Energie wieder vollständig ab. Beide Formen der kohärenten Streuung schwächen das eintreffende Photonenstrahlbündel durch Aufstreuung, nicht aber durch Energieumwandlung oder Energieabsorption. Für den klassischen Streukoeffizienten σ_{kl} gilt [88]

$$\sigma_{kl} \propto \rho \frac{Z^{2.5}}{AE_\gamma^2}$$

wobei Z die Ordnungszahl, A die Massenzahl und ρ die Dichte des Absorbers ist, und E_γ die Energie der eintreffenden Photonen darstellt. Für Materialien mit niedrigen Ordnungszahlen wie menschliches Gewebe, ist die kohärente Streuung nur für Photonenenergien unterhalb von etwa 20 keV von Bedeutung.

B.1.2 Photoelektrischer Effekt

Der photoelektrischen Effekt (kurz: Photoeffekt) ist dominierend bei Photenenenergien < 30keV. Dabei stösst ein Photon inelastisch mit einem Elektron aus den inneren Schalen (K-, L-, M-Schale) eines Absorberatoms. Dabei wird die gesamte Photonenenergie absorbiert und es kommt zur Freisetzung eines so genannten Photoelektrons. Die kinetische Energie des Photoelektrons entspricht der Energie des absorbierten Photons $h\nu$ minus der Bindungsenergie des Elektrons φ.

$$E_{e^-,kin} = E_\gamma - E_{BE} = h\nu - \varphi$$

Jedes Material weist also eine Photonengrenzenergie $E_{\gamma 0} = \varphi_0$ auf, unterhalb derer keine Photoelektronen emittiert werden können. Die maximale kinetische Energie, die auf ein Photoelektron übetragen werden kann ist

$$E_{e^-,max} = h\nu - \varphi_0$$

wobei φ_0 die Bindungsenergie dieses am wenigsten gebundenen Valenzelektrons ist. Der Atomkern ist dabei in den photoelektrischen Wechselwirkungsprozess mit eingebunden, um die Impulserhaltung zu gewährleisten. Der Ablenkwinkel zwischen den Richtungen der einfallenden Photonenstrahlung und der gebildeten Photoelektronen ist von der Photonenenergie abhängig. Je höher die Energie der einfallenden Photonen, desto wahrscheinlicher werden die Photoelektronen in Vorwärtsrichtung emittiert. Der photoelektrische Wechselwirkungsquerschnitt hängt von der Ordnungszahl des Materials (Materialdichte ρ) und ist umgekehrt proportional zur dritten Potenz der Energie.

$$\sigma \propto \rho \frac{Z^4}{E^3}$$

Die Wahrscheinlichkeit für eine Photoabsorption ist am höchsten, wenn Photonenenergie und Bindungsenergie der Elektronenschale exakt übereinstimmen. Dies führt bei Erreichen der Energie der einzelnen Elektronenschalen zur Ausbildung der so genannten Absorptionskanten. Das Photon ist bestrebt, mit einem Hüllenelektron in einer möglichst inneren Schale, also nahe dem Kern, eine Wechselwirkung einzugehen. Steigende Energie ermöglicht den Photonen ab einer bestimmten Grenzenergie Elektronen einer weiter innen liegenden Schale zu ionisieren, weshalb der Wechselwirkungsquerschnitt abrupt ansteigt. Dabei ensteht ein geladenes, meistens auch angeregtes Ion, welches sich durch Emission eines oder mehrere Auger-Elektronen oder Fluoreszenzphotonen abregt.

B.1.3 Comptoneffekt

Im Energiebereich zwischen ca. 40 keV und 10 MeV stellt der Comptoneffekt den dominierenden Wechselwirkungsprozess dar (vgl. Abb. B.1). Das eintreffende Photon stößt dabei mit einem quasi-freien Hüllenelektron, wird gestreut und ein Teil der Photonenenergie wird dabei auf das Elektron übertragen, welches dann als Comptonelektron vom Atom emittiert wird (siehe Abb. B.2).

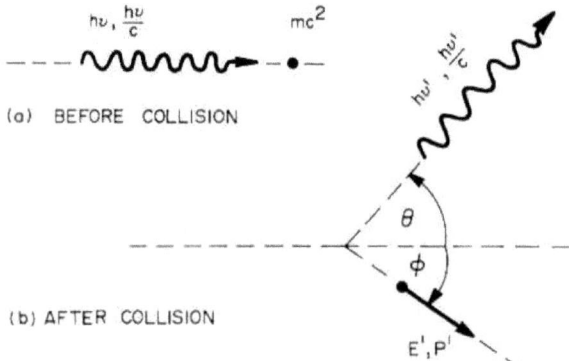

Abbildung B.2: *Geometrie beim Comptoneffekt mit Photonenstreuwinkel θ und Elektronenstreuwinkel φ* [134]

Aufgrund von Energie- und Impulserhaltung lässt sich aus geometrischen Überlegungen die Energie des gestreuten Photons $h\nu'$ herleiten.

$$h\nu' = \frac{h\nu}{1 + \frac{h\nu}{m_0 c^2}(1 - cos\theta)}$$

Dabei ist $h\nu$ die Energie des Primärphotons, m_0 die Masse des Elektrons und θ der Streuwinkel des Photons relativ zur Eintrittsrichtung. Aus dem Zusammenhang $\lambda\nu = c$ ergibt sich eine Wellenlängenvergrößerung (Compton-shift)

$$\Delta\lambda = \lambda' - \lambda = \frac{h}{mc}(1 - cos\theta)$$

die nur vom Streuwinkel θ abhängt. Die Bindungsenergie der gebundenen Valenzelektronen E_{BE} ist generell klein im Vergleich zur Energie des Primärphotons und kann

B.1. Wechselwirkung von Photonen mit Materie

deshalb vernachlässigt werden. Die Energie des Comptonelektrons ist demnach

$$E_{kin} = h\nu - h\nu' - E_{BE} \approx h\nu \frac{(1 - cos\theta)}{\frac{mc^2}{(}h\nu + 1 - cos\theta)}$$

Maximaler Energietransfer auf das Comptonelektron tritt demnach bei einem Photonenstreuwinkel von $\theta = 180°$, also bei Rückstreuung des Photons auf.

$$E_{kin,max} = \frac{2h\nu}{2 + \frac{mc^2}{h\nu}}$$

Die Beziehung zwischen der Energie des Photons und des Comptonelektrons nach dem

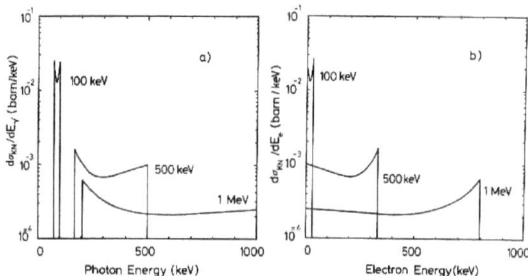

Abbildung B.3: *(a) Photon- und (b) Elektron-Spektrum nach der inkohärenten Comptonstreuung von Primärphotonen mit Energie von 100 keV, 500 keV und 1 MeV* [105]

Stoss ist in Abb. B.3 dargestellt. Die Photonenenergie ist minimal für $\theta = 180°$ und kann als Funktion der Primärenergie alle Werte zwischen diesem und dem Minimum annehmen (linke Seite in Bild B.3). Die Energie des Comptonelektrons zeigt einen komplementären Verlauf und die obere Grenze ist die oben beschriebene Maximalenergie (rechte Seite in Bild B.3). Bei niedrigen Primärenergien ist der relative Energietransfer gering, jedoch kann bei höheren Photonenenergien einen grosser Anteil davon auf das Comptonelektron transferiert werden.
Der Streuwinkel φ des Comptonelektrons ist gegeben durch

$$cot\frac{\theta}{2} = (1 + \frac{h\nu}{mc^2})tan\varphi$$

Die jeweilige Winkelverteilung von Photon und Comptonelektron hängt stark von der Energie des eintreffenden Photons ab. Bei Photonenenergien unterhalb der Elektronenruheenergie ($h\nu < mc^2$) tritt bei den Photonen noch vielfach Rückstreuung auf. Bei höheren Energien werden jedoch beide hauptsächlich in Vorwärtsrichtung gestreut. Die Streuwahrscheinlichkeit ($d\sigma/d\Omega$) mit Streuwinkel θ wird durch den differentiellen

Streuquerschnitt von Klein-Nishina beschrieben [105].

$$\frac{d\sigma}{d\Omega} = \frac{r_0^2}{2}(1 - cos^2\theta)\left(\frac{1}{1+\alpha(1-\cos\theta)}\right)^2\left(1 + \frac{\alpha^2(1-\cos\theta)^2}{[1+\alpha(1-\cos\theta)](1+\cos^2\theta)}\right)$$

mit $\alpha = \frac{h\nu}{mc^2}$ und dem klassischen Elektronenradius $r_0 = 2.82 \cdot 10^{-15} m$. Das geladene und angeregte Ion verhält sich im Anschluss an die Wechselwirkung gleich wie beim Photoeffekt.

B.1.4 Paarbildung

Der Prozess der Paarbildung ist im Energiebereich oberhalb 10 MeV dominierend (vgl. Abb. B.1). Übersteigt die Photonenenergie die zweifache Ruheenergie eines Elektrons, so kann es im elektromagnetischen Feld eines Absorberatomkerns zur spontanen Erzeugung eines Elektronen-Positronen-Paares kommen. Das Photon wird bei der Paarbildung vollständig absorbiert und der Restanteil der nicht zur Teilchenerzeugung benötigten Energie wird als kinetische Energie beliebig auf die beiden Teilchen verteilt.

$$h\nu = 2mc^2 + E_{kin,e^-} + E_{kin,e^+}$$

Die Energieverteilung der Überschussenergie auf die beiden Teilchen ist kontinuierlich und kann zwischen 0 und ($h\nu - 2mc^2$) variieren, wobei die Spektren der Teilchen identisch sind.
Es kann auch zu einer Paarbildung im Feld eines Hüllenelektrons kommen. Die Wahrscheinlichkeit dafür ist aber wesentlich kleiner und aufgrund der geringen Masse im Vergleich zum massiven Kern muss das Hüllenelektron eine erhebliche Bewegungsenergie übernehmen. Durch diesen Energiebedarf erhöht sich hier die Paarbildungsschwelle auf etwa $4mc^2$.
Die Wahrscheinlichkeit für die Paarbildung steigt mit der Photoneneenergie und mit $\propto \frac{Z^2}{A}$. Wegen der gleichen Massen von e^- und e^+ ist der Winkel zwischen den beiden Bewegungsrichtungen im CMS-System immer 180°.
Elektron und Positron bewegen sich nach der Bildung durch den Absorber und geben ihre Bewegungsenergie in kleinen Portionen an das umgebende Medium ab. Das Positron zerstrahlt nach Abgabe seiner Bewegungsenergie oder auch im Fluge mit einem weiteren Elektron des Absorbers unter Emission von zwei 511keV Photonen (Annihilationsstrahlung).

B.1.5 Kernphotoreaktionen

Wie beim Photoeffekt kann ein Photon auch von einem Atomkern absorbiert werden und ein Nukleon herausschlagen. Allerdings muss auch hier eine Schwellenenergie überschritten werden, in diesem Fall die Kernbindungsenergie des Nukleons. Diese Schwellenenergien liegen bei den meisten Elementen zwischen etwa 6 und knapp 20 MeV. Die wichtigsten Kernphotoreaktionen sind die (γ, n)-, die $(\gamma, 2n)$- und die (γ, p)-Reaktionen. Schwere Kerne (z.B. Uran) können durch Photonen auch gespalten werden. Ist die Photonenenergie zu gering für eine Teilchenemission, so geht der Kern durch

Kern-Fluoreszenz wieder in den Grundzustand über.
Die Wahrscheinlichkeit für Kernphotoreaktionen ist Grössenordnungen kleiner als die kombinierten Wahrscheinlichkeiten von Photoeffekt, Comptoneffekt und Paarbildung. Dennoch können bei diesem Prozess freie Neutronen gebildet werden und die Restkerne sind nach der Wechselwirkung meist radioaktiv. Für den Strahlenschutz bedeutet das, dass Kernphotoreaktionen zur Aktivierung von Strukturmaterialien (z.B. bei Beschleunigern) oder von Luft in bestrahlungsräumen führen können. Die dabei entstehenden Ortsdosisleistungen und Luftkontaminationen sind nicht zu unterschätzen. Außerdem entsteht bei genügend hoher Strahlungsintensität ein erheblicher Neutronenfluss.

B.1.6 Schwächungskoeffizient für Photonenstrahlung

Wie bereits eingangs erwähnt wird das Eindringvermögen von Photonen statistisch durch Prozesswahrscheinlichkeiten beschrieben. Die Summe der Wahrscheinlichkeiten aller möglichen Prozesse ergeben den Schwächungskoeffizienten μ, auch makroskopischer Wirkungsquerschnitt genannt.

$$\mu = \sigma_{elastisch} + \sigma_{photo} + \sigma_{compton} + \sigma_{paar}$$

Er ist abhängig von der Photonenenergie und vom durchstrahlten Material und hat die Einheit einer inversen Länge. Wenn N_0 Photonen darstellen, die auf ein Target auftreffen und $N(x)$ sind jene Photonen, die die Tiete x ohne Wechselwirkungen erreichen, dann gilt [134]

$$dN = -\mu N dx \quad \Rightarrow \quad N(x) = N_0 \cdot e^{-\mu x}$$

Monoenergetische Photonen werden in homogenen Medien exponentiell geschwächt und $e^{-\mu x}$ ist die Wahrscheinlichkeit, dass ein Photon einen Absorber mit der Dicke x ohne Wechselwirkung durchstrahlt.
Um die Photonenschwächung eines Material abzuschätzen werden generell die Halbwertsdicken $d_{1/2}$ oder die Zehntelwertdicken $d_{1/10}$ verwendet.

$$d_{1/2} = \frac{ln2}{\mu} \quad , \quad d_{1/10} = \frac{ln10}{\mu}$$

Diese geben an, wieviel Abschirmung eines Material nötig ist, um die Photonenintensität auf die Hälfte bzw. auf ein Zehntel zu reduzieren.

B.2 Wechselwirkung von Neutronen mit Materie

Das Neutron ist ein elektrisch neutrales Hadron und stellt neben dem Proton einen Bestandteil der Atomkerne dar. Ein freies Neutron ist instabil und zerfällt mit einer mittleren Lebensdauer von ≈ 886 Sekunden in ein Proton, ein Elektron und ein Elektron-Antineutrino ($n \rightarrow p + e^- + \bar{\nu}_e + 0.78 MeV$). Auf das Neutron wirken alle 4 fundamentalen Kräfte. Die Auswirkungen der Gravitationskraft und der elektromagnetischen[1] Kraft sind aber vernachlässigbar gering. Die schwache Kernkraft bewirkt den Beta-Zerfall des Neutrons. Die starke Kernkraft bindet das Neutron im Kern und bestimmt auch das Verhalten des freien Neutrons bei Stößen mit Atomkernen. Wechselwirkungen von Neutronen mit Materie finden also ausschließlich mit den Atomkernen des Absorbers statt. Da die starke Kernkraft eine sehr kurze Reichweite (einige 10^{-15}m) hat, muss sich das einlaufende Neutron für eine Wechselwirkung bis auf wenige Nukleonenradien an den Zielkern annähern. Das Neutron wird dann entweder mit oder ohne Kernanregung am Kernpotential gestreut, oder es unterliegt einer Einfangreaktion, bei der der Zielkern angeregt und eventuell instabil werden kann.

Art und Wahrscheinlichkeit der Neutronenwechselwirkungen sind neben der Neutronenenergie stark von den Eigenschaften des Zielkerns[2] abhängig. Diese Wechselwirkungswahrscheinlichkeiten werden in der Neutronenphysik bevorzugt durch atomare Wirkungsquerschnitte (σ) beschrieben. Exemplarisch sind dazu in Abbildung B.4 die Einzelwirkungsquerschnitte für Neutronenreaktionen an Kohlenstoff zusammen mit der Summe aller Einzelwirkungsquerschnitte – dem totalen Wirkungsquerschnitt – dargestellt. Die Daten stammen aus der ENDF/B-VII Datenbank von Los Alamos [8]. Die

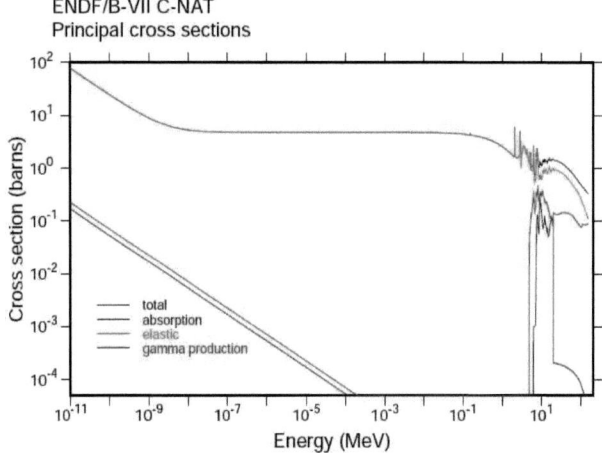

Abbildung B.4: *Experimentelle Wirkungsquerschnitte für Reaktionen von Neutronen an Kohlenstoff-12 aus ENDF/B-VII Datenbank [8]*

nuklidspezifischen Wirkungsquerschnitte weisen einige prinzipielle Ähnlichkeiten auf. Im niederenergetischen Bereich tritt typischerweise ein zur Neutronengeschwindigkeit reziproker Abfall ($\sigma \propto 1/v$) auf. In diesem Bereich sind die Einfangprozesse (vgl. Kapitel B.2.4) und elastische Streuung dominierend. Zu höheren Energien hin sind diesem

---

[1]Das Neutron ist zwar nach außen hin ungeladen, hat aber ein magnetisches Moment und unterliegt damit der elektromagnetischen Wechselwirkung
[2]Kernradius, Nukleonenkonfiguration, Drehimpuls, Bindungsenergie

B.2. Wechselwirkung von Neutronen mit Materie

1/v-Verlauf meist Resonanzstrukturen überlagert, die durch Anregungen von Einzelnukleonenzuständen oder kollektive Anregung der Nukleonen im Atomkern entstehen. In diesem Bereich sind die Prozesse der elastischen (Kapitel B.2.1) und inelastischen (Kapitel B.2.2) Streuung, sowie verschiedene atomspezifische Kernumwandlungen nach Neutroneneinfang dominant.

Weil Neutronenstrahlung keine direkten Ionisationen bewirkt, zählt man sie wie die Photonenstrahlung zu den indirekt ionisierenden Strahlungen. Wie Photonenstrahlung hat Neutronenstrahlung auch keine endliche Reichweite in Materie. Die exponentielle Schwächung eines Neutronenstrahls mit N Teilchen im Absorber der Dicke dx wird über den makroskopischen Schwächungskoeffizient μ beschrieben. Der Schwächungskoeffizient hängt mit den atomaren Wirkungsquerschnitten über

$$\mu = N_T \cdot \sum_i \sigma_i = N_T \cdot \sigma_{total}$$

zusammen (N_T = Teilchendichte des Absorbers, σ_i = partieller und σ_{total} = totaler Wirkungsquerschnitt). Die exponentielle Schwächung ergibt sich demnach als ($N_0 = N(x=0)$)

$$dN = -\mu \cdot N \cdot dx \quad \Longrightarrow \quad N(x) = N_0 \cdot e^{-\mu \cdot x}$$

Die möglichen Wechselwirkungsprozesse zwischen Neutronen und Atomkernen werden im Folgenden näher beschrieben.

B.2.1 Elastische Streuung

Die elastische Streuung am Kernpotential ist die dominierende Wechselwirkung für Neutronen in menschlichem Gewebe im Energiebereich bis etwa 10 MeV. Der Atomkern wird dabei weder angeregt, noch wird dessen Struktur verändert. Das einfallende Neutron wird durch den Stoß abgelenkt und verliert dabei an Bewegungsenergie. Aus Energie- und Impulserhaltung kann die maximale Energie berechnet werden, die bei einem Stoß vom Neutron mit Energie E_n auf einen Kern mit Massenzahl A übertragen werden kann.

$$Q_{max} = \frac{4A}{(A+1)^2} \cdot E_n$$

Ein Übertrag der gesamten Neutronenenergie ist nur für einen Atomkern mit A=1, also für das Wasserstoffatom möglich. Das entspricht dann dem zentralen Stoß zweier Kugeln gleicher Masse. Zur effektiven Abbremsung von Neutronen, der so genannten Moderation, werden deshalb Materialien mit möglichst hohem Anteil an Wasserstoff (z.B. Polyethylen, Paraffin) verwendet. In Abbildung B.5 ist der Anteil an KERMA[3] der verschiedenen geladenen Sekundärteilchen, die durch Neutronenreaktionen in einem gewebeäquivalentem Plastik gebildet werden, gegen die Neutronenenergie aufgetragen. Der KERMA-Anteil der Protonen überwiegt bei weitem.
Das Verhältnis der Protonenenergie nach dem Stoß Q zur kinetischen Neutronenenergie

---

[3] Die KERMA (Akronym für: Kinetic Energy Released per unit MAss) ist definiert als das Verhältnis aus der vom Primärteilchen auf das Material übertragenen kinetischen Energie dE_{trans} in einem Volumen mit der Masse dm ($KERMA = \frac{dE_{trans}}{dm}$ $[J \cdot kg^{-1}]$)

272 KAPITEL B. Physikalische Grundlagen

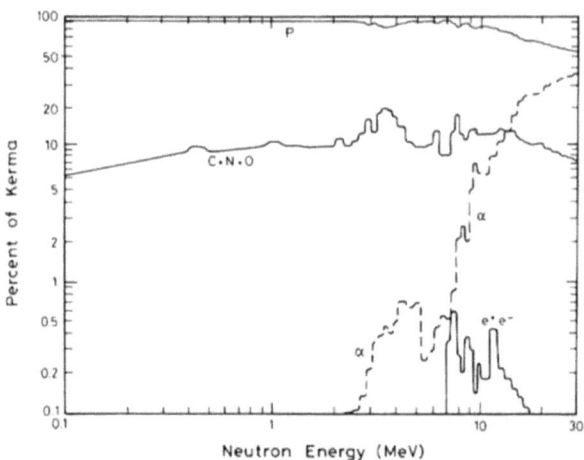

Abbildung B.5: *Anteile der KERMA (="Kinetic Energy Released per unit MAss") der verschiedenen geladenen Sekundärteilchen, die durch Reaktionen von Neutronen in gewebeäquivalentem Plastik gebildet werden* [105]

vor dem Stoß E_n wird mittels Energie- und Impulserhaltung hergeleitet.

$$\frac{Q}{E_n} = cos^2\theta$$

Dabei ist θ der Streuwinkel des Protons im Laborsystem, der sich mit dem Streuwinkel des Neutrons zu 90° addiert[4]. Über die Wahrscheinlichkeit der Protonenstreuung unter dem Winkel θ läßt sich die Energieverlustwahrscheinlichkeit in Abhängigkeit von der Neutronenenergie berechnen. Es wurde experimentell nachgewiesen, dass im Schwerpunktsystem (SP-System) bis zu einer Neutronenenergie von 10 MeV die Neutron-Proton-Streuung isotrop ist [134]. Im SP-System bleibt der Gesamtimpuls konstant und der Protonstreuwinkel θ im Laborsystem hängt mit jenem im SP-System, ω, folgendermaßen zusammen:

$$\omega = 2\theta$$

Die Wahrscheinlichkeit, dass ein Proton im SP-System in ein Flächenelement dA gestreut wird ist:

$$P_\omega(\omega)d\omega = \frac{dA}{4\pi R^2} = \frac{sin\omega}{2}d\omega$$

---

[4]Im nicht-relativistischen Energiebereich

B.2. Wechselwirkung von Neutronen mit Materie

Transformation ins Laborsystem ergibt:

$$P_\theta(\theta)d\theta = 2\sin\theta\cos\theta d\theta$$

und daraus berechnet sich die Wahrscheinlichkeit für die Protonenenergie Q

$$P(Q)dQ = \frac{1}{E_n}dQ$$

Die isotrope Streuung im SP-System resultiert also in ein flaches Energieverlustspektrum bei Neutron-Proton-Streuprozessen im Laborsystem. Diese Isotropie im SP-System bleibt bestehen, auch wenn die Massen der Stoßpartner nicht gleich sind. Der mittlere Energieübertrag entspricht etwa der Hälfte der maximal auf den Atomkern übertragbaren Energie Q_{max}.

Unterhalb etwa 4 eV tritt eine spezielle Form der elastischen Streuung, die so genannte thermische Streuung auf. Bei diesen geringen Energien können die molekularen Bindungsenergien nicht mehr vernachlässigt werden und das Zielatom kann nicht mehr als frei angenommen werden. Das Neutron streut dann an einem gebundenen Atom, welches andere Rückstreueigenschaften aufweist. Für diese Art von Wechselwirkung werden spezielle Wirkungsquerschnitte benötigt. Derartige Wirkungsquerschnitte für Wasserstoff in Wasser und für Wasserstoff in Polyethylen werden von Los Alamos [8] zur Verfügung gestellt und sind im Datensatz von GEANT4 inkludiert.

B.2.2 Inelastische Streuung

Bei der inelastischen Streuung wird das Neutron kurzzeitig im Kernpotenzial eingefangen. Dabei überträgt es einen Teil seiner Energie auf den Kern. Diese Anregungsenergie gibt der Kern anschließend in Form von Photonen- oder Teilchen-Emission im MeV-Bereich ab. Emission massenbehafteter Teilchen kann aber nur stattfinden, wenn das Neutron mindestens die Nukleonenbindungsenergie auf den Kern übertragen hat. Bei der inelastischen Streuung handelt es sich um eine kollektive Anregung von Nukleonen und kann deshalb auch nur bei Mehrnukleonenkernen auftreten. Beispiel für eine inelastische Streuung ist die Reaktion eines Neutrons an einem Kohlenstoffkern $^{12}C(n,n')^{12}C^*$ mit einer Energieschwelle von 4.8 MeV und einem maximalen Wirkungsquerschnitt von $\sigma = 530$ mbarn. Die allgemeine Reaktionsgleichung für die inelastische Streuung lautet:

$$^A_Z X(n,n')^A_Z X^*$$

B.2.3 Nichtelastische Streuung

Wenn das Neutron nach einem Stoß mit dem Kern verschmilzt, spricht man von einer nichtelastischen Streuung. Als Folge wird der Kern in einen instabilen Zustand versetzt und emittiert zur Senkung der inneren Energie ein oder mehrere Nukleonen bzw. Nukleonencluster (Neutronen, Protonen, Deuteronen, Alpha-Teilchen). Das Neutron wird bei diesem Prozess vollständig absorbiert. Zur anschließenden Kernumwandlung steht die kinetische Neutronenenergie und die Differenz der Bindungsenergien des ursprünglichen und des Restkerns zur Verfügung. Hat der Restkern eine kleinere

Bindungsenergie, dann bezeichnet man die Reaktion als exotherm (Q > 0), sonst endotherm (Q < 0). Ein Beispiel für eine nichtelastische Streuung ist die Neutronenreaktion mit einem $^3_2$He-Kern. Dabei wird ein Proton emittiert und als Restkern entsteht ein Tritium. Für thermische Neutronen besitzt diese Reaktion einen hohen Wirkungsquerschnitt von $\sigma = 5330$ barn.

$$^3_2He(n,p)^3_1H \quad (Q = 765 keV)$$

Die allgemeine Reaktionsgleichung für nichtelastische Streuung von Neutronen lautet:

$$^A_ZX(n,^a_z x)^{A+1-a}_{Z-z}X$$

B.2.4 Neutronen – Einfangreaktion

Der Neutroneneinfang ist ein der nichtelastischen Streuung sehr ähnlicher Prozess. Das einfallende Neutron wird vom Kern absorbiert ("eingefangen"), welcher damit in einen angeregten Zustand übergeht. Zur Abregung (Relaxation) des Atomkerns zurück in den Grundzustand, werden je nach Energie des eingefangenen Neutrons ein oder mehrere Photonen, oder auch massebehaftete Teilchen emittiert.
Bei Neutronen niedriger Energie (langsame Neutronen) ist die Einfangwahrscheinlichkeit proportional zur Zeit, in der sich das Neutron im Kernpotential aufhält. Wie in Abbildung B.4 deutlich erkennbar, ist der Wirkungsquerschnitt σ für die meisten Kerne deshalb im niederenergetischen Bereich umgekehrt proportional zur Neutronengeschwindigkeit v_n.

$$\sigma_{Einfang} \propto \frac{1}{v_n} \propto \frac{1}{\sqrt{E}}$$

Beim Einfang langsamer Neutronen werden zur Kernabregung meist Photonen gemäß der allgemeinen Reaktionsgleichung

$$^A_ZX(n,\gamma)^{A+1}_ZX$$

emittiert. Diese Photonen haben teils hohe Energien im MeV-Bereich. Sie tragen deshalb nur wenig zur lokalen Energiedeposition an ihrem Entstehungsort bei, aber wie alle hochenergetischen Photonenstrahlungen können sie in endlichen Absorbern große Beiträge zur Gesamtdosis leisten. Ein wichtiges Beispiel für menschliches Gewebe als Absorber ist der Einfang langsamer Neutronen am Wasserstoffkern $^1_1H(n,\gamma)^2_1H$, bei dem Photonen mit 2.225 MeV emittiert werden.
Die einfache 1/v-Abhängigkeit wird bei vielen Kernen von resonanzartigen Strukturen über-lagert (vgl. Abbildung B.4). Hier ist dann auch der Einfang schnellerer Neutronen möglich, der meist zu einem Ausstoß massebehafteter Teilchen wie Deuteronen oder Alphas führt. Die Überschussenergie verteilt sich dabei durch Rückstoß entsprechend den Massenverhältnissen auf den Restkern und die emittierten Teilchen. Befindet sich der Restkern dann immer noch in einem angeregten Zustand, können weitere Teilchen emittiert werden. Bei sehr hohen Energien kann sich dabei die innere Kernstruktur so verändern, dass sich alle Nukleonen in ungebundenen Zuständen befinden. Der Targetkern zerlegt sich dann quasi von selbst durch sukzessive Teilchenemission [88]. Ein

B.2. Wechselwirkung von Neutronen mit Materie

Beispiel eines so genannten Kaskadenzerfalls ist der Einfang hochenergetischer Neutronen ($E_n = 10$ MeV) am Kohlenstoffkern, bei dem der Targetkern in drei Alpha-Teilchen und ein Neutron zerlegt wird.
$$^{12}C(n, 3\alpha)n$$

B.2.5 Spallation

Spallation tritt auf, wenn ein hochenergetisches Hadron in einem einzelnen Wechselwirkungsprozess schwere stabile Kerne so stark anregen kann, dass sie gewaltsam in mehrere Bruchstücker zerlegt werden. Zur Auslösung der Spallation muss eine direkte Kollision zwischen dem einfallenden Hadron und einem einzelnen Nukleon im Kern stattfinden. Außerdem muss ein Großteil der Bindungsenergie des Zielkerns durch Bewegungsenergie aufgebracht werden. Daher tritt Spallation erst ab Energien des einlaufenden Hadrons von etwa 30 MeV und darüber auf [88]. Durch den Stoß des hochenergetischen Hadrons mit dem Kern wird ein so genannter Kaskaden-Prozess ausgelöst. Das beim Primärstoß beteiligte Nukleon stößt seinerseits mit weiteren Kernteilen. Die Bewegungsenergie des hadronischen Projektils kann dazu führen, dass ein einzelnes Nukleon aus dem Kern geschlagen wird, welches maximal die Bewegungsenergie des primären Hadrons abzüglich der Nukleonenbindungsenergie besitzen kann. Besitzt dieses so genannte Kaskadennukleon ausreichende Energie, kann es seinerseits mit einem anderen Atomkern stoßen und dort auch wieder einen Kaskadenprozess auslösen. Man unterscheidet deshalb zwischen der *intranuklearen* Kaskade, bei der lediglich Nukleonen eines einzelnen Kerns beteiligt sind, und der *internuklearen* Kaskade, bei der hochangeregte Kaskadennukleonen den Kern verlassen und eine Kaskade in einem weiteren Kern anregen können.
Wird kein Kaskadennukleon herausgeschlagen, so verteilt sich die Bewegungsenergie des primären Hadrons und es entsteht ein hochangeregter Compound-Kern. Derartige Kerne können wie ein entartetes Fermi-Gas betrachtet werden, was die Zuordnung thermodynamischer Größen wie Temperatur und Entropie ermöglicht. Die Emission von Teilchen aus dem Kern wird dementsprechend als Verdampfungsprozess beschrieben. Zur Relaxation verdampft ein Compound-Kern mehrere Teilchen unter denen sich im Schnitt 20 - 30 Neutronen befinden. Diese Verdampfungsneutronen folgen einer Maxwell-Boltzmann-Verteilung im Bereich von 10^{-3} MeV bis 10 MeV bei einer wahrscheinlichsten Energie von 1-2 MeV [20]. Die Abstrahlung der Teilchen bei der Spallation erfolgt isotrop.

B.2.6 Kernspaltung

Von Kernspaltung spricht man, wenn ein bereits instabiler Kern nach Neutroneneinfang in zwei, selten auch drei größere Bruchstücke, sowie einzelne Neutronen zerlegt wird. Das mittlere Massenverhältnis dabei beträgt 2:3 [88]. Die Kernfragmente weisen im Allgemeinen einen hohen Neutronenüberschuß auf. Um das gestörte Gleichgewicht zwischen Neutronen und Protonen im Kern auszugleichen, durchlaufen die Kernfragmente eine Reihe radioaktiver Zerfälle. Die bei der Spaltung freiwerdenden Neutronen besitzen eine breite Energieverteilung mit einem Maximum bei etwa 10 MeV und einer mittleren Energie von etwa 2 MeV [88]. Kernspaltung ist prinzipiell mit thermischen und auch mit schnellen Neutronen möglich. Bei thermischer Spaltung reicht die beim Einfang des Neutrons frei werdende Bindungsenergie, um die Potentialschwelle der Spaltung zu überwinden. Bei der Spaltung mit schnellen Neutronen ist dagegen der Beitrag der kinetischen Energie des Neutrons zum Erreichen der Schwelle nötig.

B.3 Wechselwirkung von Elektronen und Positronen mit Materie

Im Gegensatz zu Photonen wechselwirken Elektronen und Positronen direkt mit Atomen und Molekülen. Die kinetische Energie wird dabei hauptsächlich durch Wechselwirkung des elektrischen Feldes des einstrahlenden Elektrons mit dem elektrischen Feldern der Wechselwirkungspartner (z.b. gebundene Elektronen des Materials) übertragen. Bei einer Vielzahl von Prozessen treten Elektronen und Positronen als Sekundärteilchen auf. Im Vergleich zu ihren Wechselwirkungspartnern haben sie maximal die gleichen, ansonsten eine wesentlich geringere Masse, was im Allgemeinen zu großen Ablenkungen aus der ursprünglichen Bewegungsrichtung bei Durchgang durch Materie führt (Elektronenstreuung). Die geringe Masse hat auch zur Folge, dass Elektronen und Positronen bereits bei geringen Energien relativistisch zu behandeln sind[5]. Elektronen und Positronen haben einige gleiche Wechselwirkungseigenschaften wie schwere, geladene Teilchen, aber gerade im hochenergetischen Bereich verhalten sie sich unterschiedlich. Ausgenommen bei niedrigen Energien sind die Wirkungsquerschnitte und Reichweiten von Elektronen und Positronen praktisch gleich und werden deshalb in den weiteren Ausführungen mit der Bezeichnung "Beta-Teilchen" oder schlicht "Elektronen" zusammengefasst.
Bei den Wechselwirkungen wird grundsätzlich zwischen Energieverlust durch Stoß und Energieverlust durch Strahlung unterschieden. F ür Elektronen in Wasser (vgl. Abbildung B.8) dominiert im Energiebereich unterhalb 10 MeV die Stoßwechselwirkung. Bei ca. 100 MeV sind beide Wechselwirkungen gleich wahrscheinlich und im Energiebereich oberhalb 100 MeV überwiegen Verluste durch Strahlung.

B.3.1 Stoßwechselwirkungen

Die Stoßwechselwirkung eines Beta-Teilchens in Materie kann je nach kinetischer Energie und Abstand zum Stoßpartner (dem so genannten "Stoßparameter) mit der gesamten Atomhülle oder mit einzelnen Hüllenelektronen stattfinden. Hüllenwechselwirkungen passieren eher im niederenergetischen Bereich ($\lesssim$ 25keV), wobei das Beta-Teilchen ohne Energieverlust elastisch gestreut, oder unter Energieverlust das Atom angeregt und/oder ionisiert werden kann. Die Abregung der Hülle erfolgt dann durch Emission eines Sekundärelektrons (Augerelektron) oder eines Fluoreszenz-Photons. Bei höherer Energie und kleinerem Stoßparameter kann das Beta-Teilchen in die Atomhülle eindringen und dort direkt mit einzelnen Elektronen wechselwirken. In diesem Fall werden entweder einzelne Elektronen des Atoms in höhere Energiezustände gehoben, oder es finden Ionisationen statt. Die Abregung des Atoms findet wieder durch eine Serie

---

[5]Ein Elektron mit 2.3 keV kinetischer Energie hat bereits 0.1-fache Lichtgeschwindigkeit

B.3. Wechselwirkung von Elektronen und Positronen mit Materie

von Photonen- oder Elektronenemissionen statt. Abbildung B.6 zeigt, dass bei den

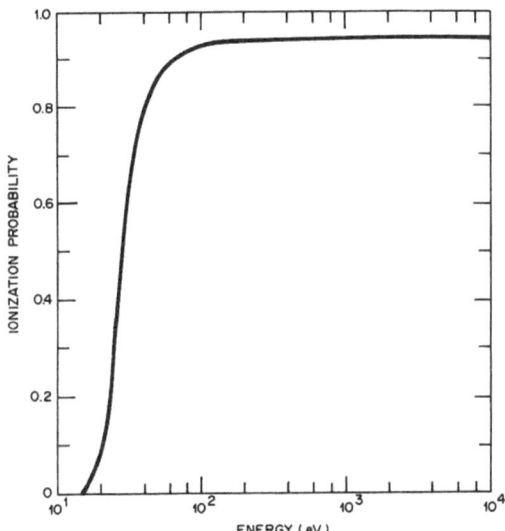

Abbildung B.6: *Wahrscheinlichkeit, dass eine Wechselwirkung in einer Ionisierung eines H_2O-Moleküls resultiert als Funktion der Elektronenenergie [134]*

Wechselwirkungen die Wahrscheinlichkeit einer Ionisierung des Atoms oberhalb einer Energie von 100 eV gegenüber der Anregung des Atoms dominiert. Im Gegensatz zum Photoeffekt werden typischerweise die Elektronen der äußeren Schalen, also die Valenzelektronen ionisiert. Wie aber z.b. die charakteristischen Linien im Spektrum einer Röntgenröhre zeigen, können auch Elektronen aus den inneren Schalen (K- und L-Schale) herausgeschlagen werden. Im Vergleich zu den Hüllenanregungen können hier die Sekundärelektronen große kinetische Energien übertragen bekommen. Aufgrund der Ununterscheidbarkeit der Elektronen wird aber per Definition das höherenergetische Elektron als das weiterfliegende Projektil betrachtet. Das sekundärelektron kann damit nie mehr als 50% der primären Elektronenenergie erhalten. Sekundärelektronen, die genug Energie besitzen um weitere Ionisationen durchzuführen, werden auch als δ - Elektronen bezeichnet.
Nach der Theorie von Bethe kann der gesamte inelastische Wirkungsquerschnitt angeschrieben werden als [105]

$$\sigma(E) = \frac{A}{E} \ln E + \frac{B}{E} + \frac{C}{E^2} + \cdots$$

mit Elektronenenergie E und den materialabhängigen Wahrscheinlichkeiten für Stöße mit großem Stoßparameter A (so genannte "weiche" Stöße) bzw. für Stöße mit kleinerem Stoßparameter B und C (so genannte "harte" Stöße). Aufgrund der ($\frac{\ln E}{E}$)-Form weisen die Elektronen - Wechselwirkungsquerschnitte ein Maximum auf, welches üblicherweise bei etwa 100 eV auftritt. In Abbildung B.7 sind die Elektronen - Wechselwirkungsquerschnitte für elastische Wechselwirkung, Ionisation und Anregung in Wasserdampf aufgetragen. Bei höheren Energien nimmt die Wahrscheinlichkeit der Stoßprozesse ab und die Bremsstrahlung beginnt zu dominieren. Zusammen bilden diese Prozesse, die zu einem Energieverlust, also einer Abbremsung der Beta-Teilchen führen, das so genannte Bremsvermögen für Beta-Teilchen in einem Material. In Abbildung B.8 ist das Stoßbremsvermögen und das Strahlungsbremsvermögen für Elektronen in mehreren Materialien aufgetragen. Schön zu sehen ist, dass das Stoßbremsvermögen bei Energien unterhalb 1 MeV dominiert und nach einer kurzer Übergangsphase bei Energien oberhalb 10 MeV das Strahlungsbremsvermögen den Hauptbeitrag bildet. Das Stoßbremsvermögen ($-\frac{dE}{dx}$)$_{col}^{\mp}$ kann folgendermaßen angeschrieben werden [134]:

$$\left(-\frac{dE}{dx}\right)^{\mp}_{col} = \frac{4\pi k_0^2 e^4 n}{mc^2 \beta^2} \left[\ln \frac{mc^2 \tau \sqrt{\tau+2}}{\sqrt{2}\, I} + F^{\mp}(\beta)\right]$$

Mit $\tau = E_{kin}^{e^-}/mc^2$ und $F^-(\beta)$ für Elektronen:

$$F^-(\beta) = \frac{1-\beta^2}{2}\left[1 + \frac{\tau^2}{8} - (2\tau+1)\ln 2\right]$$

und für Positronen wegen der unterschiedlichen Ladung:

$$F^+(\beta) = \ln 2 - \frac{\beta^2}{24}\left[23 + \frac{14}{\tau+2} + \frac{10}{(\tau+2)^2} + \frac{4}{(\tau+2)^3}\right]$$

Für sehr hohe Energien ($\beta \rightarrow 1$) führen Massenzunahme und Lorentzkontraktion zu einem erneutem Anstieg des Bremsvermögens. Fr Elektronen und Positronen ist dieser Effekt wesentlich mehr ausgeprägt. Im Bild B.10 tritt er bereits bei einigen MeV auf.

B.3.2 Bremsstrahlung

Im Falle der Streuung, und der damit verbundenen Beschleunigung eines Beta-teilchens im mehr oder weniger abgeschirmten[6] Coulomb-Feld eines Atomkerns oder eines Elektrons, kann es zur Emission von Bremsstrahlung kommen. Um die Möglichkeit eines Bremsstrahlungsprozesses zu gewährleisten, muss das Beta-Teilchen also genug Energie besitzen, um in das Atom eindringen zu können und dort in einem Feld abgelenkt zu werden. Durch die Ablenkung wird der Impuls des Beta-Teilchens verändert und die Impulsdifferenz wird auf ein Photon übertragen. Die maximale Energie dieser Sekundärphotonen entspricht der kinetischen Energie des Beta-Teilchens und die Energieverteilung zwischen Null und diesem Maximalwert ist homogen [134]. Je höher dabei die Energie der Beta-Teilchen ist, desto eher werden die Bremsstrahlungsphotonen in

---

[6]Die den Kern umgebende Elektronenhülle schirmt das Kernfeld anteilsmässig ab

B.3. Wechselwirkung von Elektronen und Positronen mit Materie

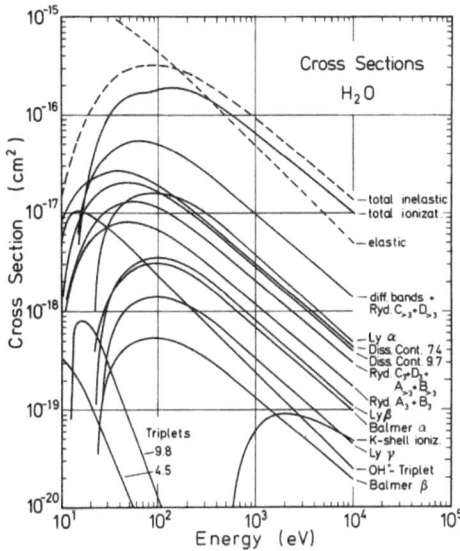

Abbildung B.7: *Wirkungsquerschnitte für elastische Wechselwirkung, Ionisation und Anregung für Elektronen in Wasserdampf [105]*

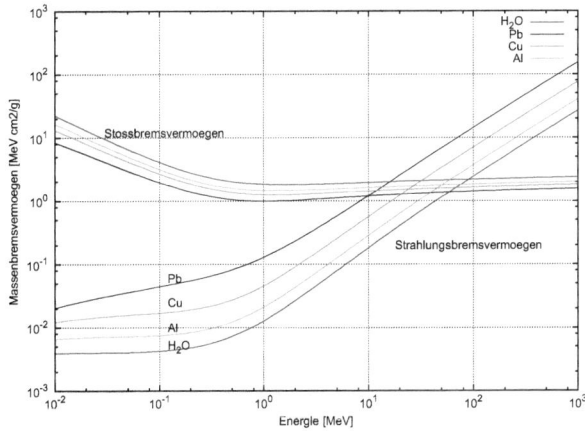

Abbildung B.8: *Massen-Stoßbremsvermögen und Massen-Strahlungsbremsvermögen für Elektronen in Wasser, Blei, Kupfer und Aluminium [10]*

Vorwärtsrichtung (relativ zur Einstrahlrichtung der Beta-Teilchen) emitiert. Im Gegensatz zum Energieverlust durch Stöße existiert für das Strahlungsbremsvermögen keine abgeschlossene analytische Formel. Stattdessen werden unter Verwendung von numerischen Rechenprozessen Werte für das Strahlungsbremsvermögen berechnet. In einem Material mit Kernladungszahl Z kann das Verhältnis zwischen Stoßbremsvermögen $(-\frac{dE}{dx})_{col}$ und Strahlungsbremsvermögen $(-\frac{dE}{dx})_{rad}$ von Elektronen mit der Energie E folgendermaßen abgeschätzt werden [134]:

$$\frac{\left(-\frac{dE}{dx}\right)^{-}_{rad}}{\left(-\frac{dE}{dx}\right)^{-}_{col}} \approx \frac{Z \cdot E[MeV]}{800} \quad (E_e > 500 keV)$$

Der Energieverlust durch Bremsstrahlung ist umso höher, je größer der Ablenkwinkel und je kleiner der Stossparameter ist. Aufgrund der Bremsstrahlung kommt es im hohen Energiebereich (E > 10MeV) zu Elektronen-Photonen-Kaskaden-Schauern. Die hochenergetischen Elektronen produzieren hochenergetische Photonenstrahlung, die ihrerseits über Comptoneffekt und Paarbildung weitere hochenergetische Sekundärelektronen bildet, welche wieder Bremsstrahlung produzieren etc.

B.3.3 Kernreaktionen

Bei sehr kleinem Stoßparameter und hoher Energie, können Beta-Teilchen bei Annäherung an den Rand eines Absorberatomkerns in direkte Wechselwirkung mit diesem treten. Die Beta-Teilchen wechselwirken nur über die Coulombkräfte. Sie werden nicht vom Kern absorbiert, sondern lediglich gestreut, wobei ein Großteil der Beta-Teilchenenergie auf den Kern übertragen wird. Der dadurch hochangeregte Kern relaxiert durch Emission von Photonen, Nukleonen oder auch Nukleonenpaketen. Für den Energieverlust spielen die Kernwechselwirkungen wegen ihrer geringen Häufigkeit im Allgemeinen eine untergeordnete Rolle [88].

B.3.4 Cerenkov-Strahlung

Cerenkov-Strahlung stellt eine weitere mögliche Quelle für sekundäre Photonen dar. Sie tritt auf, wenn die Geschwindigkeit v eines geladenen Teilchens in einem Medium höher als die im Medium geltende Lichtgeschwindigkeit c_{Medium} ist (Lichtgeschwindigkeit im Vacuum: c_{vac}). Die dabei gebildeten Sekundärphotonen sind linear polarisiert und werden in einem Winkel δ relativ zum geladenen Teilchenstrahl emittiert (n_m = Brechungsindex):

$$cos\delta = \frac{c_{vac}}{v \cdot n_m} \quad ; \quad n_m = \frac{c_{vac}}{c_{Medium}}$$

Die Energieverluste durch Cerenkov-Strahlung sind jedoch sehr gering ($\approx$ 1keV/cm im Vergleich zu $\approx$ 2MeV/cm bei Stosswechselwirkung [88]) und kann bei der Berechnung der Teilchenenergieverluste im Allgemeinen vernachlässigt werden.

B.3. Wechselwirkung von Elektronen und Positronen mit Materie

B.3.5 Positronen-Annihilation

Für Positronen existiert ein weiterer möglicher Prozess, die so genannte Annihilation. Trifft ein auf thermische Energien ($E \approx 25 meV$) abgebremstes Positron im Absorber auf sein Antiteilchen, ein Elektron, dann kommt es zum Annihilationsprozess, wobei zwei Photonen mit 511 keV Energie, die so genannte "Vernichtungsstrahlung" erzeugt wird. Im Schwerpunktsystem werden die beiden Photonen genau in entgegengesetzter Richtung abgestrahlt. Aufgrund der geringen kinetischen Energie des Positrons vor dem Annihilationsprozess, weichen die Streurichtungen im Laborsystem kaum davon ab.

B.3.6 Totales Bremsvermögen und Reichweite

Wegen dem umgebenden elektrischen Feld ist die Wechselwirkungswahrscheinlichkeit allgemein bei geladenen Teilchen sehr hoch. Im Gegensatz zu ungeladenen Teilchen (Photonen, Neutronen) kann deshalb die Reichweite geladener Teilchen berechnet werden. Für Beta-Teilchen mit der primären Energie e_0 ergibt sich die mittlere wahre Bahnlänge l unter Verwendung des totalen Bremsvermögens $S_{tot} = (\frac{dE}{dx})_{tot} = S_{col} + S_{rad}$ als [88]:

$$l = \int_0^{E_0} \frac{1}{S_{tot}} dE$$

Aufgrund der geringen Masse von Beta-Teilchen hinsichtlich ihrer Szoßpartner, erleben sie zufällige Energie- und Winkelaufstreuungen und legen deshalb statistisch bestimmte Bahnen im Absorber zurück, wobei auch Rückstreuungen auftreten können. Aus diesem Grund sind die durchschnittlichen Eindringtiefen (Reichweiten) in einem Absorber immer kleiner als die berechneten mittleren Bahnlängen. Mit Hilfe des so genannten Umwegfaktors X lassen sich die praktischen Reichweiten R_p berechnen [88].

$$X = \frac{l}{R_p}$$

Dieser Umwegfaktor ist von der Beta-Teilchenenergie und vom Absorbermaterial abhängig[7]. Wie in Abbildung B.9 links dargestellt, wird die praktische Reichweite R_p definiert als die Projektion des Schnittpunktes der Wendetangente an die Transmisionskurve auf die Tiefenachse (Abszisse). Weitere Reichweitendefinitionen sind die mittlere Reichweite $\bar{R}$ (50% Tiefe der Transmissionskurve) und die maximale Reichweite R_m (Stelle, an der die Transmissionskurve die Tiefenachse erreicht). Im nichtrelativistischen Energiebereich sind die Reichweiten von der Elektronen umgekehrt proportional zur Absorberdichte und etwa proportional zur Teilchenenergie, weshalb hier Reichweiten zur Charakterisierung der Elektronenstrahlbündel verwendet werden.

---

[7] Für leichte Materialien ist X nur wenig von 1 verschieden; für Materialien mit hohem Z werden Werte bis etwa X=4 erreicht [88]

KAPITEL B. Physikalische Grundlagen

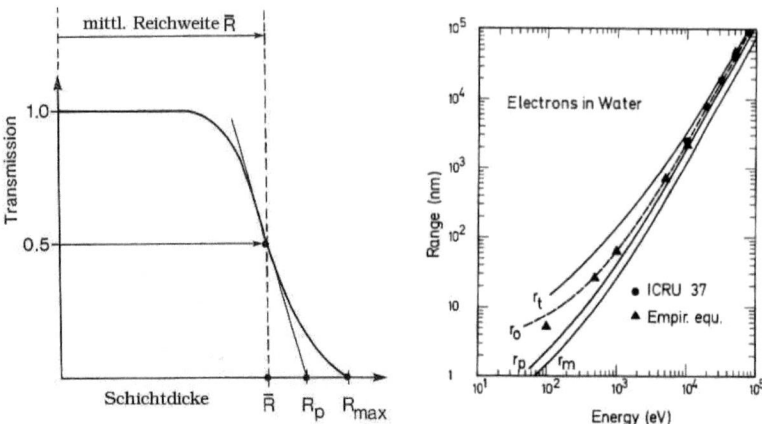

Abbildung B.9: *Reichweite von Elektronen: schematisch (links, [88]) und berechnet/gemessen (rechts, [105])*; R_{max} *maximale Reichweite*, r_t *totale Weglänge*, r_0 *mittlere Weglänge*, $\bar{R} = r_m$ *mittlere Reichweite*, $R_p = r_p$ *praktische Reichweite*

B.4 Wechselwirkungen schwerer geladener Teilchen mit Materie

Als "schwere" geladene Teilchen werden alle geladenen Teilchen außer Elektronen und Positronen verstanden. Hauptstoßpartner beim Durchgang durch Materie sind wieder die Hüllenelektronen auf die die geladenen Teilchen eine Coulombkraft ausüben und Energie transferieren. Bei den Kollisionen werden die Absorberatome entweder angeregt (Anheben der Elektronen auf höhere Schalen), oder es werden Elektronen herausgeschlagen (Ionisation). Wichtige Größe dabei ist wieder der Stoßparameter b (vgl B.3.1). Ist b wesentlich grßer als der Atomradius', geschieht die Wechselwirkung mit der gesamten Hülle, welche polarisiert und verformt wird. Der Energieverlust und die Ablenkung des Primärteilchens sind dabei verschwindend gering. Bei Stoßparametern, die etwa dem Atomradius und weniger entsprechen, kann das Projektil tiefer in ein Absorberatom eindringen und mit einzelnen Elektronen oder dem Kernfeld wechselwirken. Rückstoßelektronen deren Energie ausreicht, um selbst Ionisationen zu bewirken, werden auch δ - Elektronen genannt. Wie noch gezeigt wird, verlieren schwere geladene Teilchen nur einen geringen Anteil ihrer Energie bei einem einzelnen elektronischen Stoß. Aufgrund der wesentlich größeren Masse relativ zum Elektron ist der Streuwinkel des Primärteilchens vernachlässigbar. Schwere geladene Teilchen folgen deshalb im Absorber einem annähernd geraden Weg. Ausnahmen sind selten auftretende elastische Stöße mit einem Atomkern des Absorbers, bei denen auch größere Ablenkungen möglich sind. Aufgrund der Masse liefern auch Bremsstrahlungsprozesse

B.4. Wechselwirkungen schwerer geladener Teilchen mit Materie

erst bei höheren Energie einen signifikanten Beitrag zum Bremsvermögen. Beispielsweise ist die kritische Energie[8] $E_{\mu c}$ für Myonen[9] in flüssigem Wasser bei 1032 GeV [59]. Im Fall von Stoßparametern im Bereich des Kernradius, kann das geladene Teilchen in direkte Wechselwirkung mit dem Atomkern treten. Für den Energieverlust schwerer geladener Teilchen spielen diese Kernwechselwirkungen wegen ihrer geringen Häufigkeit im Allgemeinen eine untergeordnete Rolle [88].

B.4.1 Energieverlust geladener Teilchen

Unter der Annahme, dass das eintreffende Teilchen sich relativ zum Stoßelektron rasch bewegt und die Bindungsenergie vernachlässigbar klein gegenüber dem Energieübertrag ist, kann das Stoßelektron als frei und in Ruhe angenommen werden. Aus der Energie- und Impulserhaltung kann der maximal mögliche Energieverlust berechnet werden, den das geladene Teilchen bei einem solchen Stoß erleidet [134].

$$Q_{max} = \frac{4mME}{(m+M)^2}$$

M ist dabei die Masse des geladenen Teilchens mit Primärenergie $E = \frac{MV^2}{2}$ (V ... Geschwindigkeit) und m die Masse des Elektrons. Bei Beta-Teilchen wird $M = m$ und $Q_{max} = E$, was die Möglichkeit eines vollständigen Energietransfers bedeutet (beachte jedoch Ununterscheidbarkeit bei Beta-Teilchen in Kapitel B.3). Bei Myonen liegt der Anteil der maximal übertragbaren Energie bei ≈ 2%. Die exakte relativistische Formel für den maximalen Energieübertrag ist [134]

$$Q_{max} = \frac{2\gamma^2 mV^2}{1 + 2\gamma\frac{m}{M} + \frac{m^2}{M^2}}$$

mit $\gamma = 1/\sqrt{1-\beta^2}$, $\beta = V/c$ und c ist die Vacuumlichtgeschwindigkeit. Genau genommen ist der Energieverlust von geladenen Teilchen an Hüllenelektronen aber ein inelastischer Prozess und die zu Beginn getroffenen Annahmen werden bei Energieüberträgen in Größenordnungen der Bindungsenergie ungültig.

B.4.2 Bremsvermögen

Das Bremsvermögen $-\frac{dE}{dx}$ ist definiert als die mittlere lineare Energieverlustrate einer geladenen Teilchenart in einem bestimmten Medium.

$$-\frac{dE}{dx} = \mu Q_{avg} = \mu \int_{Q_{min}}^{Q_{max}} QW(Q)dQ$$

Q_{avg} ist der mittlere Energieübertrag pro Wechselwirkung und μ ist der makroskopische Wechselwirkungsquerschnitt (auch Schwächungskoeffizient). $W(Q)$ ist die Wahrschein-

---

[8]Jene Energie, oberhalb derer die Energieverluste durch Bremsstrahlung überwiegen
[9]Myonen sind die nach den Elektronen die nchst schwereren Teilchen mit $M_\mu = 207 m_e$

KAPITEL B. Physikalische Grundlagen

lichkeitsdichte und zwar in der Form, dass $W(Q)dQ$ die Wahrscheinlichkeit angibt, dass bei einem gegebenen Stoss ein Energieübertrag zwischen Q und $Q + dQ$ stattfindet. Energieverluste geladener Teilchen können entweder durch Stoßbremsung $\left(-\frac{dE}{dx}\right)_{col}$ oder durch Strahlungsbremsung $\left(-\frac{dE}{dx}\right)_{rad}$ stattfinden. Im Folgenden werden die beiden Komponenten getrennt beschrieben. Das totale Bremsvermögen setzt sich additiv aus den beiden zusammen.

Stoßbremsvermögen für schwere geladene Teilchen

In einem semiklassischen Ansatz hat Nils Bohr bereits 1913 eine Formel für das Stoßbremsvermögen schwerer geladener Teilchen hergeleitet. Ausgangslage dabei war, dass ein Teilchen mit Ladung ze und Geschwindigkeit V im Abstand b (Stossparameter), geradlinig und "rasch" an einem freien und sich in Ruhe befindlichen Elektron (Ladung e^- und Masse m) vorbeifliegt. Bei der Wechselwirkung soll es sich um einen "plötzlichen" Stoss handeln (d.h. der Stoss geschieht rasch und ist beendet, bevor sich das Elektron nennenswert bewegt). Unter Verwendung der zwischen den Stosspartnern wirkenden Coulombkraft bei konstantem Stossparameter b lässt sich der Energieübertrag auf das Elektron berechnen ($k_0 = 1/4\pi\varepsilon_0$).

$$Q = \frac{p^2}{2m} = \frac{2k_0^2 z^2 e^4}{mV^2 b^2}$$

In einem homogenen Medium mit einer Dichte von n Elektronen pro Volumseinheit trifft ein schwer geladenes Teilchen beim Durchflug der Distanz dx auf $2\pi n b \, db \, dx$ Elektronen mit einem Stossparameter zwischen b und $b + db$. Der Energieübertrag des Teilchens auf diese Elektronen pro dx ist folglich $2\pi Q b \, db$. Das Bremsvermögen findet man durch Integration über alle möglichen Energieüberträge. Einsetzen von Q und Überlegungen zu maximalen und minimalen Stossparametern ergeben die semiklassische Formel für das Bremsvermögen (h = Plancksches Wirkungsquantum, f = Orbitalfrequenz des Elektrons).

$$-\frac{dE}{dx} = \frac{4\pi k_0^2 z^2 e^4 n}{mV^2} \cdot ln\left[\frac{mV^2}{hf}\right]$$

Unter Verwendung der relativistischen Quantenmechanik hat Bethe die folgende Formel für das Bremsvermögen schwerer geladener Teilchen in einem homogenen Medium hergeleitet.

$$-\frac{dE}{dx} = \frac{4\pi k_0^2 z^2 e^4 n}{mc^2\beta^2} \cdot \left[ln\frac{2mc^2\beta^2}{I(1-\beta^2)} - \beta^2\right]$$

I ist dabei die mittlere Anregungsenergie des Mediums. Sie ist in der Quantentheorie explizit mittels der Eigenschaften des Targetatoms definiert. Für $\beta \ll 1$ geht diese Formel in die semiklassische Lösung von Bohr über ($hf = I/2$ und $V = \beta c$). Bild B.10 zeigt das Bremsvermögen von Wasser in $MeVcm^{-1}$ für einige geladene Teilchen als Funktion der Energie. Anhand der Bethe-Formel lassen sich die Verläufe der Kurven erklären. Betrachtet man niedrige Energien ($\beta \to 0$) wird der Faktor vor der Klammer großund das Bremsvermögen steigt mit der Energie. Gleichzeitig sinkt aber der

B.4. Wechselwirkungen schwerer geladener Teilchen mit Materie

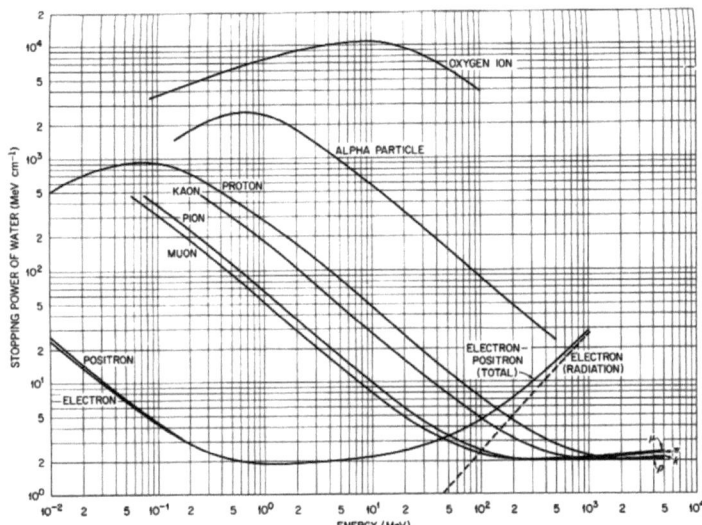

Abbildung B.10: *Bremsvermögen von Wasser in $MeV\,cm^{-1}$ für verschiedene schwere geladene Teilchen sowie für Elektronen und für Positronen* *[134]*

logarithmische Term und es kommt zur Ausbildung eines Maximums (der so genannte Bragg-Peak). Im mittleren Energiebereich zeigt sich aufgrund der elektromagnetischen Wechselwirkungen der charakteristische $\frac{1}{E}lnE$-Abfall.
Wird das Bremsvermögen auf die Dichte des Mediums normiert erhält man das sogenannte Massenbremsvermögen. Sie drückt die Energieverlustrate des geladenen Teilchens pro gcm^{-2} des Mediums aus.

Strahlungsbremsvermögen

Die Ablenkbarkeit eines Teilchens sinkt mit steigender Masse. Für schwere geladene Teilchen spielt die Bremsstrahlung daher eine untergeordnete Rolle. Für Beta-Teilchen wird diese Art von Energieverlust allerdings schon bei Energien ab 10 MeV relevant. Aufgrund der geringen Masse erreichen sie bereits bei diesen Energien sehr hohe Geschwindigkeiten und können zudem leichter abgelenkt werden. Für die Berechnung des Strahlungsbremsvermögens $\left(-\frac{dE}{dx}\right)_{rad}$ gibt es keine geschlossene analytische Formel. Es ist nur numerisch berechenbar und es existieren dementsprechende Tabellen.
Für das Strahlungsbremsvermögen im Coulombfeld eines Kernes gilt

$$\left(-\frac{dE}{dx}\right)_{rad} = \rho Z^2 \cdot \left(\frac{ze}{m}\right)^2 \cdot E$$

KAPITEL B. Physikalische Grundlagen

Die Bremsstrahlungseffizienz variiert demnach mit Z^2, was eine höhere Ausbeute in schweren Materialien bedeutet. Sie steigt außerdem linear mit der Primärenergie an, weshalb im höherenergetischen Bereich die Bremstrahlung der Hauptprozess für den Energieverlust von Beta-Teilchen darstellt. Aufgrund der Bremsstrahlung kommt es im hohen Energiebereich zu Elektronen-Photonen-Kaskaden-Schauern. Die hochenergetischen Elektronen produzieren hochenergetische Photonenstrahlung, die ihrerseits über Comptoneffekt und Paarbildung weitere hochenergetische Sekundärelektronen bildet, welche wieder Bremsstrahlung produziert etc.

Kernreaktionen

Bei ausreichend großer kinetischer Energie und zugehörigem kleinen Stoßparameter, können schwere geladene Teilchen direkt mit dem Atomkern wechselwirken. Bei Leptonen (z.B. Myonen) finden dabei elektroschwache Wechselwirkungen statt und das geladene Teilchen wird nicht absorbiert. Bei Hadronen (z.B. Protonen) kann es auch zu Wechselwirkung über die starke Kernkraft kommen. Es finden dann Stöße mit einzelnen Nukleonen in den Targetkernen statt. Dadurch werden entweder einzelne Nukleonen aus dem Kern geschleudert, es werden Spallationsreaktionen induziert, oder es finden stoßinduzierte Kernumwandlungen statt. Bei hadronischen Wechselwirkungen mit den Kernfeldern können zusätzlich aufgrund der Einsteinschen Massen-Energie-Beziehung bei sehr hohen Energien (einige 100 MeV) Elementarteilchen (z.B. Myonen, Kaonen, Pionen) erzeugt werden.

B.4.3 Reichweite schwerer geladener Teilchen

Die Reichweite wird definiert als jene Distanz, die ein schweres geladenes Teilchen in einem Medium zurücklegt bevor es zur Ruhe kommt. Da schwere Teilchen dabei nur wenig aus ihrer Bahn abgelenkt werden, stimmen ihre Bahnlängen und Reichweiten gut überein. Der Energieverlust, den das Teilchen durch seine Wechselwirkungen pro Wegeinheit erfährt ist durch das Bremsvermögen gegeben. Demnach entspricht die Reichweite R eines geladenen Teilchens mit der kinetischen Energie T dem Integral des reziproken Bremsvermögens bis das Teilchen zur Ruhe kommt. Für schwere geladene Teilchen ist das Strahlungsbremsvermögen im Allgemeinen zu vernachlässigen. Man erhält damit

$$R(T) = \int_0^T \left(-\frac{dE}{dx}\right)^{-1} dE \sim \frac{E_0^2}{\rho m (Ze)^2} \quad \text{(für nicht-relativistische Energien)}$$

E_0 ist die Primärenergie und Ze die Ladung des schweren Teilchens. Diese Approximation ist nur für nichtrelativistische Teilchen gültig. Wird das Massenbremsvermögen gegen die verbleibende Reichweite eines schweren geladenen Teilchens aufgetragen, dann zeigt der Graph zu Beginn einen flachen Verlauf und ein scharfes Maximum kurz vor Ende der Bahn (Bragg-Peak).

ANHANG

C

Datentabellen der beiden ICRP-Referenz-Voxelphantome

KAPITEL C. Datentabellen der Voxelphantome

Tabelle C.1: Liste der Organe und Gewebe der ICRP-Referenz-Voxelphantome. Angegeben sind Name des Organs/Gewebe, deren Volumina und Masse beider Phantome [77]. Zum Vergleich sind die Referenzmassen aus ICRP 89 [75] angegeben

Organe/Gewebe	männliches Phantom			weibliches Phantom		
	Volumen [cm^3]	Masse [g]	Referenzmasse [g]	Volumen [cm^3]	Masse [g]	Referenzmasse [g]
Nebennieren	13,6	14	14	12,6	13	13
Blut (segmentierte Gefäße)	973,7	1032,1	5600	807,4	855,8	4100
Gehirn	1381	1450	1450	1238,1	1300	1300
Brust	25,6	25	25	511,9	500	500
Augen	14,3	15	15	14,3	15	15
Augenlinsen	0,4	0,4	0,4	0,4	0,4	0,4
Gallenblase	66	68	68	54,3	56	56
Gallenblasenwand	13,5	13,9	10	9,9	10,2	8
Gallenblaseninhalt	52,5	54,1	58	44,4	45,8	48
Gastrointestinaler Trakt						
Magenwand	144,2	150	150	134,6	140	140
Mageninhalt	240,4	250	250	221,2	230	230
Dünndarmwand	625	650	650	576,9	600	600
Dünndarminhalt	336,6	350	350	269,2	280	280
Rechte Kolonwand	144,2	150	150	139,4	145	145
Inhalt rechtes Kolon	144,3	150	150	153,8	160	160
Linke Kolonwand	144,2	150	150	139,4	145	145
Inhalt likes Kolon	72,1	75	75	76,9	80	80
Rekto-Sigmoid Kolonwand	67,3	70	70	67,3	70	70
Inhalt Rekto-Sigmoid	72,1	75	75	76,9	80	80
Herz	795,4	840	840	587,2	620	620
Herzwand	314,3	330	330	238,1	250	250
Herzinhalt (Blut)	481,1	510	510	349,1	370	370
Nieren	295,3	310	310	261,9	275	275
Leber	1714,3	1800	1800	1333,3	1400	1400
Lungen	2891,3	1200	1200	2300,8	950	950
Lymphgewebe	134	138	730	76,8	79,1	600
Muskelgewebe	27619	29000	29000	16666,7	17500	17500
Ösophagus	38,8	40	40	34	35	35
Ovarien				10,6	11	11
Pankreas	133,3	140	140	114,3	120	120
Hypophyse	0,6	0,6	0,6	0,6	0,6	0,6
Prostata	16,5	17	17			

Fortsetzung Tabelle C.1

Organe/Gewebe	männliches Phantom			weibliches Phantom		
	Volumen [cm^3]	Masse [g]	Referenzmasse [g]	Volumen [cm^3]	Masse [g]	Referenzmasse [g]
Restgewebe/Fettgewebe	21535,2	20458,4	18200	24838,3	23596,4	22500
"Speicheldrüse	82,5	85	85	68	70	70
Haut	3420,2	3728	3300	2496,8	2721,5	2300
Skelett	7725,3	10450	10450	5767,4	7760,1	7760
Kortikale Knochen	2291,7	4400	4400	1666,7	3200	3200
Trabeculäre Knochen	572,9	1100	1100	416,7	800	800
Knorpel	1000	1100	1100	818,2	900	900
Rotes Knochenmark	1135,9	1170	1170	872,9	899,1	900
Gelbes Knochenmark	2530,6	2480	2480	1836,8	1800,1	1800
Diverses	194,2	200	200	155,3	160	160
Milz	144,2	150	150	125	130	130
Zähne	18,2	50	50	14,6	40	40
Hoden	33,7	35	35			
Thymus	24,3	25	25	19,4	20	20
Schilddrüse	19,2	20	20	16,4	17	17
Zunge	69,5	73	73	57,1	60	60
Mandeln	2,9	3	3	2,9	3	3
Harnröhre	15,5	16	16	14,6	15	15
Harnblasenwand	48,1	50	50	38,5	40	40
Harnbaseninhalt	192,3	200		192,3	200	
Uterus				77,7	80	80
Gesamter Körper	71109,9	73000	73000	59258	60000	60000

290 KAPITEL C. Datentabellen der Voxelphantome

Tabelle C.2: Auflistung der Organe und Gewebe, deren Voxelanzahl und Volumina des weiblichen ICRP-Referenz-Voxelphantoms [140, 77]

weibliches ICRP-Referenz-Voxelphantom

Organ-ID	Organ/Gewebe-Name	Voxel Anzahl	Volumen [cm³]
1	Adrenal left	365	5,57
2	Adrenal right	463	7,06
3	Anterior nasal passage (ET1)	275	4,19
4	Posterior nasal passage down to larynx (ET2)	910	13,88
5	Oral mucosa tongue	1152	17,57
6	Oral mucosa lips and cheeks	250	3,81
7	Trachea	451597	6886,41
8	Bronchi	553	8,43
9	Blood vessels head	375	5,72
10	Blood vessels trunk	14995	228,66
11	Blood vessels arms	2675	40,79
12	Blood vessels legs	5731	87,39
13	Humeri upper half cortical	3846	58,65
14	Humeri upper half spongiosa	6193	94,44
15	Humeri upper half medullary cavity	1331	20,3
16	Humeri lower half cortical	3491	53,23
17	Humeri lower half spongiosa	3098	47,24
18	Humeri lower half medullary cavity	1375	20,97
19	Ulnae and radii cortical	5299	80,8
20	Ulnae and radii spongiosa	5355	81,66
21	Ulnae and radii medullary cavity	2248	34,28
22	Wrists and hand bones cortical	3555	54,21
23	Wrists and hand bones spongiosa	4275	65,19
24	Clavicles cortical	1110	16,93
25	Clavicles spongiosa	2227	33,96
26	Cranium cortical	13785	210,21
27	Cranium spongiosa	21964	334,93
28	Femora upper half cortical	8462	129,04
29	Femora upper half spongiosa	14105	215,09
30	Femora upper half medullary cavity	2644	40,32
31	Femora lower half cortical	7940	121,08
32	Femora lower half spongiosa	10252	156,33
33	Femora lower half medullary cavity	3709	56,56
34	Tibiae fibulae and patellae cortical	21137	322,32
35	Tibiae fibulae and patellae spongiosa	34425	524,95
36	Tibiae fibulae and patellae medullary cavity	5865	89,44
37	Ankles and foot bones cortical	5866	89,45
38	Ankles and foot bones spongiosa	15868	241,97
39	Mandible cortical	1535	23,41
40	Mandible spongiosa	1912	29,16
41	Pelvis cortical	8875	135,34
42	Pelvis spongiosa	26316	401,29
43	Ribs cortical	5563	84,83
44	Ribs spongiosa	15563	237,32
45	Scapulae cortical	4114	62,73
46	Scapulae spongiosa	5632	85,88
47	Cervical spine cortical	2421	36,92

Fortsetzung Tabelle C.2

Organ-ID	Organ/Gewebe-Name	Voxel Anzahl	Volumen [cm³]
48	Cervical spine spongiosa	4206	64,14
49	Thoracic spine cortical	6960	106,13
50	Thoracic spine spongiosa	15283	233,05
51	Lumbar spine cortical	5281	80,53
52	Lumbar spine spongiosa	14636	223,18
53	Sacrum cortical	0	0,00
54	Sacrum spongiosa	8754	133,49
55	Sternum cortical	57	0,87
56	Sternum spongiosa	2890	44,07
57	Cartilage head	941	14,35
58	Cartilage trunk	18696	285,10
59	Cartilage arms	5873	89,56
60	Cartilage legs	13271	202,37
61	Brain	81192	1238,10
62	Breast left adipose tissue	10355	157,90
63	Breast left glandular tissue	6429	98,04
64	Breast right adipose tissue	10355	157,90
65	Breast right glandular tissue	6429	98,04
66	Eye lense left	13	0,20
67	Eye bulb left	456	6,95
68	Eye lense right	12	0,18
69	Eye bulb right	456	6,95
70	Gall bladder wall	652	9,94
71	Gall bladder contents	2913	44,42
72	Stomach wall	8828	134,62
73	Stomach contents	14503	221,16
74	Small intestine wall	37833	576,92
75	Small intestine contents	17656	269,24
76	Ascending colon wall	5675	86,54
77	Ascending colon contents	6306	96,16
78	Transverse colon wall right	3468	52,88
79	Transverse colon contents right	3783	57,69
80	Transverse colon wall left	3468	52,88
81	Transverse colon contents left	1892	28,85
82	Descending colon wall	5675	86,54
83	Descending colon contents	3153	48,08
84	Sigmoid colon wall	2838	43,28
85	Sigmoid colon contents	5044	76,92
86	Rectum wall	1576	24,03
87	Heart wall	15614	238,10
88	Heart contents (blood)	22891	349,07
89	Kidney left cortex	6535	99,65
90	Kidney left medulla	2334	35,59
91	Kidney left pelvis	467	7,12
92	Kidney right cortex	5488	83,69
93	Kidney right medulla	1960	29,89
94	Kidney right pelvis	392	5,98

Fortsetzung Tabelle C.2

Organ-ID	Organ/Gewebe-Name	Voxel Anzahl	Volumen [cm³]
95	Liver	87437	1333,33
96	Lung left blood	3664	55,87
97	Lung left tissue	64218	979,26
98	Lung right blood	2615	39,88
99	Lung right tissue	80402	1226,05
100	Lymphatic nodes extrathoracic airways	85	1,30
101	Lymphatic nodes thoracic airways	246	3,75
102	Lymphatic nodes head	164	2,50
103	Lymphatic nodes trunk	3671	55,98
104	Lymphatic nodes arms	248	3,78
105	Lymphatic nodes legs	624	9,52
106	Muscle head	25105	382,83
107	Muscle trunk	532007	8112,59
108	Muscle arms	95236	1452,26
109	Muscle legs	440618	6718,99
110	Oesophagus	2228	33,97
111	Ovary left	347	5,29
112	Ovary right	347	5,29
113	Pancreas	7495	114,29
114	Pituitary gland	38	0,58
115	Prostate	0	0,00
116	Residual tissue head	61165	932,71
117	Residual tissue trunk	814763	12424,34
118	Residual tissue arms	140986	2149,90
119	Residual tissue legs	611935	9331,41
120	Salivary glands left	2228	33,97
121	Salivary glands right	2229	33,99
122	Skin head	10432	159,08
123	Skin trunk	60411	921,21
124	Skin arms	28248	430,75
125	Skin legs	64641	985,71
126	Spinal cord	1186	18,09
127	Spleen	8197	125,00
128	Teeth	954	14,55
129	Testes left	0	0,00
130	Testes right	0	0,00
131	Thymus	1273	19,41
132	Thyroid	1072	16,35
133	Tongue (inner part)	2595	39,57
134	Tonsils	191	2,91
135	Ureter left	478	7,29
136	Ureter right	477	7,27
137	Urinary bladder wall	2522	38,46
138	Urinary bladder contents	12611	192,31
139	Uterus	5094	77,68
140	Air inside body	2439	37,19

293

Tabelle C.3: Auflistung der Organe und Gewebe, deren Voxelanzahl und Volumina des männlichen ICRP-Referenz-Voxelphantoms

männliches ICRP-Referenz-Voxelphantom

Organ-ID	Organ/Gewebe-Name	Voxel Anzahl	Volumen [cm³]
1	Adrenal left	186	6,80
2	Adrenal right	186	6,80
3	Anterior nasal passage(ET1)	293	10,70
4	Posterior nasal passage down to larynx(ET2)	755	27,58
5	Oral mucosa tongue	801	29,26
6	Oral mucosa lips and cheeks	133	4,86
7	Trachea	54416	1988,04
8	Bronchi	1762	64,37
9	Blood vessels head	22	0,80
10	Blood vessels trunk	7021	256,51
11	Blood vessels arms	406	14,83
12	Blood vessels legs	2144	78,33
13	Humeri upper half cortical	1928	70,44
14	Humeri upper half spongiosa	4200	153,44
15	Humeri upper half medullary cavity	935	34,16
16	Humeri lower half cortical	1825	66,67
17	Humeri lower half spongiosa	1475	53,89
18	Humerl lower half medullary cavity	1037	37,89
19	Ulnae and radii cortical	3860	141,02
20	Ulnae and radii spongiosa	4492	164,11
21	Ulnae and radii medullary cavity	633	23,13
22	Wrists and hand bones cortical	2562	93,60
23	Wrists and hand bones spongiosa	3447	125,93
24	Clavicles cortical	681	24,88
25	Clavicles spongiosa	1262	46,11
26	Cranium cortical	8023	293,11
27	Cranium spongiosa	10665	389,64
28	Femora upper half cortical	3730	136,27
29	Femora upper half spongiosa	11495	419,96
30	Femora upper half medullary cavity	720	26,30
31	Femora lower half cortical	4192	153,15
32	Femora lower half spongiosa	10830	395,66
33	Femora lower half medullary cavity	2259	82,53
34	Tibiae fibulae and patellae cortical	7574	276,71
35	Tibiae fibulae and patellae spongiosa	18011	658,02
36	Tibiae fibulae and patellae medullary cavity	2197	80,27
37	Ankles and foot bones cortical	3315	121,11
38	Ankles and foot bones spongiosa	12539	458,10
39	Mandible cortical	1085	39,64
40	Mandible spongiosa	1647	60,17
41	Pelvis cortical	5682	207,59
42	Pelvis spongiosa	16608	606,76
43	Ribs cortical	5205	190,16
44	Ribs spongiosa	12212	446,16
45	Scapulae cortical	3152	115,16
46	Scapulae spongiosa	4446	162,43
47	Cervical spine cortical	1467	53,60

KAPITEL C. Datentabellen der Voxelphantome

Fortsetzung Tabelle C.3

Organ-ID	Organ/Gewebe-Name	Voxel Anzahl	Volumen [cm³]
48	Cervical spine spongiosa	1917	70,04
49	Thoracic spine cortical	4085	149,24
50	Thoracic spine spongiosa	8546	312,22
51	Lumbar spine cortical	2654	96,96
52	Lumbar spine spongiosa	7437	271,70
53	Sacrum cortical	1557	56,88
54	Sacrum spongiosa	4604	168,20
55	Sternum cortical	141	5,15
56	Sternum spongiosa	1481	54,11
57	Cartilage head	397	14,50
58	Cartilage trunk	2206	80,59
59	Cartilage arms	147	5,37
60	Cartilage legs	864	31,57
61	Brain	37794	1380,77
62	Breast left adipose tissue	216	7,89
63	Breast left glandular tissue	134	4,90
64	Breast right adipose tissue	216	7,89
65	Breast right glandular tissue	134	4,90
66	Eye lens left	5	0,18
67	Eye bulb left	190	6,94
68	Eye lens right	5	0,18
69	Eye bulb right	191	6,98
70	Gall bladder wall	370	13,52
71	Gall bladder contents	1437	52,50
72	Stomach wall	3947	144,20
73	Stomach contents	6579	240,36
74	Small intestine wall	17105	624,92
75	Small intestine contents	9211	336,52
76	Ascending colon wall	2368	86,51
77	Ascending colon contents	1448	52,90
78	Transverse colon wall right	1579	57,69
79	Transverse colon contents right	2500	91,34
80	Transverse colon wall left	1579	57,69
81	Transverse colon contents left	1053	38,47
82	Descending colon wall	2368	86,51
83	Descending colon contents	921	33,65
84	Sigmoid colon wall	1053	38,47
85	Sigmoid colon contents	1973	72,08
86	Rectum wall	789	28,83
87	Heart wall	8601	314,23
88	Heart contents (blood)	13168	481,08
89	Kidney left cortex	2792	102,00
90	Kidney left medulla	997	36,42
91	Kidney left pelvis	199	7,27
92	Kidney right cortex	2865	104,67
93	Kidney right medulla	1023	37,37
94	Kidney right pelvis	205	7,49

Fortsetzung Tabelle C.3

Organ-ID	Organ/Gewebe-Name	Voxel Anzahl	Volumen [cm³]
95	Liver	46917	1714,07
96	Lung left blood	2040	74,53
97	Lung left tissue	33982	1241,50
98	Lung right blood	1847	67,48
99	Lung right tissue	41261	1507,44
100	Lymphatic nodes extrathoracic airways	60	2,19
101	Lymphatic nodes thoracic airways	170	6,21
102	Lymphatic nodes head	159	5,81
103	Lymphatic nodes trunk	2774	101,35
104	Lymphatic nodes arms	208	7,60
105	Lymphatic nodes legs	295	10,78
106	Muscle head	31742	1159,67
107	Muscle trunk	391150	14290,33
108	Muscle arms	71692	2619,21
109	Muscle legs	261299	9546,34
110	Oesophagus	1063	38,84
111	Ovary left	0	0,00
112	Ovary right	0	0,00
113	Pancreas	3649	133,31
114	Pituitary gland	16	0,58
115	Prostate	452	16,51
116	Residual tissue head	30206	1103,55
117	Residual tissue trunk	356362	13019,38
118	Residual tissue arms	47346	1729,75
119	Residual tissue legs	155464	5679,75
120	Salivary glands left	1129	41,25
121	Salivary glands right	1129	41,25
122	Skin head	7315	267,25
123	Skin trunk	36789	1344,05
124	Skin arms	16045	586,19
125	Skin legs	33455	1222,25
126	Spinal cord	973	35,55
127	Spleen	3947	144,20
128	Teeth	498	18,19
129	Testis left	460	16,81
130	Testis right	461	16,84
131	Thymus	664	24,26
132	Thyroid	526	19,22
133	Tongue (inner part)	1102	40,26
134	Tonsils	80	2,92
135	Ureter left	226	8,26
136	Ureter right	199	7,27
137	Urinary bladder wall	1316	48,08
138	Urinary bladder contents	5263	192,28
139	Uterus	0	0,00
140	Air inside body	4227	154,43

Liste der eigenen Publikationen

G. SIMMER, V. MARES, E. WEITZENEGGER AND W. RÜHM.
Iterative Unfolding for Bonner Sphere Spectrometers Using the MSANDB-Code – Sensitivity Analysis and Dose Calculation
Radiation Measurements 45 (2010) 1-9

B. WIEGEL, S. AGOSTEO, R. BEDOGNI, M CARESANA, A. ESPOSITO, G. FEHRENBACHER, M. FERRARINI, E. HOHMANN, C. HRANITZKY, A. KASPER, S. KHURANA, V. MARES, M. REGINATTO, S. ROLLET, W. RÜHM, D. SCHARDT, M. SILARI, G. SIMMER, E. WEITZENEGGER.
Intercomparison of radiation protection devices in a high-energy stray neutron field, Part II: Bonner sphere spectrometry.
Radiation Measurements 44 (2009), 660-672

M. SILARI, S. AGOSTEO, P. BECK, R. BEDOGNI, E. CALE, M. CARESANA, C. DOMINGO, L. DONADILLE, N. DUBOURG, A. EXPOSITO, G. FEHRENBACHER, F. FERNANDEZ, M. FERRARINI, A. FIECHTNER, A. FUCHS, M.J. GARCIA, N. GOLNIK, F. GUTERMUTH, S. KHURANA, TH. KLAGES, M. LATOCHA, V. MARES, S. MAYER, T. RADON, H. REITHMEIER, S. ROLLET, H. ROOS, W. RÜHM, S. SANDRI, D. SCHARDT, G. SIMMER, F. SPURNY, F. TROMPIER, C. VILLA-GRASA, E. WEITZENEGGER, B. WIEGEL, M. WIELUNSKI, F. WISSMANN, A. ZECHNER, M. ZIELCZYNSKI.
Intercomparison of radiation protection devices in a high-energy stray neutron field. Part III:Instrument response.
Radiation Measurements 44 (2009), 673-691

W. RÜHM, V. MARES, C. PIOCH, G. SIMMER AND E. WEITZENEGGER.
Continuous measurement of secondary neutrons from cosmic radiation at mountain altitudes and close to the North Pole-A Discussion in terms of $H^*(10)$.
Radiation Protection Dosimetry (2009), Vol. 136, No. 4, pp. 256-261.

Danksagung

Allen voran möchte ich Herrn Prof. Dr. Dr. Herwig G. Paretzke danken. Er war es, der mich im Zuge des Abschlusses meines Physik-Diplomstudiums in Innsbruck auf das interessante Gebiet der Strahlenbiophysik, sowie auf das Berufsbild eines medizinischen Physikers aufmerksam machte. Ihm verdanke ich auch das interessante Thema meiner Doktorarbeit und darüber hinaus die Möglichkeit, dass ich am Klinikum Rechts der Isar in der Strahlentherapie Einblicke in die praktische Arbeit eines medizinischen Physikers werfen durfte. Ganz besonderen Dank möchte ich meinem Betreuer Dr. Werner Rühm, dem Leiter der Arbeitsgruppe Personendosimetrie am Helmholtz Zentrum München aussprechen. Durch seine hervorragende Betreuung, seine Organisation, seine fachliche Kompetenz und seine Fähigkeit, nie das Ziel aus den Augen zu verlieren, hat sich die Zeit meiner Doktorarbeit zu einem Lebensabschnitt entwickelt, an den ich mich gerne zurück erinnere. Ein großes Dankeschön möchte ich auch an meine Zimmerkollegin Frau Dr. Sylvia Garny aussprechen. Vor allem im Bereich der Simulationsprogrammierung mit GEANT4 war ihr Erfahrungsschatz, den sie gerne mit mir teilte, unbezahlbar. Mit ihrer Hilfe wurden so manche programmiertechnische Sackgassen bereits im Vorfeld vermieden. Genauso möchte ich auch Vladimir Mares, Dr. Peter Leuthold und meinem zweiten Zimmerkollegen Christian Pioch danken. Die vielen Diskussionen und Gespräche mit ihnen waren unabhängig vom Thema stets willkommen und von fruchtbarer Natur. Dank gebührt auch Dr. Frank Karinda, der zusammen mit Sylvia und Christian für eine angenehme Arbeitsatmopshäre und einen aufgelockerten Arbeitsalltag gesorgt hat. Außerdem möchte ich mich bei den Sekretärinnen Anita Herrling und Anita Pedone, sowie dem Techniker Erwin Weitzenegger für die freundliche Unterstützung in bürokratischen und technischen Dingen danken. Auch im privaten Umfeld haben mich viele Personen emotional unterstützt und motiviert. Ganz besonders möchte ich hier meiner Frau, Dr. Elisabeth Simmer, für ihre Liebe, ihre Unterstützung und ihr unerschütterliches Vertrauen in meine Fähigkeiten danken. Ich bin dankbar, dich an meiner Seite zu wissen. Emotionale Unterstützung erhielt ich auch von Thomas Brandhuber, Christian Rattensperger, Michael Muigg-Spörr und Henning Pieper. Es tut gut, Freunde wie euch zu haben.

i want morebooks!

Buy your books fast and straightforward online - at one of world's fastest growing online book stores! Environmentally sound due to Print-on-Demand technologies.

Buy your books online at
www.get-morebooks.com

Kaufen Sie Ihre Bücher schnell und unkompliziert online – auf einer der am schnellsten wachsenden Buchhandelsplattformen weltweit! Dank Print-On-Demand umwelt- und ressourcenschonend produziert.

Bücher schneller online kaufen
www.morebooks.de

VDM Verlagsservicegesellschaft mbH
Heinrich-Böcking-Str. 6-8   Telefon: +49 681 3720 174   info@vdm-vsg.de
D - 66121 Saarbrücken   Telefax: +49 681 3720 1749   www.vdm-vsg.de

Printed by Books on Demand GmbH, Norderstedt / Germany